Tudo sobre
diamantes

MARIO DEL REY

Tudo sobre
diamantes

**História | Geografia | Características | Propriedades
Mineração | Garimpo | Lapidação | Exames | Comércio**

Capa
Paula Astiz

Foto da capa
© Rainer Ohligschlaeger/Corbis/Corbis (DC)/Latinstock

Ilustrações
Colaboração de Fabrizio Tamellini Toffolo Ayres

Dados Internacionais de Catalogação na Publicação (CIP)
(Câmara Brasileira do Livro, SP, Brasil)

Del Rey, Mario
    Tudo sobre diamantes / Mario Del Rey. – Barueri, SP : DISAL,
2009.

    ISBN 978-85-7844-029-9

    1. Diamantes 2. Diamantes - Brasil I. Título.

09-05676   CDD-622.382

Índices para catálogo sistemático:
1. Diamantes : Mineração : Tecnologia   622.382

Todos os direitos reservados em nome de:

Bantim, Canato e Guazzelli Editora Ltda.
Al. Mamoré, 911, sala 107, Alphaville
06454-040, Barueri, SP
Tel./Fax: (11) 4195-2811
Visite nosso site: www.disaleditora.com.br

Vendas:
Televendas: (11) 3226-3111
Fax gratuito: 0800 7707 105/106
E-mail para pedidos: comercialdisal@disal.com.br

In memoriam
Olga Lorenzini Del Rey e Ignacio Del Rey

Para
Maria Helena Del Rey
minha querida irmã
pelo amor permanente e irrestrito

Aos meus filhos
Daniel Del Rey
Laura Del Rey
Rafael Ueda Del Rey
Yumi Chokyu Del Rey

SUMÁRIO

Professor Dr. Rui Ribeiro Franco

Membro Titular da Academia Brasileira de Ciências
Membro Honorário da Gemmological Association of all Japan
Ex-Presidente da Sociedade de Geologia
Presidente da ABGM – Associação Brasileira
de Gemologia e Mineralogia
Professor da Universidade de São Paulo
Pesquisador Emérito do IPEN – Instituto de Pesquisas
Energéticas e Nucleares

Com amizade, carinho e respeito, oferece o autor esta
homenagem ao "Pai da Gemologia Brasileira",
que com sua densidade nos conhecimentos gemológicos,
abnegada vocação intelectual e generosidade com
que reparte seus frutos intelectuais,
é um exemplo de honradez, sabedoria e trabalho.

HOMENAGEM AOS MESTRES DA GEMOLOGIA

"Benditos sejam aqueles que semeiam sobre todas as águas"

Isaias 32:20

Professor José Humberto Iudice
Mestre em Geologia, gemólogo,
professor da Universidade
Gama Filho e Universidade
Estácio de Sá.
Professor de Gemologia
do IBGM (Rio de Janeiro).

Professor Eduardo Frank
Kesselring. Economista,
especialista em gemas e
diamantes. Professor da
Associação Brasileira de
Gemologia e Mineralogia.

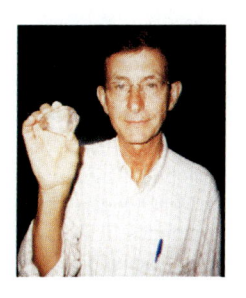

Professor Dr. Darcy Pedro
Svisero do Instituto de
Geociências da Universidade de
São Paulo. Grande especialista em
diamantes brasileiros.

Professor Dr. J.Cassedanne
do Instituto de Geociências da
Universidade Federal do Rio de
Janeiro. Grande especialista em
gemas brasileiras.

HOMENAGEM AOS GRANDES MESTRES DO GIA
(GEMOLOGICAL INSTITUTE OF AMERICA)

Richard T. Liddicoat
(in memoriam)
Um dos grandes nomes da Gemologia
Mundial,
ex-Presidente do GIA. Chairman of
GIA Board of Governors

Dr. D. Vincent Manson
(in memoriam)
Ph.D. em Geologia pela
Columbia University
O "pai" do Simpósio Gemológico
Internacional do GIA. Fundou o
departamento de pesquisas
do GIA e foi editor associado da
revista "Gems & Gemology".

John I. Koivula
B.Sc. em Mineralogia - Geologia e
B.A., em química. Trabalhou como
Senior Staff Gemologist no Gem
Trade Laboratory (do GIA).
É atualmente Senior Gemologist do
GIA e um dos grandes mestres no
estudo das inclusões nas gemas.

AGRADECIMENTOS

- Ao Professor Doutor Rui Ribeiro, pela amizade e apresentação deste livro.
- Ao Professor Doutor Darcy Pedro Svisero pelo apoio e permissão de incluir vários artigos de sua autoria.
- Ao Professor Doutor J.P. Cassedanne pela gentileza do envio de artigo para ser inserido neste livro.

- Aos Professores José Humberto Iudice e Eduardo Frank Kesselring pelas sugestões e colaboração nos textos e incentivo.

- Ao Instituto Gemológico da América (Gemological Institute of America – GIA), ao Presidente William E. Boyajian, a Kathryn Kimmel (Vice-President of Marketing and Public Relations) e a Judy Colbert (Manager of Visual Resources), pela autorização no uso de fotos do GIA.

- À De Beers Brasil e De Beers Archives pelo apoio irrestrito na utilização do acervo fotográfico.

- À Rubin and Son (Bélgica), seu Presidente, Sr. Leon Rubin e Karin Proost (Manager in Logistics), que prontamente atenderam no fornecimento de fotos para esta obra.

- À I. Kasoy (Nova York), seu Presidente Sr. Peter Gollon e Sr. Richard L. Becker pela autorização de uso de fotos de seus equipamentos.

- Ao Professor, Engenheiro de Minas e Gemólogo Luiz Antônio Gomes da Silveira pela colaboração nas fotografias e certificado (Gem Lab).

- À Rede IBGM de Laboratórios Gemológicos, em especial ao Laboratório Gemológico Dr. Rui Ribeiro Franco e sua gemóloga, Jane Leão Nogueira da Gama, pelas fotos e certificado.

- Ao Professor e Gemólogo Walter Martins Leite (Realgems) pelas fotos e certificado.

- Ao Professor Dr. Jurgen Schnellrath, pesquisador titular do MCT/CETEM e Laboratório Gemológico da Universidade Federal do Rio de Janeiro, pelas imagens e incentivo.

- Ao Professor Dr. Joachin Karfunkel da Universidade Federal de Minas Gerais, pelas figuras e apoio.

- Ao Museu de Geociências da USP e a sua diretora, Dra. Maria Lucia Rocha Campos, pelo incentivo e pela autorização em usar foto do museu.

- Ao "National Museum of Natural History" – Smithsonian Institution, Washington, DC., e à Mina Argyle (Austrália) pelas imagens.

- À Editora Ao Livro Técnico e sua equipe por oferecerem a oportunidade deste livro vir a público.

Aos amigos, gemólogos e mestres abaixo mencionados (alguns já falecidos), por tudo o que fizeram em prol da Gemologia Mundial e Brasileira:

Alan Bronstein
Alexandre Giovanetti
Alexandre Natalino Montesanti
Alpheu Diniz Gonçalves
Ângela Carvalho de Andrade
Aníbal Gallota
Anna M. Miller
Antoniette L. Matlins
Antonio C. Bonanno
Antonio Carlos Castagnet
Antonio C. de Castro T. Cabral
Antonio Eleutério de Souza
Antonio Luciano Gandini
A. M. Oliveira
Antonio Rafael da Silva
Antonio R. P. L. Albuquerque
Assad Marto
Basil W. Anderson
Benjamin Tadena
Benjamin Zucker
Cally May
Carlos Becker do Amaral
C. Castañeda
César Mendonça Ferreira
Charles Lewton-Brain
Cláudio Meira de Andrade
Curzio Ciprani
Carlos Augusto Ramos Neves
Daniel Sauer
Dante Del Re Filho
Darcy Pedro Svisero
Denise Mattar
Dietmar Schwartz
Dimitri Parakevopulos
Duran Parseghian
Djalma Guimarães
Écio Barbosa Moraes
Eddy Vieeschdrager
Edmundo Calhau Filho
Edson Marques Barbieri de Araújo
Eduardo Brandau Quitete
Eduardo Frank Kesselring
Eric Bruton
Esmeraldino Reis
Fernando Simões Souto
Francisco José Sadeck
Fred Cuellar
Fred Ward
Gabriel de Oliveira Polli
Gian Franco Giovannini
G. Lenzen
G.C. Guimarães
Gary Roskin

Gracia Maria Santão Baião
Hanna Jordt Evangelista
Hécliton Santini Henriques
Hélio Brasil
H. C. Rocca
Hermann Bank
Hubert Roeser
Ivan Coimbra
Ivan Endrefy
Iran F. Machado
Jaime Luís Queiquer
Jane Leão Nogueira da Gama
J.P. Cassedane
Joel Aren
J. Labacher
John L. Ramsey
John Sinkankas
Jorge Luiz Barbosa
José Barbosa Madureira
José David de Oliveira Cabral
José Humberto Iudice
José Jorge de Vasconcelos Lima
José Kanan Matta
José Maria Bosch Figueroa
José Manuel Rubino Tendero
José Moacyr Vianna Coutinho
Joseph Mirsky
Jozo Nishimura
Jules Roger Sauer
Julieta Pedrosa
Julio César Mendes
Jurgen Schnellrath
Kazuyoshi Takabayashi
Laura J. Ramsay
Leonardo Evangelista Lagoeiro
Luiz Alberto Dias Menezes
Marc van Bockstael
Marco Antonio Fonseca
Marco Antônio Palmieri
Marcelo de Oliveira Bernardes
Manuel Albunies
Manuel Llopis
Maria Amélia Franco
Maria Helena Pereira Teixeira Mendes
Maria Lucia Rocha Campos
Mario Luiz As Carneiro Chaves
Mario Vendrell Saz
Michael O´Donoghue
Murria Schumach
Octávio Barbosa
Osmar Anderson Rossi Jordão
Othon Henry Leonardos
O Alvarado

Paulo César Souza
Paulo Gabriel Ferreira
Pascoal Giardullo
Pedro José Antunes Ortale
Pedro Luiz Juchen
Pércio de Moraes Branco
Peter G. Read
Rafal Swieck
Renée Newman
Ricardo Lerner
Ricardo Rogério Mattar
Robert Crowningshield
Robert Kammerling
Robert Yang
Roberto Del Carlo
Robert Webster
Sadao Isotani
Sebastião Domingos Vieira
Severino da Silva Brandamento
Speranza Cavenago-Bignami
Stephen C. Hofer
Sylvio Fróes Abreu
Thomas M. Moses
Tonyan Kallyhabbi
Ulrich Bobrick
Verena Pagel-Theisen
Vicente Buono Jr.
Walter Martins Leite
Walter Schumann
Wilhelm Herr
William Morrow
Wilson Teixeira
Wilson Trigueiro de Souza
Wolney Lobato

Nota preliminar e advertência

A falta de um livro técnico sobre diamantes, em língua portuguesa, vem sendo sentida há muito entre os gemólogos, diamantários e interessados no assunto. O presente volume destina-se a preencher essa lacuna. Nele estão condensadas as principais informações, objetivando fornecer uma visão global sobre o diamante e ser útil tanto ao iniciante como ao profissional.

No início do livro são fornecidas definições e informações para quem não possui conhecimentos nesta área. O leitor que for gemólogo ou diamantário poderá procurar assuntos mais adiantados e específicos nas páginas seguintes. Espera-se que, com uma abordagem mais ampla do tema, haja uma maior compreensão sobre as gemas e o diamante em particular.

Não se tem a pretensão de fazer deste livro um guia completo. A leitura de apenas um livro não o habilitará a ser um profissional da área. Aconselha-se a todos os interessados cursos práticos, para se aprofundarem no assunto e no manuseio dos instrumentos gemológicos e das gemas.

Existem no Brasil excelentes professores e instituições como a Universidade de São Paulo (Instituto de Geociências), Universidade Federal de Ouro Preto (Departamento de Geologia), IBGM, ABGM que oferecem cursos especializados. No exterior temos a renomada GIA (Gemological Institute of América), a Gemmological Association of Great Britain, Asociacion Española de Gemologia, Istituto Gemmologico Italiano, e muitas outras associações que serão mencionadas, nas referências para estudo.

As informações contidas neste livro são fruto de muita pesquisa e trabalho, mas podem eventualmente conter algum engano do autor ou da edição. Comentários e correções ao texto serão sempre bem vindos. As cores dos diamantes nas fotos e nos desenhos podem ter eventualmente distorções e devem ser consideradas apenas como modelos, para se ter uma noção de como são os diamantes na realidade.

O autor e a editora não respondem por quaisquer omissões ou erros involuntários contidos nesta obra, assim como pelo uso que se venha fazer das informações contidas neste livro.

APRESENTAÇÃO

É com grande satisfação que atendo ao pedido do meu colega e amigo Mario Del Rey, para fazer a apresentação deste livro. Mario pediu-me também para aproveitar a oportunidade e fazer um resumo histórico das atividades gemológicas no Brasil. Primeiramente quero citar alguns trabalhos pioneiros, sobre diamantes.

Sylvio Fróes de Abreu, em seu livro **Recursos Minerais do Brasil** (dois volumes), bem conhecido de todos que desejam se adentrar no tema, trata, no capítulo II (Diamantes e Pedras Coradas, páginas 267 a 292), de forma exaustiva, de alguns dos assuntos estudados e registrados por Mario Del Rey.

Quando o tema está voltado para o diamante temos, necessariamente, de fazer referência ao trabalho de **Esmeraldino Reis, Os Grandes Diamantes Brasileiros**, publicação do Departamento Nacional de Produção Mineral (Divisão de Geologia e Mineralogia, Boletim nº 19, datado de 1959). Mario Del Rey, autor deste livro, aproveita vários trechos desse excelente trabalho.

Lembramos, nesta apresentação, de nomes de geólogos e mineralogistas que contribuíram para a pesquisa do diamante e outras gemas: **Eugênio Hussak – Os Satélites do Diamante** (1917); **Othon Henry Leonardos – Diamante e Carbonado no Estado da Bahia** (1937); **Djalma Guimarães – À Margem de Os Satélites de Diamante** (1934); e **Alpheu Diniz Gonçalves – As Pedras Preciosas na Economia Nacional** (1949).

Até 1955, ano da criação da **Associação Brasileira de Gemologia**, em São Paulo, que posteriormente passou a se chamar **Associação Brasileira de Gemologia e Mineralogia,** o conhecimento gemológico, quer do diamante, quer das gemas coloridas, bem como das reconstituídas, sintéticas, tratadas, substitutos, imitações e as de origem orgânica, era quase nulo. Desse ano para cá, os estudos gemológicos passaram a ser oferecidos ao público em escala cada vez mais intensa. Surgiram numerosas apostilas e, em 1965, apareceu o livro **As Pedras Preciosas – Noções Fundamentais,** da coleção Buriti/Ao Livro Técnico. As revistas dedicadas à joalheria e aos assuntos de relojoaria passaram a incluir artigos diversos sobre gemas. Aqui deve-se destacar a **Revista Brasil Relojoeiro e Joalheiro**, na qual tanto eu quanto o Mario Del Rey colaboramos por diversos anos. Revista mais antiga e especializada nos minerais-gema é a **Gemologia**, periódico da ABGM. Outra revista muito importante, que contém muitos artigos sobre gemas, é a **Revista da Escola de Minas**, da Universidade Federal de Ouro Preto. O **Boletim Referencial de Preços de Diamantes e Gemas de Cor**, realizado atualmente em convênio entre o DNPM e o IBGM, é fundamental para se atualizar com referência aos preços das gemas. Dessa forma, foi-se criando uma mentalidade gemológica sadia e séria.

A Associação Brasileira de Gemologia e Mineralogia foi a primeira a criar cursos básicos e avançados sobre gemas, lapidação, avaliação e desenhos de jóias.

Em 1971 surgiu, pela Portaria Federal nº 281, o **Instituto Brasileiro de Gemas e Metais Preciosos (IBGM)** e, em 1983, dentro desse Instituto, criou-se o **Centro Cultural de Gemologia,** também em São Paulo. Naquela época o IBGM era presidido pelo **Dr. Hélio Brasil** e o CGC pelo Mario Del Rey e tivemos somados com os alunos da ABGM um total geral de quase dois mil alunos. Outros cursos foram surgindo e hoje temos inúmeros, podendo destacar, por exemplo, os ministrados em São Paulo pela ABGM e IBGM e no Rio de Janeiro pelo IBGM, pelo **Professor José Humberto Iudice,** pela **Realgem (Walter Martins Leite e André C. Leite).**

No final de 1982, impresso na Alemanha, chegou ao Brasil o livro **Gemas do Mundo,** de **Walter Schumann.** A seguir surgiram os livros **Rochas e Minerais,** de **Walter Schumann** e **A Identificação das Gemas,** de Basil W. Anderson. Esses três livros foram traduzidos por mim e pelo Mario Del Rey e editados pela **Editora Ao Livro Técnico.**

No início da década de 80, a **Casa da Ciência,** da qual o Mario Del Rey era sócio, lançou no mercado vários instrumentos gemológicos de sua fabricação, destacando-se entre outros o polariscópio, o dicroscópio, as pontas de dureza, o líquido para refratômetro, etc. Nessa época essa mesma firma lançou dois cursos por correspondência: **Gemologia** (elaborado por mim e pelo Mario Del Rey) e **Diamantes** (elaborado pelo **Professor Eduardo Frank Kesselring** e pelo Mario Del Rey).

Em 1982, no Rio de Janeiro, **Jules Roger Sauer** lança o seu livro: **Brazil: Paradise of Gemstones,** sendo que dez anos depois lança mais dois livros: **Esmeraldas e Outras Pedras Preciosas do Brasil** e **Emeralds Around the World.**

Em 1987 o **Professor Dr. Dietmar Schwarz** apresenta o seu livro "**Esmeraldas – Inclusões em Gemas**".

Há várias décadas, o **Professor Dr. J. P. Cassedanne** escreve artigos gemológicos e ajuda a divulgar, mundialmente, inúmeras gemas brasileiras. Neste livro, o Mario Del Rey reproduz no original, em inglês, excelente artigo desse conceituado professor.

Há mais de vinte anos, na **Universidade de São Paulo, no Instituto de Geociências,** em congressos, cursos e teses, o **Professor Dr. Darcy Pedro Svisero** ministra seus conhecimentos sobre Gemologia e o diamante em particular. O autor deste livro aproveita vários artigos do Professor Darcy, sobre diamantes, enriquecendo desta maneira sua obra.

Neste livro o autor contou também com a colaboração dos professores doutores **Joachim Karfunkel** (da Universidade Federal de Minas Gerais) e **Jurgen Schnellrath** (da Universidade Federal do Rio de Janeiro).

Existe desde o ano 2000 uma revista muito bem feita, que trata de assuntos sobre gemas, joalheria e o diamante em especial. Trata-se da **Diamond News**, revista de concepção e coordenação geral do **Sr. Jorge Luiz Brusa.**

Para não me alongar demais neste histórico, devo ressaltar que hoje existem muitos laboratórios gemológicos no Brasil e fui homenageado pelo IBGM em São Paulo, onde o laboratório possui o meu nome. Hoje em dia o **IBGM** tem se destacado como líder no campo joalheiro e gemológico, funcionando como uma verdadeira Confederação de todos os segmentos do setor. É ele o representante do Brasil na **CIBJO – Confederação Internacional da Bijuteria, Joalheria, Ourivesaria, Diamantes, Pérolas e Pedras.** Esse Instituto lançou a pouco tempo, em disquete, o **Manual Técnico – Classificação e Avaliação do Diamante Lapidado,** de autoria de **Walter Martins Leite** e **Ângela Carvalho de Andrade.**

Finalmente chegamos ao **Como Comprar e Vender Diamantes,** do **Mario Del Rey.** Trata-se do primeiro livro técnico, em língua portuguesa, que trata do diamante de uma forma abrangente. É uma obra fundamental e estou certo de que se constituirá, muito brevemente, em fonte essencial de dados e conceitos relativos aos diamantes. As ilustrações e as tabelas são perfeitas e utilíssimas e os assuntos são tratados com clareza extrema.

Este livro não pode faltar nas bibliotecas, sejam elas públicas ou particulares. Possuí-lo é ter nas mãos uma das fontes mais precisas de tópicos relativos ao diamante, principalmente no que diz respeito à qualidade, avaliação da cor, pureza, lapidação e peso.

Espero que esta obra traga a cada um de seus leitores a satisfação e a certeza de terem adquirido um dos mais singulares livros técnicos no campo da Gemologia já publicados.

São Paulo, 10 de março de 2002

Professor Dr. Rui Ribeiro Franco

OS DEZ MANDAMENTOS DO GEMÓLOGO

I - NÃO IRÁS DANIFICÁ-LAS

II - AMARÁS AS GEMAS SOBRE TODOS OS MINERAIS

III - NÃO TOMARÁS EM VÃO OS SEUS NOMES

IV - IRÁS GUARDÁ-LAS COM MUITO CUIDADO

V - NÃO PECARÁS CONTRA SUA IDENTIFICAÇÃO, POIS SEMPRE

UTILIZARÁS OS INSTRUMENTOS MAIS ADEQUADOS

VI - NÃO FARÁS FALSO CERTIFICADO

VII - SEMPRE APRIMORARÁS TEUS CONHECIMENTOS GEMOLÓGICOS

VIII - NÃO ROUBARÁS AS GEMAS DO TEU PRÓXIMO

IX - TRATARÁS COM DIGNIDADE E RESPEITO TEUS COLEGAS E CLIENTES

X - HONRARÁS O TEU TRABALHO PARA TERES UMA VIDA

REALIZADA SOBRE A TERRA

M. D. R.

Reflexões de um Lapidário

Um homem - um mineral,
os mesmos átomos compõem os diferentes reinos,
tornando a vida e a não vida dimensões diversas de uma Unidade.
Um homem - um mineral,
o imperfeito ser trabalha o perfeito cristal.

M. D. R.

Reflexões de um gemólogo

Ó Senhor!

Vós que criastes o Universo,

e o colocastes dentro de uma gema,

fazeis de mim um instrumento da Vossa Sabedoria.

Que eu identifique com amor e conhecimento

as belezas que nela encerrastes,

que sentindo nelas a Vossa Presença

perceba o Vosso Infinito Amor!

M. D. R.

Si quid novist rectius istis,
Candidus imperti; si non, his utere mecum

Se conheces algo melhor,
perdoa minha candura; se não, desfruta comigo

Horácio

PRIMEIRA PARTE

1) TERMINOLOGIA BÁSICA

Este livro pretende atingir um público interessado em aprimorar seus conhecimentos a respeito do diamante. Trata-se de um trabalho que contém informações tanto para gemólogos como para leigos. No início do livro são fornecidas definições e informações para quem não possui conhecimentos nesta área. O leitor que for gemólogo poderá procurar assuntos mais adiantados e específicos nas páginas seguintes. Espera-se que, com uma abordagem mais ampla do tema, haja uma maior compreensão sobre o diamante e as gemas.

O diamante, sendo um mineral-gema, está ligado ao estudo da Mineralogia e da Gemologia. É a partir das definições básicas dessas ciências e das propriedades das gemas que se iniciará o estudo desse maravilhoso mineral.

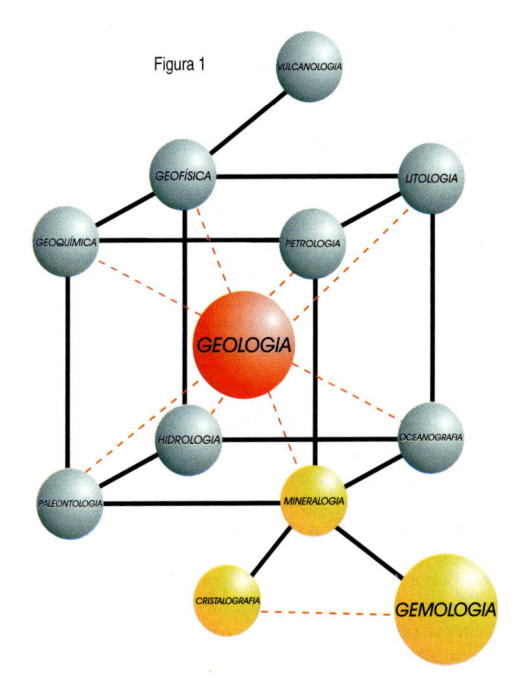

Figura 1

Na figura 1 temos um esquema das relações da gemologia com as demais ciências correlatas. A seguir serão dadas as definições basilares para a compreensão dessas ciências.

• **Geologia** é a ciência da Terra, de sua constituição, composição, processos e evolução.

• **Mineralogia** é a ciência que estuda os minerais.

• **Mineral** é todo elemento ou composto químico, de composição geralmente definida, homogêneo e que se encontra naturalmente na crosta da Terra. A maioria dos minerais tem formas definidas de cristais.

• **Cristalografia** é a ciência que estuda os cristais.

• **Cristal** é um corpo uniforme com um retículo geométrico (ver figura 2). As estruturas variadas dos retículos são as causas das propriedades físicas variadas dos cristais e, portanto, também dos minerais e gemas.

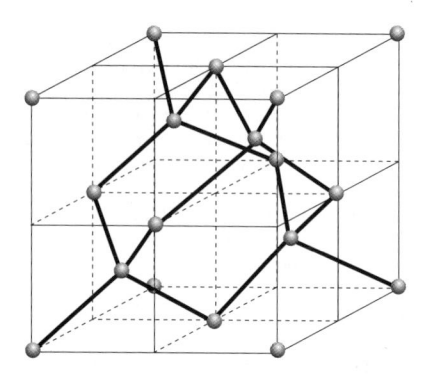

Figura 2

Estrutura Interna do Diamante
Cada átomo de carbono
está rodeado por quatro outros átomos
de carbono. Repare a simetria cúbica.

• **Cristalógrafo** é o especialista em cristalografia.

• **Mineral-gema** é o material encontrado na natureza, comumente denominado pedra preciosa, que possui beleza, raridade, durabilidade, etc., e é utilizado para fins de ornamentação e adorno pessoal. Antigamente, além do nome pedra preciosa usava-se o termo pedra semipreciosa. Este último termo é incorreto e depreciativo, pois às vezes a chamada pedra semipreciosa possui um valor mais alto que a denominada pedra preciosa (isso pode variar, dependendo do tamanho, pureza, etc.). O mineral-gema possui muitas vezes uma forma cristalina tão bem feita que é colecionado em bruto, como foi encontrado na natureza. Exemplos: diamante, rubi, safira, esmeralda, água-marinha, topázio, etc.

• **Gemas naturais** são aquelas de origem geológica ou biológica que não sofreram a intervenção da tecnologia humana. Exemplo: diamante, rubi, coral ou pérola. As três características fundamentais que dão valor às gemas naturais são a beleza, a durabilidade e a raridade. A **beleza** é um conceito parcialmente subjetivo e submetido aos modismos, mas é também parcialmente um conceito objetivo, submetido ao brilho, transparência, dispersão e outras propriedades ópticas. A **durabilidade** está ligada à dureza da gema, pois quanto mais dura uma pedra maior é sua capacidade de resistir a golpes, batidas,quedas, etc. Este é um dos fatores que tornam o diamante importante, ele é a pedra mais durável da face da Terra. A **raridade** é a dificuldade de se obter ou encontrar determinada gema, tornando-a mais cobiçada e conferindo a quem a possuir um sentimento de poder e distinção.

• <u>**Gema**</u> é um termo usado também em sentido amplo, não só designando as **gemas naturais**, mas também as **gemas tratadas, artificiais, sintéticas, revestidas, reconstituídas, compostas e de origem orgânica.**

• <u>**Gemas tratadas**</u> são as beneficiadas por algum processo de aprimoramento de sua cor, pureza ou aparência. As gemas podem ser tratadas por aquecimento, por impregnação ou revestimento de sua superfície, por processos de irradiação ou raio *laser*. No caso específico do diamante pode ocorrer um processo de irradiação, para mudar sua cor. Em outros diamantes com muitas inclusões (denominadas vulgarmente de carvões) pode ocorrer o tratamento por penetração de raio *laser* para removê-las.

• <u>**Gemas artificiais**</u> são as gemas sintéticas fabricadas pelo homem, que não possuem um correspondente na natureza. Exemplo: a famosa zircônia cúbica, que muitos incautos compram, acreditando ser diamante.

• <u>**Gema sintética**</u> é uma substância produzida artificialmente e que possui composição química, estrutura cristalina e propriedades físicas idênticas ou muito próximas às da gema natural que ela representa. Exemplo: o diamante sintético.

• <u>**Gemas revestidas**</u> são aquelas gemas sobre cuja superfície se depositou, por cristalização ou outros meios, uma fina camada de material de igual ou diferente composição química.

• <u>**Gemas reconstituídas**</u> são materiais produzidos pelo homem por fusão parcial ou aglomeração de fragmentos de gemas.

• <u>**Gemas compostas**</u> são aquelas que se obtêm pela colagem ou fusão de duas ou mais peças de corpos cristalinos ou amorfos. As gemas compostas podem ser duplas e triplas e constituídas dos mais variados materiais. Exemplo: um **doublet (pedras duplas),** onde a parte superior (coroa) seria um diamante incolor e estaria colada à parte inferior (pavilhão), uma safira sintética azul. O efeito visto de cima pareceria um diamante azul.

• <u>**Gemas de origem orgânica**</u> são aquelas de origem biológica, isto é, que são segregadas por seres vivos. As principais são a pérola, o coral, o âmbar e o marfim.

• <u>**Imitação**</u> é o material que procura reproduzir semelhança com uma determinada gema natural, de apresentar uma falsa aparência com a gema verdadeira. É um produto de fantasia. Entre as substâncias que são usadas como imitações pode-se citar os vidros, plásticos e porcelanas. Exemplo: o vidro *strass* incolor, que imita o diamante.

• <u>**Rocha**</u> é um agregado natural de minerais que mantém, em extensão, uma certa inter-relação qualitativa e quantitativa de seus componentes. As rochas são classificadas em três grandes grupos:

a) **ígneas:** basaltos, dioritos, gabros, etc.

b) **metamórficas:** quartzitos, mármore, gnaisses, etc.

c) **sedimentares:** calcários, arenitos, etc.

• <u>**Rocha-gema**</u> é a rocha que é constituída por dois ou mais minerais e que possui beleza, raridade e durabilidade, para servir de adorno ao homem. Exemplo de rocha-gema é o lápis-lazúli, que é constituído por lazurita, pirita, diopsídio, moscovita, escapolita, apatita, anfibólio, plagioclásio, ortoclásio, titanita e zircão.

• <u>**Gemologia**</u> é a ciência que estuda as gemas, seus tratamentos, substitutos, imitações, pedras falsas, compostas e algumas substâncias de origem orgânica.

• <u>**Gemólogo**</u> é o especialista, o profissional em Gemologia.

• <u>**Diamantário**</u> é a pessoa que negocia com diamantes.

• <u>**Diamante**</u> é um mineral constituído de carbono e cristalizado no sistema cúbico. É a substância mais dura que se conhece. Ele é uma das gemas mais conhecidas, e sua história é anterior à era cristã.

• <u>**Diamantífero**</u> é a expressão para designar o terreno onde há diamantes.

• <u>**Diamantino**</u> é o brilho peculiar do diamante.

2) CLASSIFICAÇÃO QUÍMICA DOS MINERAIS E COMPOSIÇÃO QUÍMICA DO DIAMANTE

Existem devidamente identificados mais de 2.500 minerais diferentes. Eles são classificados segundo a ordem natural de complexidade de sua composição química, conforme proposto por Dana no século XIX, e posteriormente modificada por diversos autores (Strunz, Povarennikh, etc).
Uma boa parte desses minerais é considerada gema.

• Classificação química dos minerais

Os minerais são estudados, dentro da Mineralogia, sob uma classificação sistemática conforme a ordem natural de complexidade de sua composição química. Eles podem ser classificados em substâncias simples e compostas.

Os minerais simples formam-se pela cristalização de átomos da mesma natureza química e são chamados de **elementos nativos.** Exemplos: **o diamante** e o ouro.
Os minerais compostos formam-se pela cristalização de átomos diferentes.
Eles se dividem em:

1– halóides	8– molibdatos
2– carbonatos	9– óxidos
3– nitratos	10– silicatos
4– boratos	11– sulfetos
5– sulfatos	12– sulfossais
6– cromatos	13– hidróxidos
7– fosfatos-arseniatos-vanadatos	14– tungstatos

Desta classificação o que nos interessa especificamente são os elementos nativos.
Os **elementos nativos** são aquelas substâncias minerais encontradas livremente na terra, constituídas essencialmente de um só elemento químico, em elevado grau de pureza (química).
Os elementos nativos dividem-se em:
a- metálicos: grupo do ouro, grupo da platina, grupo do ferro e meteoritos;
b- semimetálicos: grupo do arsênico, grupo do telúrio e do selênio;
c- não-metálicos: grupo do enxofre, **grupo do carbono: diamante** e grafita.

Podemos concluir então que o **diamante** é uma **substância mineral,** classificada como um **elemento nativo, não-metálico** e composta do **elemento químico carbono.**

• Composição química do diamante

A composição química do diamante permaneceu desconhecida até o fim do século XVII. Em 1704, Sir Isaac Newton foi o primeiro a supor que o diamante era formado de carbono. Essa teoria foi confirmada experimentalmente em 1797, por Tennant e, em 1799, por Guyton de Morveau. Em 1816 Davy mediu, pela primeira vez, o volume de CO_2 produzido pela combustão do diamante. Com a tecnologia evoluindo, conseguiu-se descobrir, na combustão desse mineral, um resíduo de 0,05 a 0,2% proveniente de outras substâncias.

Atualmente uma grande quantidade de elementos já foi encontrada na composição do diamante, entre os quais se destacam os seguintes, devido ao seu maior teor em partes por milhão:

H .... Hidrogênio	Si .... Silício	Mn ...... Manganês
B .... Boro	P .... Fósforo	Fe .... Ferro
N .... Nitrogênio	K .... Potássio	Co .... Cobalto
O .... Oxigênio	Ca .... Cálcio	Ni .... Níquel
Na .... Sódio	Sc .... Escândio	Cu .... Cobre
Mg ...... Magnésio	Ti .... Titânio	Sr .... Estrôncio
Al .... Alumínio	Cr .... Cromo	Ba .... Bário

Não se deve confundir impureza química com as inclusões, os corpos estranhos que estão dentro do cristal, qualquer que seja a sua origem. As impurezas químicas são elementos estranhos em **porcentagens mínimas na composição química,** além do **elemento predominante, o carbono (C).**

De acordo com essas impurezas químicas encontradas, o diamante pode ser classificado em 4 diversos tipos.

• Classificação dos diamantes pelo tipo e nível de impurezas

1- Diamante tipo Ia:
A maioria dos diamantes naturais pertence a este grupo, que contém 0,3 % ou mais de nitrogênio.

2- Diamante tipo Ib:
É muito raro na natureza (aproximadamente 0,1% ou menos), mas representa a maioria dos diamantes sintéticos (usados na indústria);

3- Diamante tipo IIa:
É muito raro na natureza. Eles contêm muito pouco nitrogênio. Não é fácil detectá-lo na luz ultravioleta;

4- Diamante tipo IIb:
Extremamente raro na natureza, possui uma quantidade de nitrogênio ainda menor do que o diamante tipo IIa. É eletricamente semicondutor. Todos os diamantes azuis são do tipo IIb, havendo, entretanto, diamantes deste tipo que não têm a coloração azul.

• Concentração de nitrogênio nos diamantes

Tipos	partes por milhão
Ia	200 – 2.400
Ib	40
IIa	8 – 24
IIb	5 – 24

3) NOÇÕES DE CRISTALOGRAFIA

"De que vale olhar sem ver ?"

Goethe

A Cristalografia é importante para o gemólogo, lapidário ou diamantário principalmente porque fornece elementos para a identificação de gemas em bruto e fornece elementos para a escolha do talhe ideal.

Existem livros excelentes sobre cristalografia na língua portuguesa, assim como na inglesa, espanhola, italiana, etc. (ver bibliografia). Nesta obra somente serão fornecidas noções resumidas, para que o leitor tenha um pequeno conhecimento do assunto.

Os cristais normalmente são limitados por superfícies planas conhecidas como **faces do cristal** que se dispõem simetricamente.

O **hábito cristalino** é a forma característica e comum em que o mineral se cristaliza.

A **simetria** baseia-se em operações feitas por meio de **planos**, de **eixos** e de **centro.**

O **plano de simetria** (figuras 3 e 4) é um plano imaginário que divide um cristal em duas metades, cada uma das quais é a imagem especular (em espelho) da outra.

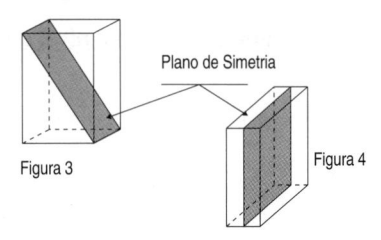

Plano de Simetria

Figura 3　　Figura 4

O **eixo de simetria** (figuras 5, 6 e 7) é uma linha imaginária através do cristal, em torno da qual se pode girar o cristal que se repete a si mesmo, duas ou mais vezes, durante uma rotação completa.

Eixos de Simetria

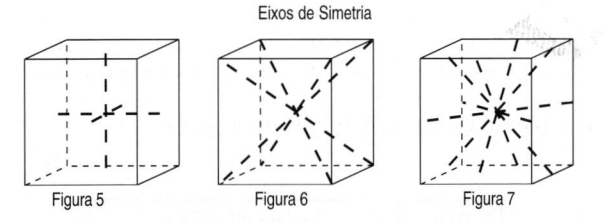

Figura 5　　Figura 6　　Figura 7

Centro de simetria (figura 8). Diz-se que um cristal tem um centro de simetria se uma linha imaginária qualquer, que parte de um ponto da superfície e passa pelo centro, pode encontrar um ponto idêntico no lado contrário.

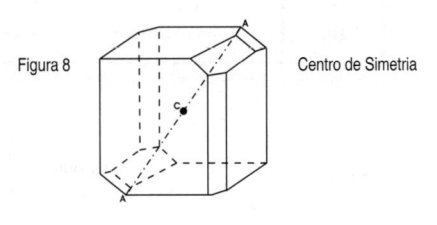

Figura 8　　Centro de Simetria

Eixos cristalográficos. Ao descrever um cristal utiliza-se certas linhas imaginárias que passam pelo centro do cristal ideal como eixos de referência. Estas linhas imaginárias é que são os eixos cristalográficos e se tomam paralelamente às arestas de interseção das faces principais do cristal (ver exemplos de eixos na figura 9).

Figura 9

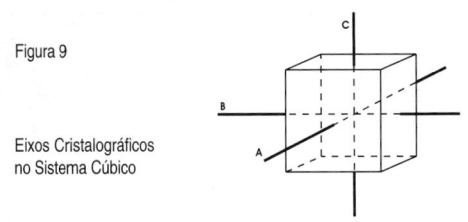

Eixos Cristalográficos
no Sistema Cúbico

Conforme o arranjo de suas faces, os minerais agrupam-se em **trinta e duas diferentes classes de simetria** que, por sua vez, reúnem-se em **sete sistemas cristalinos.**

A descrição rigorosa de um mineral exige que sempre se indique sua classe cristalina, mas no estudo das gemas pode-se apenas indicar os sistemas cristalinos (ver os desenhos dos sistemas cristalinos). Um sistema cristalino é o agrupamento de cristais que possuem propriedades cristalográficas e ópticas semelhantes.

• Os sete sistemas cristalinos ou cristalográficos

1) Sistema cúbico (ou isométrico, regular ou monométrico). Todos os três eixos cristalográficos têm o mesmo comprimento e se entrecortam formando ângulos de 90° (ver figuras 9 e 10). Cristalizam-se neste sistema, entre outras, as seguintes gemas:o **diamante,** a granada e o espinélio.

As formas típicas do diamante, neste sistema, serão tratadas mais adiante.

2) Sistema tetragonal (figura 11). As formas são referidas a três eixos que formam entre si ângulos de 90°, sendo dois deles iguais. O terceiro eixo, principal, é mais longo ou mais curto que os outros dois. Cristalizam-se neste sistema, entre outras, as seguintes gemas: zircão, rutilo e escapolita.

3) Sistema hexagonal (figura 12). Três dos quatro eixos estão num plano, são do mesmo comprimento e se entrecortam mutuamente formando ângulos de 60°. O quarto eixo forma ângulos retos em relação aos outros. Cristalizam-se neste sistema, entre outras, as seguintes gemas: esmeralda, água-marinha e morganita.

4) Sistema trigonal (figura 13). É considerado por vários autores como uma subdivisão do sistema hexagonal. Caracteriza-se por possuir um eixo ternário principal ou eixo de simetria três. Cristalizam-se neste sistema, entre outras, as seguintes gemas: rubi, safira, turmalina e a ametista.

5) Sistema ortorrômbico (figura 14). Caracteriza-se por ter três eixos que formam ângulos retos entre si, e são diferentes (desiguais). Cristalizam-se neste sistema, entre outras, as seguintes gemas: crisoberilo, topázio e andaluzita.

6) Sistema monoclínico (figura 15). Possui três eixos de comprimentos diferentes e inclinados entre si. Entre outras gemas, cristalizam-se neste sistema: brasilianita, kunzita, hiddenita e o euclásio.

7) Sistema triclínico (figura 16). Tem três eixos cristalográficos de comprimento desigual que formam ângulos oblíquos uns com os outros. Cristalizam-se neste sistema, entre outras gemas: turquesa, amazonita, rodonita, axinita e labradorita.

Eixos Cristalográficos no Sistema Cúbico

Figura 10	Figura 11	Figura 12	Figura 13	Figura 14	Figura 15	Figura 16
SISTEMA CÚBICO	SISTEMA TETRAGONAL	SISTEMA HEXAGONAL	SISTEMA TRIGONAL	SISTEMA ORTORRÔMBICO	SISTEMA MONOCLÍNICO	SISTEMA TRICLÍNICO
$A1 = A2 = A3$	$A1 = A2 \neq C$	$A1 = A2 = A3 \neq C$	$A1 = A2 = A3 = C$	$A \neq B \neq C$	$A \neq B \neq C$	$A \neq B \neq C$
TODOS IGUAIS	2 IGUAIS 1 DIFERENTE	3 IGUAIS 1 DIFERENTE	3 IGUAIS 1 DIFERENTE	TODOS DIFERENTES	TODOS DIFERENTES	TODOS DIFERENTES
$\alpha = \beta = \delta = 90°$	$\alpha = \beta = \delta = 90°$	$\alpha = \beta = \delta = 90°$ $\delta = 120°$	$\alpha = \beta = \delta \neq 90°$	$\alpha = \beta = \delta = 90°$	$\alpha = \delta = 90° \neq \beta$	$\alpha \neq \beta \neq \delta \neq 90°$
PIRITA	ZIRCÃO	ESMERALDA	AMETISTA	TOPÁZIO	BRASILIANITA	RODONITA

• As sete formas típicas dos diamantes

O diamante ocorre sob sete formas diferentes (do sistema cúbico). É muito importante reconhecer estas formas, pois depois na prática isso será muito útil ao lidar com diamantes em bruto (não lapidados). Primeiramente vão ser mostradas as "formas ideais", através das figuras 17 a 23 e depois fotos (figuras 24 e 25) para se ter uma idéia de como são os diamantes na natureza.

As Sete Formas Típicas dos Diamantes

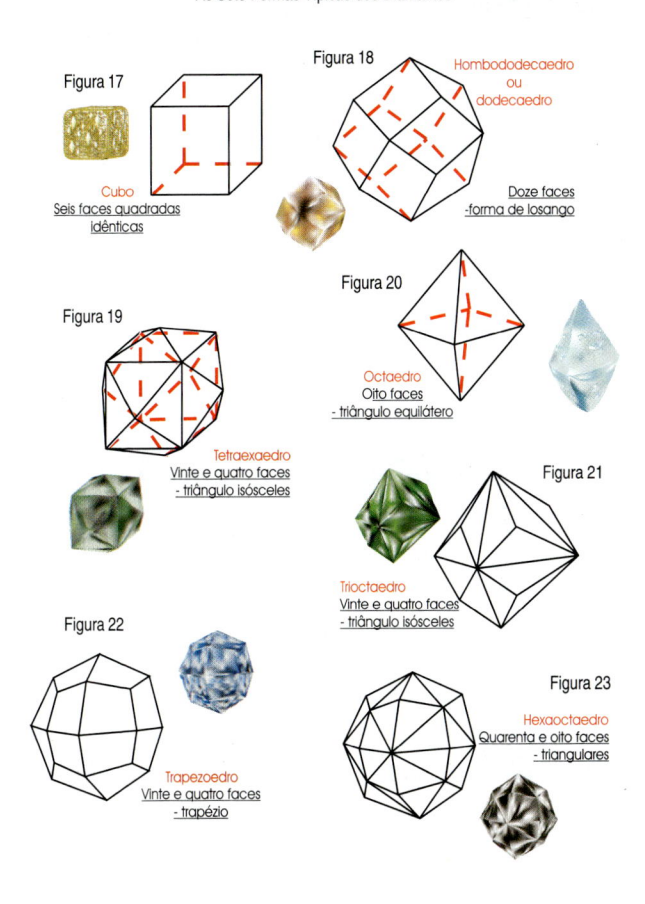

Figura 17

Cubo
Seis faces quadradas idênticas

Figura 18

Hombododecaedro ou dodecaedro

Doze faces -forma de losango

Figura 19

Tetraexaedro
Vinte e quatro faces - triângulo isósceles

Figura 20

Octaedro
Oito faces - triângulo equilátero

Figura 21

Trioctaedro
Vinte e quatro faces - triângulo isósceles

Figura 22

Trapezoedro
Vinte e quatro faces - trapézio

Figura 23

Hexaoctaedro
Quarenta e oito faces - triangulares

Os diamantes não se apresentam unicamente nas formas puras apresentadas acima, mas também em formas compostas (figura 26), em formas desproporcionadas (figura 27) e como geminados de contato (figura 28), de interpenetração (figura 29) e múltiplo (figura 30). Os lapidários de diamante preferem usar a palavra "macla" para os cristais geminados.

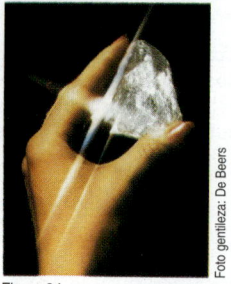

Figura 24
O famoso diamante Estrela de Serra Leoa.

Foto gentileza: De Beers

Figura 25
Cristal de diamante amarelo no blue ground (kimberlito).
Forma típica de octaedro.

Figura 26

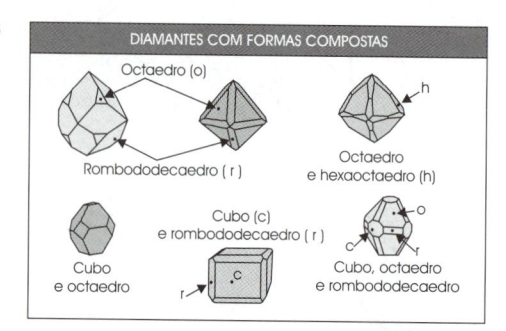

DIAMANTES COM FORMAS COMPOSTAS

Octaedro (o)

Rombododecaedro (r)

Octaedro
e hexaoctaedro (h)

Cubo
e octaedro

Cubo (c)
e rombododecaedro (r)

Cubo, octaedro
e rombododecaedro

Figura 27

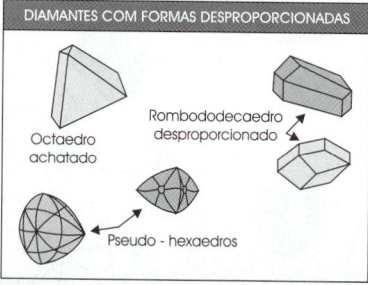

DIAMANTES COM FORMAS DESPROPORCIONADAS

Octaedro
achatado

Rombododecaedro
desproporcionado

Pseudo - hexaedros

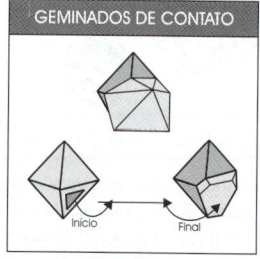

GEMINADOS DE CONTATO

Inicio

Final

Figura 28

GEMINADO DE INTERPENETRAÇÃO

Figura 29

GEMINADO MÚLTIPLO

Figura 30

A seguir, mais algumas fotos de diamantes em bruto (31 a 35).

Figura 31

Figura 32

Figura 33

Figura 34

Figura 35

Existem ainda diamantes denominados **agregados policristalinos, agregados paralelos e meteóricos.**

a) <u>Agregados policristalinos:</u> são agregados irregulares formados por acumulação de microcristais de diamante, cuja concreção pode ser muito diversa, mais ou menos compacta. O diamante apresenta duas variedades desse tipo de agregados: o **boart (ou ballas, boort e bortz)** e o **carbonado.**

Na variedade "boart" os microcristais formam agregados esféricos, translúcidos e de cores variando do preto ao incolor (figura 36). Existem cinco variedades de boart: 1 – comum; 2 – stewartita ou magnético; 3 – esférico, shot ou balla; 4 – framesita e 5 – granizo.

Na variedade "carbonado" os microcristais de diamante formam agregados aleatórios de cores escuras e textura porosa (figura 37).

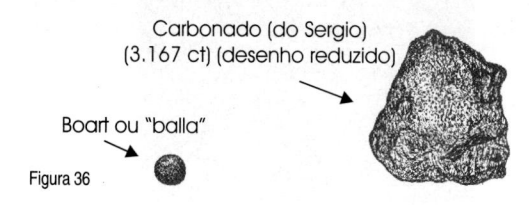

Carbonado (do Sergio)
(3.167 ct) (desenho reduzido)

Boart ou "balla"

Figura 36

Figura 37

b) Agregados paralelos: (figuras 38 e 39) são as associações de cristais de diamante, nas quais são paralelos todos os elementos geométricos, faces e arestas dos indivíduos que as formam.

c) Diamantes meteóricos: muitos dos cristais de diamante encontrados em meteoritos não se enquadram nas propriedades do sistema de cristalização cúbico, mas sim no sistema hexagonal. Esta forma rara de cristalização do diamante recebeu o nome de "Lonsdaleíta", em homenagem à famosa cristalógrafa Kathleen Lonsdale.

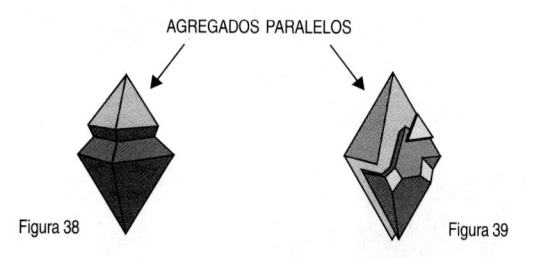

AGREGADOS PARALELOS

Figura 38

Figura 39

4) MICROESTRUTURAS DE DIAMANTES BRASILEIROS

O conhecimento das microestruturas de diamantes, especialmente dos trígonos, pode ser útil na identificação do diamante em bruto (figura 40). Aproveitando da amizade e generosidade do **Professor Doutor Darcy Pedro Svisero, do Instituto de Geociências da Universidade de São Paulo** e com sua autorização, é reproduzido, abaixo, um trabalho publicado por ele, em agosto de 1980 (Brasil Relojoeiro e Joalheiro).

"MICROESTRUTURAS DE DIAMANTES BRASILEIROS"
Introdução
Observações cuidadosas efetuadas nas superfícies de diamantes brasileiros revelaram uma grande variedade de estruturas, com padrões geométricos variados. As mais freqüentes são depressões triangulares, estruturas em forma de degraus, de gota, círculos e estrias com padrões variados. Essas figuras são comuns e constantes, constituindo um elemento adicional

e extremamente útil para a identificação de diamantes naturais brutos. As dimensões dessas figuras são variáveis, podendo ser observadas desde à vista desarmada até aumentos de vários milhares de vezes no microscópio eletrônico.

As figuras descritas a seguir foram reconhecidas em diamantes provenientes das principais zonas de garimpos dos Estados de Minas Gerais, Mato Grosso, Goiás, Bahia, Paraná e São Paulo, podendo ser consideradas, portanto, características para os diamantes do Brasil. Antes de se examinar qualquer diamante, é sempre conveniente efetuar uma limpeza cuidadosa do material, tendo em vista que os cristais contêm, freqüentemente, uma grande quantidade de impurezas nos interstícios do microrrelevo superficial. Entre essas impurezas, as mais comuns são partículas de quartzo, óxidos, argilas e outros minerais, que podem ser removidos aquecendo-se os diamantes com ácidos, podendo ser utilizados nessa operação ácido clorídrico, sulfúrico ou fluorídrico.

Microestruturas

O estudo do microrrelevo do diamante tem sido um dos aspectos morfológicos mais investigados nos últimos anos. Tolansky (1955) contribuiu para esses trabalhos introduzindo técnicas baseadas em interferometria, tornando possível a observação de qualquer tipo de estrutura em seus detalhes até dimensões de 1 nanômetro. À medida que progrediam esses trabalhos, firmava-se a idéia de uma origem comum para as formas cristalinas do diamante e o relevo nelas contido. Discute-se a seguir os padrões mais comuns de nossos diamantes distinguindo-se, para facilidade de exposição, as estruturas presentes nas faces planas daquelas de faces curvas.

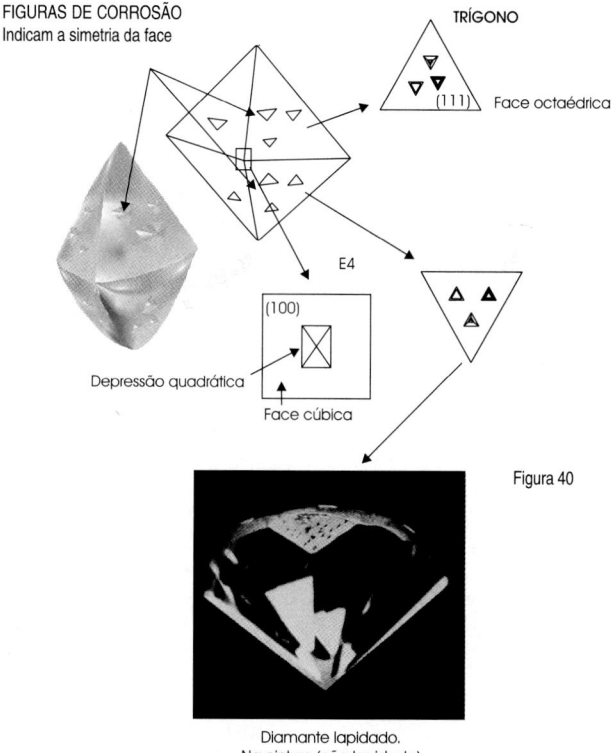

FIGURAS DE CORROSÃO
Indicam a simetria da face

TRÍGONO

(111) Face octaédrica

E4

(100)

Depressão quadrática

Face cúbica

Figura 40

Diamante lapidado.
Na cintura (não lapidada)
podem ser vistos os trígonos.

De um modo geral, as faces octaédricas são as únicas rigorosamente planas, de vez que as demais formas cristalográficas exibem sempre, em grau maior ou menor, uma certa curvatura proveniente de processos que atuaram sobre os cristais originalmente octaédricos tornando-os abaulados. Sobre as faces do octaedro ocorrem, em geral, figuras triangulares denominadas trígonos. Os trígonos são depressões eqüiláteras de profundidade variável, podendo ser observadas a olho nu ou com aumentos diversos no microscópio óptico ou eletrônico. Apresentam-se seguindo dois tipos distintos: um deles contém um vértice no centro da depressão enquanto no outro a pirâmide apresenta-se truncada.

*O aspecto mais curioso dos trígonos naturais é a orientação contrária em relação às faces octaédricas, já que os vértices da base da depressão apontam para os pontos médios das arestas da face octaédrica subjacente (orientação negativa). Os trígonos ilustrados na **figura A** apresentam uma série de degraus da base até o vértice, além disso, parte das estruturas apresenta-se parcialmente truncada.*

*Tudo indica que a origem dos trígonos está relacionada a processos enérgicos de dissolução que atuam sobre o diamante na natureza, provavelmente durante a cristalização do próprio diamante. Essa hipótese foi muito reforçada a partir do momento em que vários pesquisadores conseguiram produzir trígonos no laboratório submetendo o diamante ao ataque de agentes oxidantes diversos. A **figura B** mostra um cristal tratado com KNO_3 à temperatura de 600°C durante 5 horas, produzindo ao término trígonos de dimensões das mais variadas. Não obstante essas evidências experimentais, alguns autores discordam, sugerindo que os trígonos formam-se acidentalmente, durante o crescimento cristalino, não estando ligados a processos de corrosão. A **figura C** mostra um conjunto de trígonos fotografados com o auxílio do microscópio eletrônico, empregando-se aumentos de 20.000 vezes. Pode-se observar o aspecto incompleto e abaulado desses trígonos, sugerindo tratar-se de figuras incompletas. Nesse caso, as soluções responsáveis por essas estruturas não teriam atuado o tempo necessário, resultando daí um padrão irregular.*

Figura A
Trígonos característicos de superfícies octaédricas. Aumento de 100 vezes.

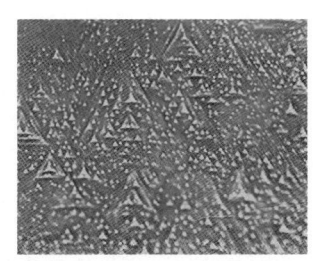

Figura B
Trígonos produzidos no laboratório aquecendo-se o diamante a 600°C com KNO3 durante 5 horas. Aumento de 200 vezes.

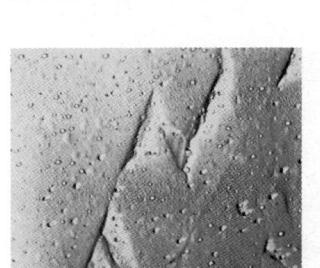

Figura C
Trígonos incompletos ampliados 20.000 vezes.

Figura D
Depressões quadráticas características de cristais cúbicos, aumentadas 15.000 vezes.

Figura E
Degraus característicos de diamantes
de faces curvas ampliados 20.000 vezes.

Figura F
Degraus ampliados 50 vezes.

Formas cúbicas são pouco freqüentes em diamantes naturais, entretanto, exibem comumente depressões quadráticas. Da mesma forma que os trígonos, essas depressões exibem orientação negativa, sendo que os vértices da depressão apontam para os pontos médios das arestas do cubo. A figura D mostra um conjunto de depressões quadráticas tomadas com o auxílio do microscópio eletrônico com aumentos de 15.000 vezes.

Nos cristais de faces abauladas, as estruturas são muito diversificadas, conforme já foi discutido anteriormente por Svisero (1971). Também nesse caso, a origem de todas as figuras de superfície parece estar relacionada a processos naturais de corrosão que atuam sobre o diamante em alguma fase logo após a sua cristalização. Svisero (1978) admite que essas modificações ocorrem durante a intrusão dos kimberlitos (rocha matriz do diamante) na crosta terrestre. Trata-se de um processo explosivo realizado pela ação de uma grande quantidade de agentes voláteis, sendo o principal o CO_2, e durante o qual ocorre um aumento da temperatura, facilitando a ação dessas substâncias sobre os diamantes contidos no kimberlito.

O padrão geométrico mais freqüente nos cristais de faces curvas está ilustrado nas figuras E e F, onde se pode observar uma superposição de estruturas semelhantes a degraus. Cada degrau corresponde a um plano octaédrico formado durante o crescimento do diamante. A dissolução posterior atuando sobre eles produz inicialmente um abaulamento nas bordas de cada degrau, e posteriormente, dependendo da resistência do cristal, figuras que se destacam na superfície na forma de saliências irregulares (figura G), saliências elípticas (figura H), estruturas alongadas na forma de gotas (figura I).

Outras estruturas curiosas estão ilustradas nas figuras J, L e M. A figura J mostra um grande número de círculos de diâmetros variáveis apoiados sobre uma superfície rombododecaédrica. Eles aparecem sobre qualquer tipo de superfície, e como se pode observar, pela figura J, assentam-se sobre estrias formadas previamente no crescimento do diamante, indicando uma origem posterior às demais estruturas já descritas. O padrão em rede, ilustrado na figura L, é comum, especialmente em diamantes abaulados. Finalmente, a figura M mostra estrias perfeitamente alinhadas resultantes do crescimento regular de milhares de planos octaédricos.

Bibliografia

Svisero D. P. (1971) – Mineralogia do diamante da região do Alto Araguaia, MT. Tese de doutoramento apresentada ao Instituto de Geociências da Universidade de São Paulo, 127 pp.

Svisero, D. P. (1978) – Composição química, origem e significado geológico de inclusões minerais de diamantes do Brasil. Tese de livre-docência apresentada ao Instituto de Geociências da Universidade de São Paulo, 165 pp.

Tollansky S. (1955) – The microstructures of diamond surfaces. NAG press, 67 pp., Londres.

Figura G
Saliências irregulares fotografadas
com aumento de 10.000 vezes.

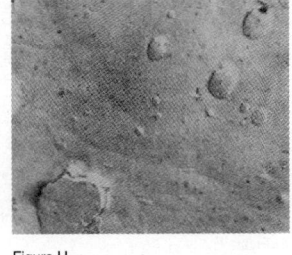

Figura H
Saliências elípticas ampliadas
12.000 vezes.

Figura I
Figuras com forma de gota.
Aumento de 100 vezes.

Figura J
Círculos ampliados 100 vezes.

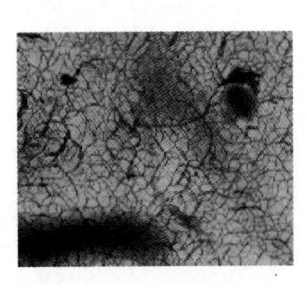

Figura L
Estrutura em rede fotografada com
aumento de 120 vezes.

Figura M
Estrias com aumentos de 50 vezes.

5) PROPRIEDADES QUÍMICAS DAS GEMAS E DO DIAMANTE EM ESPECIAL

As propriedades químicas, com exceção da composição química, têm de um modo geral menor importância geral nas gemas, que as propriedades físicas e ópticas. É evidente que não se prestam para fins gemológicos pedras que sejam instáveis sob o ponto de vista químico. Somente pedras duráveis, que não sofram oxidações, não sejam atacáveis por produtos de uso comum caseiro, como o álcool, sabões, etc., podem ser usadas em joalheria.

O diamante especificamente é estremamente inerte quimicamente na temperatura e pressão ambientes, isto é, não é atacado, afetado ou sofre qualquer reação química quando submetido a quaisquer ácidos, diluídos ou concentrados, nem mesmo por qualquer mistura deles, como no caso da água régia (mistura de ácido clorídrico com ácido nítrico), que dissolve o ouro. As bases alcalinas, potassa e soda cáustica e todos os demais reagentes em laboratório, como o amoníaco, não atacam o diamante.

Contudo, como ultimamente os diamantes lapidados vêm sofrendo tratamentos especiais (que serão explicados mais adiante), é aconselhável tomar muito cuidado na sua limpeza.

6) PROPRIEDADES MECÂNICAS DAS GEMAS E DO DIAMANTE EM ESPECIAL

"O grande amor nasce do grande conhecimento daquilo que amamos,
e se você não o conhece, não poderá amá-lo ou o amará pobremente."

Leonardo da Vinci

1 – DUREZA

A dureza de um mineral é a resistência que sua superfície oferece ao ser riscada (1) ou lapidada (2). Da mesma forma que outras propriedades físicas das gemas, a dureza também depende da estrutura do mineral, ou seja, do ordenamento tridimensional de seus átomos. Uma gema será tanto mais dura, quanto mais forte forem as forças de união entre os átomos. O diamante é a gema mais dura que existe (nenhum outro mineral pode riscá-lo) devido as forças de união entre os seus átomos de carbono (ver figura 2).

A dureza é muito importante na vida das gemas, pois quanto mais duras elas forem, mais resistentes serão aos estragos devido ao uso ou manuseio.

Em 1824 o mineralogista austríaco Friedrich Mohs inventou o ensaio de dureza pelo risco. Para ele a dureza é a resistência que um mineral oferece ao ser riscado por um objeto de teste ponteagudo. Ele selecionou 10 minerais e os ordenou numa escala (chamada de escala de Mohs) de 1 a 10, conforme fosse aumentando a sua dureza (ver figuras 41 e 42).

Os números da escala de Mohs não têm qualquer significação quantitativa, mas simplesmente mostram que um mineral dessa escala pode riscar outro de número inferior. Existem atualmente outros métodos quantitativos mais precisos, tais como a microdureza Knoop, escala de Brooks (diamante: 10.000), etc. Entre os vários minerais da escala de Mohs, a maior diferença de fato está entre o diamante e o coríndon (rubi e safira). O diamante tem uma resistência à lapidação 140 vezes maior que o rubi ou safira.

Deve-se ter em conta que a dureza num cristal é uma propriedade direcional, variando conforme a face do cristal e as diferentes direções da mesma face (ver as diferenças na dureza do diamante na figura 43).

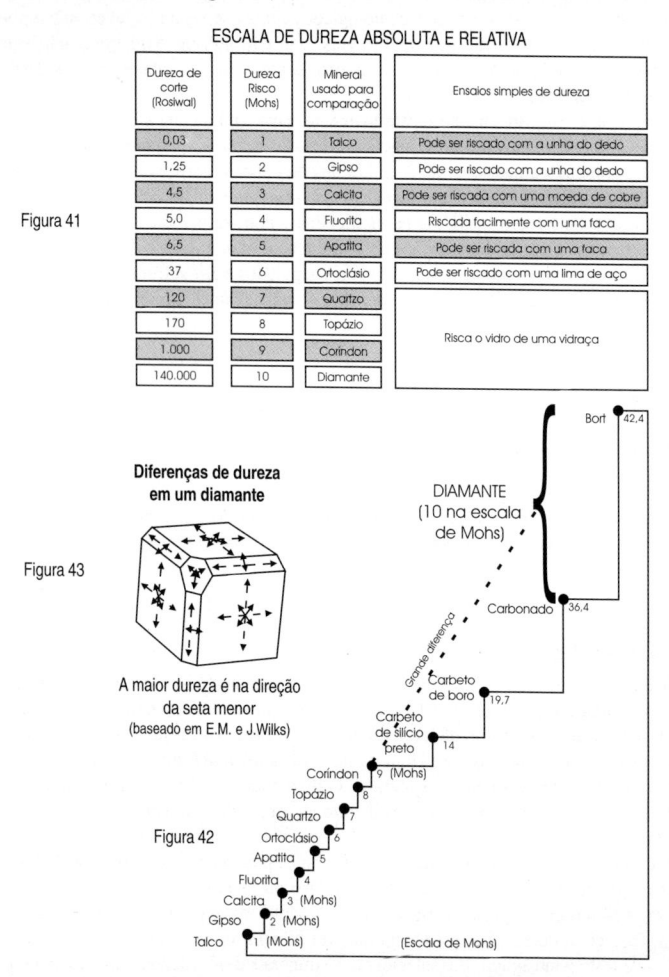

Para se fazer o ensaio de dureza utiliza-se normalmente um conjunto de canetas com pontas de dureza (figura 44). Elas são muito práticas para se examinar gemas não lapidadas, porém deve-se evitar esse exame nas gemas lapidadas, pois as pontas podem riscá-las. Quando, mesmo assim, se quiser fazer esse ensaio nas gemas lapidadas, deve-se utilizar a região da gema conhecida como "cintura", pois, caso a pedra seja riscada nessa região, não prejudicará muito a gema (figura 47).

Existem comerciantes que, quando vão comprar diamantes, realizam esse exame com uma ponta de dureza 9 (geralmente um rubi sintético) e fazem questão de tentar o risco na faceta mesa (a principal e maior da gema). Caso ocorra um risco, fica provado que a pedra não é um diamante e o risco que permaneceu, dizem eles, serve para evitar que outro comerciante seja enganado.

Nesse ensaio basta apenas pressionar um pouco a ponta, numa superfície da gema, limpar depois a região (pois às vezes fica o pó da pedra que foi usada para riscar) e examinar com a lupa (figuras 45 e 46).

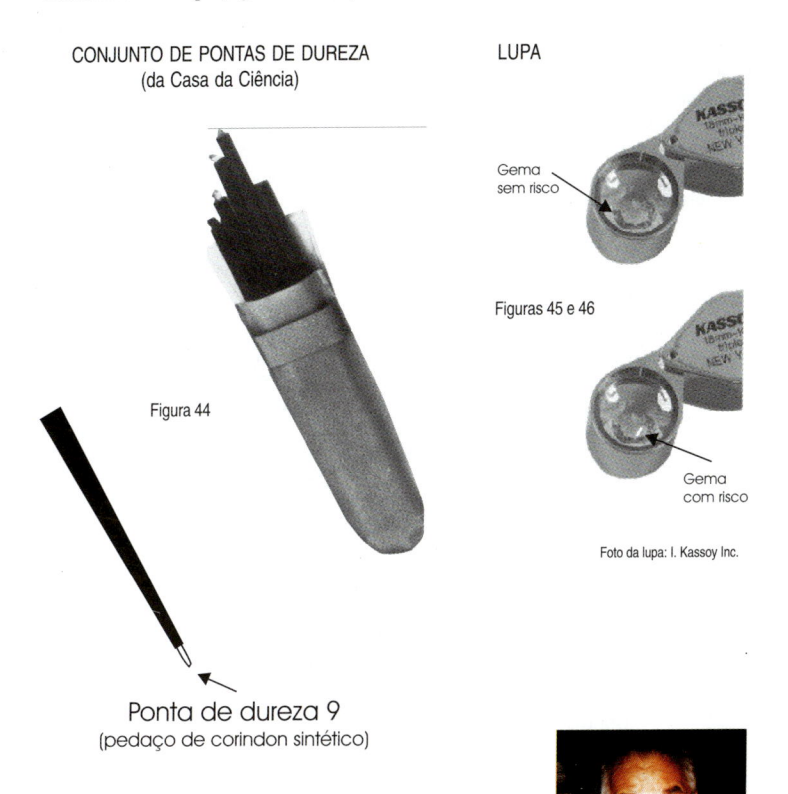

CONJUNTO DE PONTAS DE DUREZA
(da Casa da Ciência)

Figura 44

Ponta de dureza 9
(pedaço de corindon sintético)

LUPA

Gema
sem risco

Figuras 45 e 46

Gema
com risco

Foto da lupa: I. Kassoy Inc.

Figura 47
Sr. Kazuyoshi Takabayashi
(proprietário da Casa da Ciência)
fazendo um ensaio
de dureza em uma gema.

35

2 – EXFOLIAÇÃO, PARTIÇÃO E FRATURA

A **exfoliação** é a propriedade que apresentam alguns minerais de se partirem paralelamente a certos planos atômicos, dando lugar a superfícies lisas. Em muitas gemas os planos de exfoliação se manifestam como fraturas internas. A exfoliação no diamante é perfeita e octaédrica. A exfoliação sempre tem relação com a simetria da pedra. Na exfoliação do diamante existem quatro planos equivalentes.

Partição é a ruptura de um mineral conforme planos de fraqueza estrutural que resultam geralmente de alguns geminados polissintéticos.

Fratura é a forma como um mineral se rompe, quando se aplica um golpe, produzindo superfícies irregulares (figura 48). São utilizados os seguintes termos para designar as diferentes espécies de fratura:

a) concóide (figura 50). Quando a fratura tem superfícies curvas, lisas, semelhantes à superfície interna de uma concha. Ex.:o quartzo e o vidro.

b) fibrosa ou estilhaçada. É quando o mineral se rompe, produzindo estilhaços ou fragmentos de aspecto fibroso. Ex.: labradorita, malaquita, etc.

c) serrilhada. É quando o mineral se rompe segundo uma superfície denteada, irregular, com bordas cortantes. Ex.: esmeralda, água-marinha, etc.

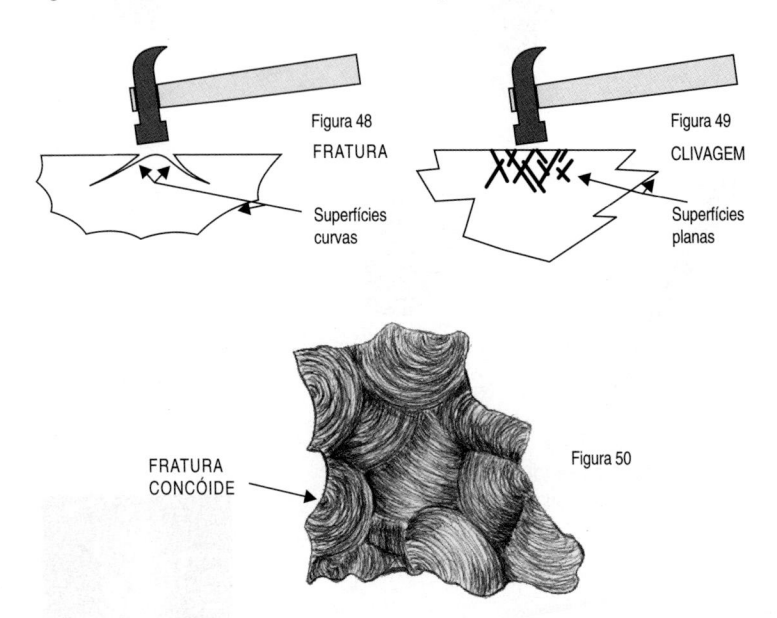

Figura 48
FRATURA
Superfícies curvas

Figura 49
CLIVAGEM
Superfícies planas

FRATURA CONCÓIDE

Figura 50

3 – CLIVAGEM

Clivagem é a propriedade que alguns minerais têm de se deixarem separar em superfícies planas e definidas, quando sobre eles se aplica uma força adequada (figura 49).

A clivagem depende da estrutura do cristal, ou seja, do arranjo tridimensional de seus átomos e ocorre somente paralelamente aos planos dos átomos referidos. Os planos de clivagem são constantes para cada mineral e independentes da forma externa.

Deve-se sempre indicar a qualidade da clivagem, sua facilidade de produção e direção cristalográfica. A qualidade é descrita usando-se os termos: perfeita (figura 51), boa, regular, indistinta, etc. Indica-se a direção pelo nome da forma a que a clivagem é paralela, por exemplo: cúbica, octaédrica, romboédrica, etc.

Os diamantes de dimensões irregulares e grandes geralmente são clivados. O famoso diamante Cullinan de 3.106 quilates foi clivado em 1908, em três partes, e em seguida elas sofreram novas clivagens, do que resultaram pedaços menores. A figura 52 mostra um diamante sendo clivado (há uma lâmina sobre o plano de clivagem do cristal, que vai receber um golpe seco de um bastão).

CLIVAGEM PERFEITA

Superfície de Clivagem

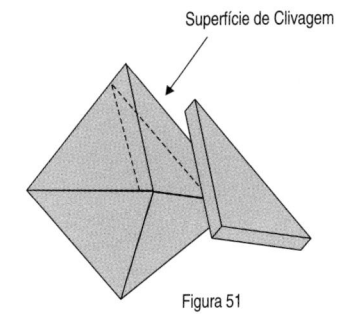

Figura 51

CLIVAGEM DE UM DIAMANTE

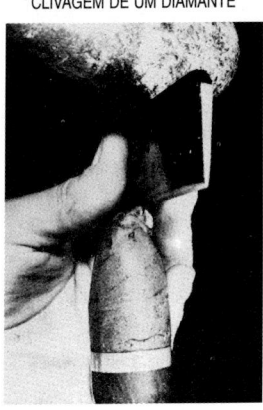

Figura 52

4 – TENACIDADE

Tenacidade é a resistência que um mineral oferece à ruptura, ao sofrer uma pancada ou batida. A tenacidade não se identifica com a dureza e sim com a "ausência de fragilidade". A maior parte dos diamantes apresenta uma elevada fragilidade (exceção: o carbonado), enquanto que uma gema fibrosa como a jadeíta, de dureza baixa, apresenta uma estrutura interna que lhe confere uma tenacidade resistente.

Nos livros **Gemas do Mundo** de **Walter Schumann** (com edição nova, revista e ampliada) e **A Identificação das Gemas**, do saudoso **Basil W. Anderson** (ver bibliografia), os leitores encontrarão tabelas das durezas das gemas. Aqui somente serão apresentadas algumas durezas de substitutos do diamante ou de gemas que podem ser confundidos com o diamante incolor.

Tabela de dureza

Gema	Dureza	Gema	Dureza
Diamante	10	Quartzo incolor	7
Moissanita	9,75	Zircão incolor	6,5 / 7,5
Safira incolor	9	GGG	6,5
Zircônia cúbica	8,5	Fabulita	5 / 6
Topázio incolor	8	Titanato de estrôncio	5 / 6
YAG	8	Vidro incolor	5

5 – DENSIDADE RELATIVA

A **densidade relativa** (antiga denominação: peso específico) de uma gema é o valor numérico que expressa a relação entre o seu peso e o de um volume igual de água destilada à temperatura de 4°C.

Pelo "Princípio de Arquimedes" sabe-se que, se uma gema é pesada primeiramente no ar e depois pesada mergulhada na água, a diferença entre os dois pesos será o peso da água deslocada. Dividindo-se o peso da gema no ar pelo peso da gema no ar menos o peso da gema quando mergulhada na água, obtém-se a D.R. da gema.

A) Determinando a densidade relativa com a balança hidrostática

É esta a função da Balança Hidrostática: fornecer o peso da gema nos dois meios: ar e água para que se possa calcular, então, sua densidade relativa. Esta balança é muito útil pois a determinação precisa da densidade relativa de uma gema fornece informação valiosa ao gemólogo sobre sua identidade (visto que as densidades da maior parte das gemas não se superpõem).

Exemplo de medida usando a fórmula:

$$\frac{\text{Peso no ar}}{\text{Peso no ar} - \text{Peso na água}} = \text{DENSIDADE RELATIVA}$$

Uma gema incolor, muito dura, no ar pesou 12,26. O seu peso, na água, foi de 9,195.
Logo: 12,26 dividido por 12,26 menos 9,195 , tem-se a D.R. = 4,00
Conclusão: *a pedra não é um diamante, mas uma safira incolor (de D.R.4).*

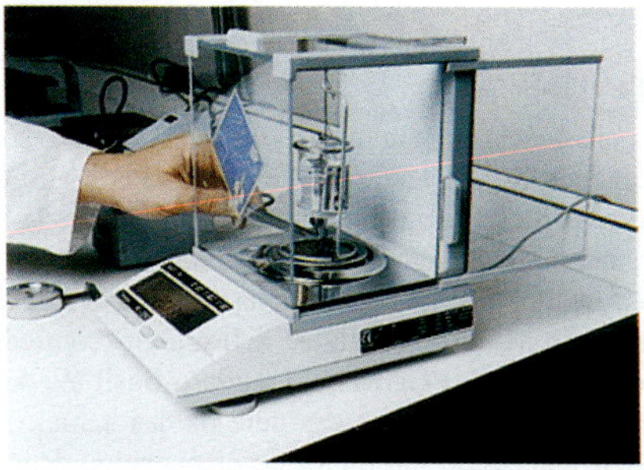

Figura 53

Balança eletrônica
de precisão
com kit hidrostático
(Mettler)

Foto gentileza: Gem Lab / Belo Horizonte – M.G.

O diamante, em comparação com outras gemas, possui uma densidade relativa elevada: 3,50 a 3,53; propriedade essa de que se valem os garimpeiros para separá-lo do cascalho na bateia.

Pode-se encontrar balanças comuns com adaptações para transformá-las em hidrostáticas, assim como as sofisticadas Balanças Analíticas Digitais (figura 53).

Informações úteis para o uso da balança hidrostática:

a) tensão superficial da água geralmente amortece o movimento do fio que sustenta a cestinha que fica mergulhada na água, dificultando muitas vezes a obtenção de determinações precisas, principalmente tratando-se de gemas pequenas. Para se reduzir a tensão superficial da água de forma significativa é aconselhável adicionar um detergente à água. Não é necessário mais do que uma ou duas gotas de detergente líquido comum, encontrado em qualquer supermercado;

b) a água, idealmente, deveria estar a 4ºC (temperatura na qual a densidade da água é máxima). Entretanto, nas determinações gemológicas, pode-se usar água à temperatura ambiente;

c) a balança deverá ser montada numa mesa rígida, isenta o mais possível de vibrações e correntes de ar;

d) o material deverá ser cuidadosamente limpo, com detergente líquido, tanto antes da pesagem como ao final, para prosseguir limpo nos demais exames.

A seguir são fornecidas as densidades relativas de algumas gemas relacionadas com o diamante. Para uma tabela completa, examinar os livros já citados: **Gemas do Mundo** e **A Identificação das Gemas**.

TABELA DE DENSIDADES RELATIVAS

Gema .... **D. R.**	**Gema** .... **D. R.**
GGG 7,05	Zircão incolor .... 3,93 – 4,73
Zircônica cúbica .... 5,5 – 5,9	**Diamante** .... **3,50 – 3,53**
Titanato de estrôncio .... 5,11 – 5,15	Topázio incolor .... 3,49 – 3,57
YAG 4,55	Moissanita 3,22
Safira incolor .... 3,95 – 4,03	Quartzo incolor 2,65

B) Determinando a densidade relativa com os líquidos pesados

Os **líquidos pesados** são utilizados para uma rápida determinação da densidade relativa de uma gema. Para se saber a D. R. de uma gema desconhecida, mergulha-se a mesma num dos líquidos pesados (figuras de 54 a 57). Se a gema flutuar, ela tem uma D. R. menor que a do líquido. Se a gema afundar vagarosamente, sua D.R. é pouco maior que a do líquido; se a gema afundar rapidamente, sua D. R. é apreciavelmente maior que a do líquido. Caso a gema fique suspensa no líquido, significa que ela tem a mesma D. R. dele.

Os líquidos pesados mais usados são:

a) Dibrometo de etileno – D. R. 2,18 a 2,19
b) Bromofórmio – D. R. 2,89
c) Tetrabrometo de acetileno – D. R. 2,96
d) Iodeto de Metileno – D.R. 3,32
e) Solução de Clerici – D. R. 4,15 a 4,3

Informações importantes:

a) a "Solução de Clerice" é muito perigosa para a saúde (perigo mortal), devendo-se evitar contato dela com a pele ou a inalação de seu vapor;

b) os líquidos pesados nunca devem ser usados para ensaios com gemas porosas como a opala ou turquesa, assim como gemas com fraturas, etc., pois podem danificá-las, afetando sua coloração, etc.;

c) o iodeto de metileno e o bromofórmio escurecidos pelo tempo podem recuperar suas cores originais, removendo-se o iodo e o bromo livres. Para isso usa-se o mercúrio;

d) ao colocar a gema no líquido, tomar cuidado de evitar fenômenos de tensão superficial e que bolhas de ar fiquem aderentes à superfície da gema;

e) o material deverá ser cuidadosamente limpo com detergente líquido, tanto antes do exame, como ao final, para prosseguir limpo nos demais exames.

LÍQUIDOS PESADOS PARA A DETERMINAÇÃO RÁPIDA DE DENSIDADES RELATIVAS

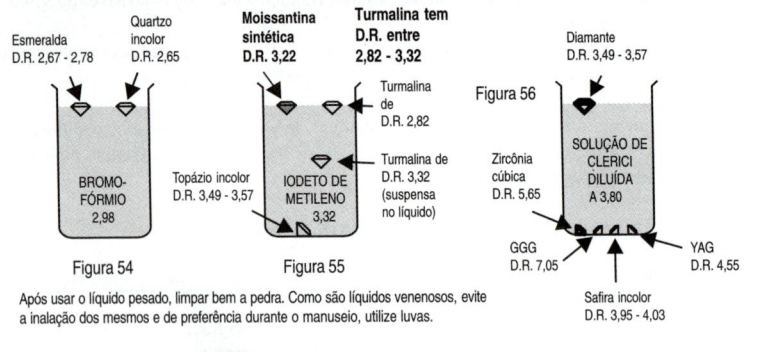

Após usar o líquido pesado, limpar bem a pedra. Como são líquidos venenosos, evite a inalação dos mesmos e de preferência durante o manuseio, utilize luvas.

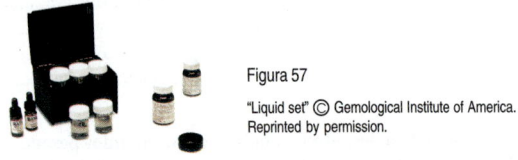

Figura 57

"Liquid set" © Gemological Institute of America. Reprinted by permission.

7) PROPRIEDADES ÓPTICAS DAS GEMAS E DO DIAMANTE EM ESPECIAL

De todas as várias propriedades das gemas, as propriedades ópticas são das mais importantes. Propriedades ópticas são aquelas que se manifestam sob a ação da luz. No caso específico do diamante é graças a essas propriedades que o diamante emite cor, brilho, fogo, etc.

1 – A COR

"No momento, meu espírito está inteiramente tomado pelas leis das cores. Ah, se elas nos tivessem sido ensinadas em nossa juventude."

Van Gogh

A palavra cor origina-se do vocábulo latino "color". Em inglês diz-se "colour" ou "color", em francês "couleur", em espanhol "color", em italiano "colore" e em alemão "Farb".

A cor é a representação subjetiva, feita pelos sinais que lhe são enviados pelos olhos através do nervo óptico, em resposta aos estímulos provocados, nesses órgãos, por radiação eletromagnética, numa faixa relativamente estreita de comprimento de onda, conhecida como luz visível.

Modesto Farina ensina no seu livro **Psicodinâmica das Cores em Comunicação:**

As ondas compreendidas no setor que vai aproximadamente de 400 a 700 nm possuem propriedades com capacidade para estimular a retina (figura 58). Esse estímulo vai provocar a sensação luminosa a que damos o nome de luz e vai ocasionar o fenômeno da cor.

Todas as cores que não percebemos estão presentes na luz branca. Sua dispersão, isto é, a dispersão da luz, origina o fenômeno do cromatismo (figura 59). A luz branca, o branco que percebemos, é, portanto, acromático, isto é, não tem cor. O mesmo diremos do preto, que representa a absorção total de todas as cores, a negação de todas elas.

A cor depende, pois, da natureza das coisas que olhamos, da luz que as ilumina, e ela existe enquanto sensação registrada pelo cérebro. O olho recebe a cor como mensagem e a transmite ao cérebro, receptor do indivíduo.

Portanto, a cor existe quando produzida por estímulos luminosos na retina e por reações do sistema nervoso.

À capacidade do olho humano de registrar a existência de uma cor damos o nome de luminância.

As cores parecem tornar-se mais escuras ou mais claras de acordo com a hora do dia em que são vistas ou examinadas.

O homem sofre influências na análise da cor, conforme o tipo de iluminação que utiliza. Os objetos iluminados pela luz elétrica têm cores ligeiramente diferentes das percebidas quando os mesmos objetos estão expostos à luz natural. Uma lâmpada de néon vai emitir, na maior parte, raios vermelhos. Emite tão poucos raios verdes ou azuis que os objetos, que sob uma outra fonte natural de luz seriam verdes ou azuis, irão parecer pretos, por absorverem os raios vermelhos. Os comprimentos de onda das lâmpadas fluorescentes vão produzir uma luz semelhante à do sol, mas a distribuição dos comprimentos de onda é diferente, além de conter poucos comprimentos de ondas vermelhas.

Além da cor do objeto ser modificada pela natureza da luz incidente, também será modificada pela luz refletida de outras superfícies coloridas, próximas, e por outras cores, dentro do campo de visão.

As cores que exercem maior atenção parecem ser as que são puras e ricas em cor, a saber, vermelho, verde, azul, púrpura, alaranjado e amarelo. Dessas cores, as três primeiras são as mais atrativas.

A influência da cor no viver popular revela-se em certos termos que, mesmo não definindo satisfatoriamente e com precisão a cor desejada, são usados há muito tempo. Eis alguns exemplos: cor de mel (castanho-dourado), café-com-leite (bege), verde-periquito (verde intenso), amarelo-canário (amarelo intenso).

• A cor nas gemas coloridas: sua importância e especificação

Em Mineralogia e Gemologia, a cor geralmente é classificada em três classes distintas:

a) Idiocromática: relacionada aos constituintes principais do mineral. Como exemplo pode-se citar a malaquita, na qual a cor verde está relacionada ao cobre, de sua fórmula química.

b) Alocromática ou cor variável: relacionada sempre a alguma impureza química contida no mineral. Como exemplo pode-se citar o rubi, variedade do mineral coríndon, que deve sua cor vermelha a impurezas de crômio.

c) Pseudocromática ou cor falsa: relacionada a algum fenômeno físico particular. Como exemplo pode-se citar a cor da opala, que é produzida pela difração da luz nas camadas desse mineral.

A cor é considerada o fator mais importante para a avaliação da maioria das gemas coradas (ou coloridas), podendo chegar, conforme alguns gemólogos, a perfazer 70% do seu valor total. Normalmente quanto mais pura e intensa for a cor (cor intensa e não cor escura), maior será o seu valor.

Em muitas gemas a cor tende a se distribuir de maneira uniforme; em outras, entretanto, ela se distribui diferentemente, às vezes, de maneira regular, às vezes, de forma irregular.

O vocabulário básico para se descrever as cores é muito pequeno em quase todas as línguas. Acrescenta-se, geralmente, o nome de um objeto ou material a cor (amarelo-limão, vermelho sangue-de-pombo, etc.). A região e a cultura de um povo também podem dar origem a nomes de cores, assim como se especializar em determinada cor. Povos germânicos possuem um extenso vocabulário referente a cores de cavalos, os esquimós uma grande quantidade de palavras para designar as várias cores e condições da neve, os nômades do deserto um vocabulário enorme para as cores amarelas e marrons, etc.

ESPECTROS DE ABSORÇÃO

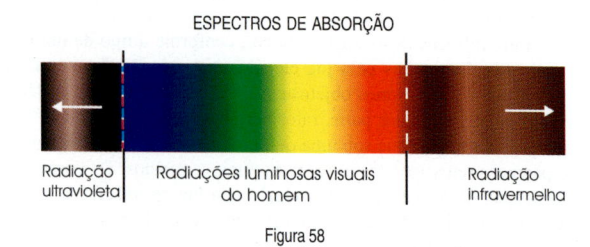

| Radiação ultravioleta | Radiações luminosas visuais do homem | Radiação infravermelha |

Figura 58

A luz branca ou espectro visível é o conjunto de comprimentos de onda que vão do vermelho ao violeta:

Vermelho	700nm - 640nm
Laranja	640nm - 595,5nm
Amarelo	595,5nm - 575nm
Verde	575nm - 500nm
Azul	500nm - 440nm
Violeta	440nm - 400nm

nm = nanômetro equivalente a um milionésimo do milímetro.

DISPERSÃO DA LUZ

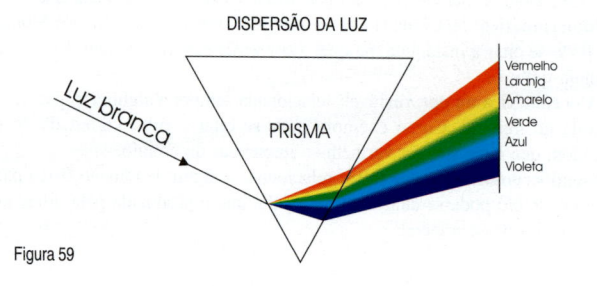

Luz branca

PRISMA

Vermelho
Laranja
Amarelo
Verde
Azul
Violeta

Figura 59

Os chineses e japoneses não possuem uma palavra geral para a cor marrom. No caso dos japoneses, por exemplo, são utilizadas frases comparativas, como cor-de-raposa, cor-de-chá, etc.

Nas línguas ocidentais uma boa parte dos nomes das cores deriva do grego e do latim. Assim, por exemplo, a cor "violeta" tem origem na palavra latina viola, que designava uma planta (com essa cor); do mesmo modo a cor púrpura vem do latim purpureus, que por sua vez vem do grego púrpura, o nome de um marisco.

Os comerciantes de gemas utilizavam e alguns utilizam até hoje uma nomenclatura confusa e às vezes utiliza-se o mesmo termo com significados diferentes: cor, tonalidade, tom, matiz, sombreado, luminosidade, croma, brilho, valor, nuança, intensidade, etc.

Existem termos joalheiros que até pouco tempo eram os únicos que internacionalmente designavam algumas cores de gemas. Assim designava-se "grass green" (verde-grama) para algumas esmeraldas, o "pigeons`s blood" (sangue-de-pombo) para alguns rubis da Birmânia, o "deep Royal blue" (azul-real intenso) para algumas safiras da Birmânia e Tailândia.

• **Representação gráfica, tridimensional e mensuração das cores**

Embora o que mais interesse aqui é o estudo das cores com relação às gemas e ao diamante em particular, necessita-se de uma noção geral do estudo das cores. Os primeiros estudos para uma definição quantitativa das cores foram realizados por Leonardo da Vinci e Isaac Newton. O primeiro dispôs as sombras em forma circular, representando o início da diminuição da luz até a escuridão total. Newton dispôs as cores em forma circular, conforme os percentuais de cada uma na composição da luz branca, sendo a luz branca a unidade referencial e as sete cores espectrais (matizes), as partes. Ele foi o grande descobridor do comprimento de onda que caracteriza cada uma das cores espectrais, representado em grandeza matemática por milimícrons.

Em 1689 R. Waller inventa um sólido igual a um tabuleiro de xadrez, onde dispõe as quatro cores primárias de Da Vinci juntamente com as resultantes da mistura das mesmas.

Em 1766 Moses Harris, em seu livro *The Natural System of Colours*, apresenta um círculo cromático impresso em vermelho, amarelo e azul, com 18 cores produzidas pela mistura das três. Jean Henri Lambert, em 1772, inventa um modelo de um sólido que é denominado pirâmide de Lambert. O pintor alemão Philipp Otto Runge também inventa um sólido para mostrar um referencial das cores. Em 1831, em seu livro *Um Tratado de Óptica*, Sir David Brewster divulga o seu famoso "círculo brewsteriano de cores".

Pode-se ainda mencionar os sólidos de cores de M.E. Chevreul e de Wilhelm von Bezold. Deve-se destacar ainda o Sistema DIN, amplamente utilizado na Alemanha, e o Sistema do British Colour Council. Finalmente, deve-se citar dois dos principais sistemas de análise e referência cromáticas: o do alemão Wilhelm Ostwald e do norte-americano Albert H. Munsell.

Munsell sem dúvida trouxe ordem ao mundo das cores, apresentando um sistema bem aceito internacionalmente e que influenciou os trabalhos da GIA (Gemological Institute of América) e da AGL (American Gemological Laboratories), que tratam da especificação das gemas coloridas.

O Sistema Munsell de cores se baseia nos atributos da percepção das cores. Em 1915 aparece a primeira edição do *Atlas do Sistema de Cores Munsell*, onde várias centenas de amostras de cores são feitas em retângulos de papel pintado em diferentes tons e gradações, indo da cor pura ao tom acinzentado. Todos os conceitos de Munsell têm sua síntese e base no seu "Sólido das cores" (ou árvore de Munsell). Trata-se de um sistema cilíndrico baseado nos atributos: 1) matiz ou tonalidade cromática; 2) luminosidade ou valor; 3) saturação ou croma.

1– Matiz ou tonalidade cromática é a impressão essencial da cor.
2– Luminosidade ou valor é o grau de claridade ou de obscuridade contido numa cor.
3– Saturação ou croma é a intensidade ou grau de pureza da cor.

Encontramos uma explicação do sólido cilíndrico de Munsell na norma da ABNT – Associação Brasileira de Normas Técnicas – NBR 12694 de novembro de 1992, que trata da "Especificação de cores de acordo com o sistema de notação Munsell": No eixo central vertical desse sólido, estão representados os tons acromáticos que representam os cinzas desde o preto absoluto, na base do eixo, até o branco absoluto que está localizado no topo do eixo. A luminosidade das cores cromáticas está representada no sólido das cores pela distância a contar da base do eixo e é medida na equivalência da escala do eixo acromático. A tonalidade cromática é representada pela posição angular sobre o eixo. A saturação é representada pela distância perpendicular a partir do eixo.

• Examinando e descrevendo as cores das gemas
Nos anos 80 e 90 foram criados vários sistemas para a especificação das gemas coloridas, sendo entre esses os mais conhecidos os da Gem Dialogue Marketing Corp., da Califórnia Gemological Laboratories, da American Gemological Laboratories (AGL), do Gemological Institute of América (GIA), do Asian Institute of Gemmological Science (AIGS), etc.

De todos os sistemas o mais divulgado é o da GIA (Gemological Institute of América). Existem também vários estudos específicos com relação aos diamantes coloridos.

Para uma descrição mais precisa e acurada das gemas é útil dividir as cores nos três atributos citados no Sistema Munsell:

– Primeiro atributo
Matiz ou tonalidade cromática é a impressão essencial da cor, característica que diferencia uma cor da outra. Refere-se às cores básicas: azul, verde, amarelo, laranja, vermelho, roxo e violeta, assim como as cores de transição como o azul-esverdeado, vermelho-alaranjado, verde-amarelado, etc. Para os que têm dificuldade em distinguir a cor violeta da roxa deve-se esclarecer que a cor violeta fica entre o azul e a roxa (tem mais azul); a cor roxa, por outro lado, fica entre a cor vermelha e a violeta (tem mais vermelho).

A **GIA** (Gemological Institute of América), no seu curso "Colored Stone Grading", apresenta uma seleção de **31 matizes ou tonalidades cromáticas (hue)** que são julgadas suficientes para descreverem os matizes de todas as gemas coloridas.

– Segundo atributo
Luminosidade ou valor (tone) é o grau de claridade ou obscuridade contido numa cor (mais clara ou mais escura). É comumente citada como variando de 0 (incolor) a 10 (negra).

Possui valor comercial, normalmente toda gema colorida e transparente que se enquadra nos níveis 2 até 8 dessa escala.

Escala de luminosidade ou valor:

0 – incolor ; 1 – demasiadamente clara; 2 – muito clara; 3 – clara; 4 – moderadamente clara; 5 – luminosidade mediana; 6 – moderadamente escura; 7 – escura; 8 – muito escura; 9 – demasiadamente escura; 10 – negra.

Pode-se também usar para diamantes coloridos a graduação de 0 a 100 .

– Terceiro atributo
Saturação ou croma (saturation) é a intensidade ou grau de pureza da cor. Quanto mais saturada for a gema colorida mais livre ela é das cores não espectrais ou modificadoras de intensidade.

Exemplo na escala de saturação para gemas coloridas:

Cor marrom

1 – amarronzado	4 – moderadamente forte
2 – levemente amarronzado	5 – forte
3 – muito levemente amarronzado	6 – vívido (intenso)

Exemplo para diamantes coloridos (cores de fantasia):

1 – fraca	
2 – muito clara	6 – fantasia intensa
3 – clara	7 – fantasia profunda
4 – fantasia clara	8 – fantasia
5 – fantasia escura	9 – vívida

Exemplos de nomes dados a diamantes coloridos pelo Gem Trade Laboratory (da GIA). Detalhe importante: eles sempre colocam a origem da cor, se natural ou tratada (tratamentos serão estudados mais adiante).

COR

1 – origem: natural	3 – origem: natural
grau: fantasia clara	grau: fantasia intensa
róseo	verde
2 – origem: natural	4 – origem: natural
grau: fantasia	grau: fantasia profunda
amarelo	amarelo

Como outro exemplo para designar os diamantes coloridos (de fantasia) é reproduzido, abaixo, um trabalho de compilação feito pelo Professor Eduardo Frank Kesselring.

Cores de fantasia dos diamantes (Diamonds fancy colours)
Classificações usadas nos catálogos das firmas leiloeiras, SOTHEBY´S e CHRISTIE´S

Grupo de cores	**Graus de intensidade**
Rósea	1 – fantasia
Vermelha	2 – fantasia leve
Alaranjada	3 – fantasia vívida
Verde	4 – fantasia intensa
Azul	5 – fantasia cinzenta
Violeta	6 – fantasia escura
Púrpura	7 – fraca
Marrom (parda)	8 – clara
Oliva	9 – vívida
Negra	10 – intensa
	11 – profunda
	12 – escura
	13 – muito clara
	14 – intensamente
	15 – diluída
	16 – fantasia profunda

Nomes de todas as cores de diamantes (no original, em inglês)

RED
Red
Reddish
Fancy red
Fancy light red
Fancy intense red
Faint red
Light red
Very light red
Vivid red
Intense red
Intense reddish
Deep red
Dark red
Purple red
Purplish red
Fancy purplish red
Fancy intense purplish red
Fancy vivid purplish red
Yellowish red
Orangy red
Brownish red
Pinkish purplish red
Pinkish red

PURPLE
Purple
Purplish
Intense purplish
Pinkish purple
Red purple
Reddish purple
Fancy reddish purple
Fancy purple

PINK
Pink
Pinkish
Fancy pink
Fancy vivid pink
Fancy intense pink
Faint pink
Light pink
Very light pink
Vivid pink
Intense pink
Deep pink
Dark pink
Purple pink
Fancy purple pink
Purplish pink
Fancy purplish pink
Light purplish pink

Fancy light purplish pink
Vivid purplish pink
Fancy vivid purplish pink
Intense purplish pink
Fancy intense purplish pink
Orange pink
Orangy pink
Light orange pink
Brown pink
Brownish pink
Fancy brown pink
Fancy light brown pink
Fancy light brownish pink
Yellowish pink
Fancy gray pink
Violetish pink
Vividly pinkish
Pink tint

ORANGE
Orange
Orangy
Fancy orange
Faint orange
Light orange
Vivid orange
Intense orange
Deep orange
Dark orange
Yellowy orange
Yellowish orange
Fancy yellowish orange
Brownish orange
Brownish yellow orange
Brownish yellowish orange
Fancy brownish yellow orange
Fancy brownish yellowish orange
Dark brown orange
Reddish orange
Pinkish orange
Greenish orange
Olive orange
Yellow orange
Orange tint

BROWN
Brown
Brownish
Pinkish brown
Reddish brown
Orange brown
Orangy brown
Yellowish brown

Greenish brown
Yellowish brown
Greenish brown
Olive brown
Brown tint

YELLOW
Yellow
Yellowish
Fancy yellow
Fainty yellow
Light yellow
Vivid yellow
Intense yellow
Deep yellow
Dark yellow
Orange yellow
Orangy yellow
Intense orange yellow
Brown yellow
Brownish yellow
Deep brownish yellow
Reddish yellow
Olive yellow
Green yellow
Yellowy
Yellow tint

VIOLET
Violet
Violetish
Bluish violet
Blue violet
Purplish violet
Reddish violet

OLIVINE
Olive

GREEN
Green
Greenish
Fancy green
Fancy light green
Fancy vivid green
Fancy intense green
Faint green
Light green
Very light green
Vivid green
Intense green
Intense greenish
Deep green

Dark green	*Fancy light blue*	*Green blue*
Yellow green	*Fancy vivid blue*	*Greenish blue*
Yellowish green	*Fancy intense blue*	*Purplish blue*
Fancy yellowish green	*Fancy deep blue*	*Greyish blue*
Blue green	*Fancy dark blue*	*Fancy dark gray blue*
Bluish green	*Faint blue*	*Fancy gray blue*
Brown green	*Light blue*	
Brownish green	*Very light blue*	***BLACK***
Olive green	*Vivid blue*	*Black*
Olive greenish	*Intense blue*	*Blackish*
Greyish green	*Intense bluish*	*Darkiish*
	Deep blue	*Dark*
BLUE	*Dark blue*	*Greyish*
Blue	*Bluish gray*	*Grey*
Bluish	*Violetish blue*	
Fancy blue	*Fancy deep grayish blue*	

CUIDADOS A SEREM TOMADOS DURANTE O EXAME DA GEMA OU DIAMANTE COLORIDO

1 – Limpe cuidadosamente a gema. A melhor limpeza será feita com seda ou camurça (ou outro couro trabalhado e macio). Também pode ser usado um pincel de cerdas moles. Deve ser tomado muito cuidado com a limpeza com ultra-som pois pode quebrar ou estilhaçar um diamante com fraturas, tratamento a laser, etc. Os ácidos também devem ser usados com cautela, pois podem tirar revestimentos de tratamentos das pedras.

2 – Depois de limpa a gema, só a manipule com uma pinça apropriada. A gema gemológica é um instrumento constituído de duas hastes rígidas que funcionam como alavancas articuladas, sendo utilizado para segurar gemas, constituindo-se, por isso, um dos instrumentos básicos de manuseio do material pelo gemólogo. Após a correta limpeza da pedra, esta só deverá ser manipulada com o auxílio da pinça, pois o contato com os dedos poderia transmitir suor ou gordura à mesma, prejudicando sua observação correta.

Observações importantes:

a) Para segurar uma gema com facilidade, na posição desejada, deve-se colocar inicialmente a gema sobre um couro, seda, pano bem limpo e macio ou lenço de papel de cor branca, com sua base principal ou mesa (se for lapidada) virada para baixo (apoiada); será possível, então, escolher a disposição preferida e segurar a pedra.

b) Deve-se tomar cuidado ao prender as gemas: se houver uma pressão exagerada quando a gema não estiver muito bem presa na pinça, ela poderá escapar com grande velocidade, podendo se danificar ou tornar-se difícil reencontrá-la.

c) Existem pinças de vários modelos e com pontas em serrilhado de várias espessuras; o gemólogo deve ser hábil para escolher o modelo mais adequado à gema sob exame: pinça com trava, pinça com três garras, etc. Veja figura 60.

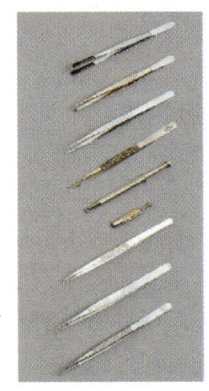

Figura 60
Vários modelos de pinças.
Foto gentileza: Rubin & Son (Bélgica).

3 – Examine a gema num fundo apropriado (não refletivo) e sob vários ângulos e tipos de luz (veja figura 61).

a) luz natural (que no meio-dia normalmente possui um efeito neutro. Mais cedo ou mais tarde pode acrescentar vermelho, laranja e amarelo);
b) luz halógena (acrescenta brilho e amarelo);
c) luz incandescente (acrescenta vermelho);
d) fluorescente (pode acrescentar amarelo e melhorar gemas azuis);
e) lâmpada de luz monocromática de sódio (a vapor de sódio);
f) iluminação por fibra óptica.

Figura 61
Aparelho Diamond Lite para análise de cores.
Foto gentileza: GIA
© Gemological Institute of America.
Reprinted by permission.

O ideal é examinar as gemas com lâmpadas especiais para esse fim. Pode-se destacar entre essas a Sylvania Design 50, a GE Chroma 50 e a Duro-Test Vita Light. Maiores informações sobre o efeito das lâmpadas sobre as gemas são encontradas no livro de Howard Rubin *The Effects of Lighting on Gemstone Colors*.

Para se ter certeza de se estar fazendo um exame correto o melhor mesmo é comprar um dos aparelhos especiais para a determinação da cor: o "DiamondLite" (da GIA), o "Koloriscope", o "Color-grader", etc.

4 – Compare a gema com o material que você tenha para avaliá-la: pedras-padrão, aparelhos e outros materiais de análise (o GEMSet grading system (da GIA) é um ótimo instrumento para este exame).

5 – Para se analisar a cor da pedra deve-se achar sua cor dominante, aquela que está entre as áreas mais claras e escuras da gema (a cor menos extrema), quando vista através da faceta mesa.

6 – A gema pode conter, às vezes, pelo menos uma "janela", quando vista através da faceta mesa. Essa "janela" é mais clara que a cor dominante por falha na lapidação na gema. Se a "janela" for muito grande, abrangendo mais de 25% da gema, quando examinada através da faceta mesa, ela deverá ser relatada como uma cor adicional.

7 – Ao se examinar gemas à procura das "janelas", podemos notar áreas escuras nelas. São chamadas áreas de extinção e normalmente as vemos em todas as gemas. Contudo gemas bem lapidadas reduzem a extinção e valorizam a cor.

Não esqueça no seu exame:

a) O olho humano tem grande importância na avaliação de uma cor, uma vez que será sempre o responsável pelo resultado final. Por isso, nunca examine as gemas quando estiver muito cansado ou sob efeito de álcool ou medicação.

b) A cor é normalmente o principal fator sobre o valor da gema.

c) A existência de áreas incolores na gema normalmente é sinal de cor insuficiente ou má lapidação.

d) Geralmente uma gema com mais de 90% de zona escura não é muito valiosa (a menos que o escuro seja uma das suas características, como o diamante negro, por exemplo).

e) Geralmente zonas de cor indesejáveis reduzem o valor da gema.

DIAMANTES COLORIDOS

Os diamantes são coloridos naturalmente ou através de tratamentos (ex.: por meio de bombardeamento com nêutrons num reator atômico ou mediante partículas com cargas elétricas procedentes de um ciclotron).

Os diamantes tratados vão ser estudados mais adiante, ficando restrito agora o texto aos diamantes coloridos naturais.

Os diamantes coloridos de cores acentuadas, também chamados de cores de fantasia, são mais raros do que os "incolores" ou amarelados, que serão examinados num texto especialmente dedicado a eles.

O diamante é quimicamente puro e incolor, mas pode-se encontrá-lo na cor amarela em várias tonalidades, na cor verde, vermelha (rara), azul, marrom, negra, etc. (figura 62).

É curioso notar que a maioria dos diamantes em bruto coloridos exibe forma irregular e distorcida.

Figura 62

Diamantes coloridos naturais
Foto gentileza: De Beers

– DIAMANTES AMARELOS

Na categoria de diamantes amarelos só entram os que realmente possuam uma cor amarela acentuada, intensa, a chamada cor de fantasia e popularmente denominada "amarelo-canário". As cores amarelas "intensas" ou "vívidas" são encontradas, segundo os cientistas, nos diamantes denominados de "Tipo Ib". Os demais, meio amarelados, entram na classificação dos diamantes incolores, que será abordada mais à frente. Em inglês denomina-se um diamante amarelo-claro de "very light yellow" e para um diamante forte e saturado, "fancy vivid yellow". Ver os exemplos e escala já apresentados.

O elemento que determina a cor dos diamantes amarelos é o nitrogênio (disperso na estrutura do cristal, e absorvendo as cores violeta, azul e verde, resultando a cor amarela). Ver figura 63. A maioria (99%) dos diamantes amarelos é classificada como do tipo Ia (figura 64). Com o espectroscópio pode-se notar uma linha de absorção a 415,5 nm.

Dos diamantes com cor de fantasia, os de cor amarela são os mais fáceis de serem encontrados; não é uma cor rara na natureza. O primeiro diamante encontrado na África do Sul, o "Eureka" (figura 65), é um diamante amarelo (tinha 21 ct e depois de lapidado ficou reduzido a 10,73 ct quilates).

O diamante amarelo mais famoso no mundo é o Tiffany de 128,51 ct. Foi encontrado na mina de Kimberley, na África do Sul, em 1878. Em bruto pesava 287,42 ct. Foi adquirido pelos joalheiros Tiffany, de Nova York. Foi lapidado em Paris e tem 90 facetas (32 a mais do que o talhe brilhante).

Figura 63
Diamante amarelo
em bruto.
Foto gentileza: De Beers

Figura 64
Diamante amarelo

Figura 65
Diamante amarelo
"Eureka"
O primeiro diamante
encontrado na
África do Sul
Foto gentileza: De Beers

Figura 66
Diamante amarelo
"Golden Jubilee"
Foto gentileza: De Beers

Outro diamante amarelo importante é o "Golden Jubilee", de 545,67 ct, desde 1995 é reconhecido como o maior lapidado do mundo. O "Golden Jubilee" foi oferecido ao rei da Tailândia por um grupo de homens de negócios tailandeses para comemorar os 50 anos de reinado do monarca (figura 66).

– DIAMANTES MARRONS (PARDOS OU ACASTANHADOS)

Os diamantes marrons possuem uma grande variedade de tons e, acompanhando-a, uma grande variedade de nomes comerciais: champanhe, canela, conhaque, dourado, chocolate, etc.

Os diamantes agrupados na "família dos marrons" contêm freqüentemente cores secundárias.

Além das denominações já mencionadas para a cor marrom, ainda existem outras.

A firma da famosa mina australiana, a Argyle Diamond's, que produz muitos diamantes marrons, elaborou sete graduações para os diferentes tons de diamantes dessa cor (ver figura 67):

C1 e C2= champanhe claro   C5 e C6= champanhe escuro
C3 e C4= champanhe médio   C7   = conhaque

Figura 67 – Escala da cor marrom segundo a firma Argyle • Foto gentileza: Argyle Mines of Australia.

O diamante marrom também pode ser classificado como: pálido; brilhante; profundo; e apagado.

A cor marrom no diamante é devida à absorção de luz nas passagens estruturais das suas camadas. O grau de deformação laminar está diretamente relacionado com a cor observada. Os maiores produtores de diamantes dessa cor são o Brasil e a Austrália.

O diamante marrom mais famoso é o "Earth Star" (Estrela da Terra), lapidado em forma de gota e pesando 111,59 ct. Está em permanente exposição no American Museum of Natural History em Nova York.

– DIAMANTES NEGROS

Os diamantes negros (figura 68) possuem essa cor devido a numerosas placas *finas* e negras, semelhantes a inclusões, que acredita-se serem na sua maioria grafita. Em algumas gemas essas inclusões são tão fortes que a grafita as torna condutoras e alguns comerciantes classificam os diamantes negros (de acordo com sua tonalidade) em:

Figura 68
Diamante Negro

a) apagado (preto mais escuro e menos saturado); b) pálido (preto mais leve e menos saturado. Contém o cinza como modificador de cor); c) brilhante (preto mais leve e menos saturado. Pode conter um pouco de verde, azul ou púrpura como modificador da cor); d) profundo (preto mais leve e menos saturado. Contém o marrom sutil como modificador de cor – só visível sob forte iluminação).

Diamantes negros famosos: o "Orloff Negro", que pesa 67 ct e que recebeu esse nome em homenagem à princesa russa Nadia Vyegin-Orloff, que foi sua proprietária em meados do século XVIII. O "Duque de Wellington" de 12,25 ct , que pertenceu ao famoso militar inglês que venceu Napoleão Bonaparte. O diamante "Amsterdã ", lapidado no talhe gota, com 145 facetas e pesando 33,74 ct (antes de ser lapidado pesava 55,85 ct). Em cerimônia oficial, no dia 7 de fevereiro de 1973, a esposa do prefeito de Amsterdã batizou esse diamante com o nome da cidade. A gema foi exibida oficialmente por ocasião da comemoração do aniversário de setecentos anos de Amsterdã. O maior diamante negro lapidado é o "Espírito de Grisogono" e pesa um pouco mais de 312 ct (em bruto pesava 587 ct).

– DIAMANTES RÓSEOS (ROSAS)

Os diamantes róseos (pink) têm como fator determinante de sua cor a deformação plástica, devido ao impacto a altas temperaturas.

Os diamantes agrupados na "família dos róseo" contêm ligeiras cores secundárias (alaranjado, marrom ou azul).

Sob a luz ultravioleta de onda longa os diamantes rosas apresentam uma fluorescência moderada a forte. No espectroscópio eles apresentam uma linha de absorção a 415,5 nm. Quando o diamante rosa tem influência de várias cores, é conhecido como de cor "salmão" e apresenta uma fluorescência alarajada e um linha tênue de absorção a 575,0 nm.

Figura 69
Diamante Rosa

É a cor de diamante mais feminina por excelência (figura 69). Existem o diamante rosa púrpura, o rosa acastanhado, o rosa-claro, etc. Outras denominações já foram apresentadas anteriormente. Um diamante rosa profundo é raro, a maioria deles é apenas ligeiramente róseo.

Atualmente o principal produtor desta cor é a Austrália (mina Argyle). Outros produtores são: Brasil (no triângulo mineiro), Bornéu (Rio Kapuas), África do Sul (mina Voorspoed) e Tanzânia (mina Willianson).

A partir dos anos 80 houve uma maior produção e venda dos diamantes róseos, principalmente em virtude da grande produção da mina Argyle. Isso fez com que o preço do diamante dessa cor, que se mantinha subindo a partir dos anos 70, ficasse a partir dos anos 2000 estacionado e ultimamente até abaixando um pouco o seu valor (tudo isso, de um modo geral, havendo exceções).

O diamante rosa mais famoso do mundo é o "Darya-i-mor" de 185ct, encontrado na Índia.

– DIAMANTES AZUIS

O fator determinante da cor no diamante azul é a presença de boro em sua estrutura (figura 70). A cor azul pode variar de mais claro até o azul mais profundo (nomes das variedades já mencionados anteriormente).

Os diamantes azuis contendo boro apresentam uma fluorescência forte na cor alaranjada ou vermelha (na luz ultravioleta de onda curta).

Quando o diamante azul possui algo de cinza na sua cor, isso deprecia seu valor. Os diamantes azuis são raros e caros. Atualmente o valor dos diamantes azuis permanece de um modo geral estável. A Índia foi o maior produtor de diamantes azuis históricos.

Os diamantes azuis mais famosos são:

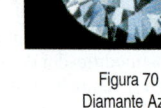

Figura 70
Diamante Azul

O "Blue Hope" de 45,52 ct, de um azul profundo (figuras 71 e 72). Àqueles que apreciam uma interessante leitura sobre diamantes misteriosos, recomenda-se o livro "Blue Mystery – The Story of the Hope diamond", de autoria de Susane Steinem Patch, editado pelo Smithsonian Institution Press, Washington D.C.

O "Idol's Eye" (Olho do ídolo) de 70,21 ct;

O "Mouawad Blue" de 49,92 ct;

O "Graff Imperial Blue" de 39,31 ct;

O "Wittlesbach" de 35,50 ct;

O "Sultão do Marrocos" de 35,27 ct ;

O "Blue Heart" de 30,62 ct;

O "Hortência" de 20 ct (em homenagem à rainha da Holanda, Hortense de Beharnais).

Figura 71
O "Blue Hope"
Foto gentileza: "National Museum of Natural History"
Smithsonian Institution, Whashington - DC

Figura 72
Professor Dr. Darcy Pedro
Svisero segurando uma
"réplica do Blue Hope"
(do Museu de
Geociências da USP)

– DIAMANTES VERDES

O diamante de cor verde é um dos mais raros. Sua cor verde é devido à exposição a irradiações naturais (formando centro de cor). Nesta cor existem poucos exemplares famosos (apenas seis). Entre estes destaca-se o "Dresden" (achado no Brasil), de 41,00 ct, lapidado no talhe gota. Atualmente encontra-se no museu de Dresden, na Alemanha. Os países produtores de diamantes verdes são: o Brasil, Venezuela, África do Sul, Índia e Bornéu.

Geralmente a cor verde é suave e está localizada na "pele" (superfície externa) do diamante. Raramente a cor verde é achada no "interior do diamante". Em virtude disso deve-se tomar muito cuidado para não tirar essa cor do diamante, e muitas vezes o lapidário deixa "in natura" a cintura da gema ou a ponta da culassa, para manter essa cor. (figura 73)

Figura 73
Diamante Verde

Recentemente a firma de leilões "Sotheby's" vendeu um diamante verde (verde vívido), de 0,90 ct , por mais de setecentos mil dólares o quilate.

– DIAMANTES VERMELHOS

Da mesma forma que os diamantes rosas, os diamantes vermelhos devem sua cor a deformações estruturais do cristal em altas temperaturas (figura 74).

O diamante de cor vermelha é muito raro (e se a cor for pura, talvez o mais raro). Segundo algumas informações, em 30 anos de certificações do laboratório da GIA, não existe uma menção de um "diamante vermelho puro".

Um diamante vermelho (vermelho-púrpura) de 0,95 ct foi comprado em 1987, pelo sultão de Brunei, por uma quantia próxima a um milhão de dólares.

Figura 74
Diamante Vermelho

– DIAMANTES DE OUTRAS CORES

Segundo especialista, a cor de diamante mais rara é a **alaranjada pura** (sem nada da cor marrom). Os comerciantes afirmam que existem listas de compradores aguardando diamantes dessa cor.

Diamantes violáceos são raros, ricos em hidrogênio e a maioria procedente da mina Argyle, na Austrália (cor violáceo-cinzenta).

Existem os diamantes "camaleões", que mudam de cor (bicolores opalescentes), com manchas esféricas. Assim existem uns com uma cor verde-cinzenta que mudam para a cor amarelo-brilhante, quando aquecidos sobre a chama de um álcool ou são deixados no escuro por um prolongado período de tempo. Ainda é um mistério a causa desse fenômeno.

2 – REFLEXÃO

Quando um raio de luz incide sobre a superfície de separação de dois meios transparentes, por exemplo, o ar e um diamante, ele é refletido parcialmente (figura 75).

A lei de reflexão diz que o ângulo de incidência (i) e o ângulo de reflexão (r) são iguais e que os raios incidente e refletido estão no mesmo plano, que é normal à superfície. A reflexão de um objeto qualquer em um espelho ilustra facilmente esta lei.

3 – REFRAÇÃO

Um raio de luz (velocidade no ar: 299.700 km/seg.), ao passar de um meio para outro, por exemplo, do ar para o diamante, sofre uma redução em sua velocidade e um desvio em sua direção, a menos que o raio incida perpendicularmente à superfície (N- N').

A relação entre a velocidade da luz no ar e sua velocidade no diamante, por exemplo, é conhecida pelo nome de **índice de refração** do diamante. Se a luz passa, obliquamente, do ar para um meio opticamente mais denso, como no caso da figura 76, o raio aproxima-se da normal. Normal que é uma reta imaginária (N – N') perpendicular à superfície.

4 – ÂNGULO CRÍTICO E REFLEXÃO TOTAL

Veja-se agora o que ocorrerá se a luz vier de uma substância opticamente mais densa e passar para outra menos densa. Se a luz incidir paralelamente à direção N' – N, normal à direção de separação dos dois meios, ela viajará com uma velocidade maior no ar, mas não sofrerá desvio na superfície da gema. Se um raio de luz com origem em A' viajar na direção da superfície, ele seguirá o caminho A' AO. Um outro raio, com origem em B', viajará até a superfície de separação, daí seguindo a direção OB, afastando-se da normal. Um terceiro raio, com origem em C', viajará até a superfície de separação,daí seguindo a direção OC, que neste caso se confunde com a superfície de separação dos dois meios. O ângulo C'ON' é denominado **ângulo crítico** (figura 77) para a substância em discussão – porque qualquer raio de luz que atinja a superfície de separação, no ponto 0, em um ângulo maior do que C'ON', será refletido totalmente para o interior da substância. O raio D'OD ilustra o fenômeno da **reflexão total** (figura 77). O valor do ângulo crítico depende do índice de refração da substância.

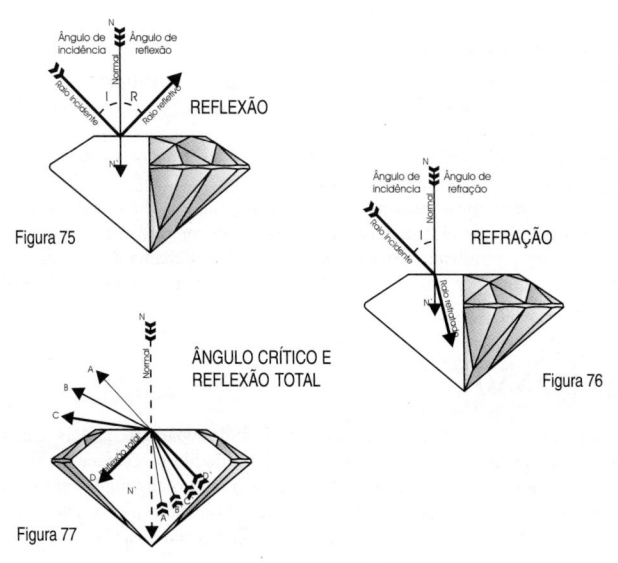

Figura 75

REFLEXÃO

REFRAÇÃO

Figura 76

ÂNGULO CRÍTICO E REFLEXÃO TOTAL

Figura 77

5 – ÍNDICE DE REFRAÇÃO

Quando a luz passa de um meio para outro, sua velocidade aumenta ou diminui devido as diferenças das estruturas atômicas das duas substâncias.

O índice de refração do diamante é a relação proporcional entre a velocidade da luz no ar e no diamante. O desvio do raio de luz provém da diminuição da sua velocidade assim que ele penetra um outro meio, no caso, o diamante.

Velocidade da luz no ar (V_1) = 299.700 km/s ou C = 299.776 (+ - 4 km/s)

Velocidade da luz no diamante (V_2) = 124.120 km/s

$$\text{Índice de refração} = \frac{V_1\,(ar)}{V_2} = 2,415$$

Isto quer dizer que a velocidade da luz no ar é 2,415 vezes mais rápida do que a velocidade da luz dentro do diamante.

A) Medindo o índice de refração com o refratômetro

O refratômetro (figura 78) é considerado por todos os gemólogos como um dos instrumentos de maior utilidade, nas determinações das gemas. No caso do diamante esse instrumento serve para separar o diamante de gemas de índice de refração até 1,81 (índice máximo que alcança esse aparelho).

Para determinar-se o índice de refração de uma gema com o refratômetro deve-se primeiro colocar uma gota do líquido de índice de refração alto (1,81) no vidro do hemisfério do aparelho. Em seguida, colocar a gema sobre a gota do líquido, com o maior cuidado possível (figura 79). Continuando:

Fechar a tampa do refratômetro, evitando assim que alguma luz possa atingir a gema, de cima (figura 80). Colocar a fonte de luz na parte de trás do refratômetro, permitindo que ela entre no

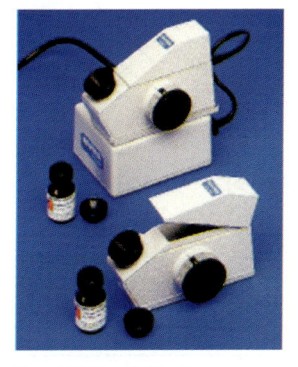

Figura 78 – Um refratômetro vem acompanhado de fonte de luz (L.E.D. – luz monocromática).
Foto gentileza: Rubin & Son - Rayner

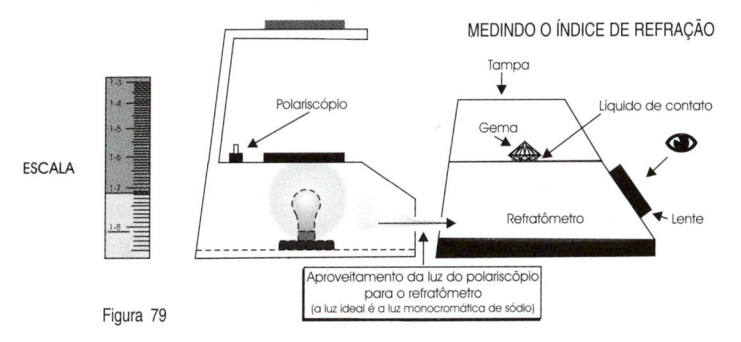

MEDINDO O ÍNDICE DE REFRAÇÃO

ESCALA

Polariscópio

Tampa

Gema

Líquido de contato

Refratômetro

Lente

Aproveitamento da luz do polariscópio para o refratômetro
(a luz ideal é a luz monocromática de sódio)

Figura 79

instrumento (pode ser a luz de um polariscópio que já tenha uma abertura para essa finalidade, como o da Casa da Ciência), ou uma lâmpada de luz monocromática de sódio (I = 589 nm). Finalmente fazer a leitura do índice ou índices de refração (figura 81). Não esquecer nunca, após o uso do aparelho, de limpar a superfície do hemisfério com um tecido fino ou lenço de papel. Em seguida, aplicar algumas gotas de xilol para limpeza e em seguida enxugar; isso evitará a corrosão do hemisfério.

Deve-se ter cuidado ao colocar a gema no hemisfério para não riscá-lo. Se o refratômetro não for usado por mais de duas semanas, deve-se cobrir o seu hemisfério com uma camada fina de vaselina.

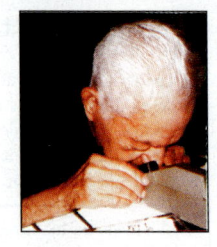

Figura 80
Professor Dr. Rui Ribeiro Franco utilizando um refratômetro.

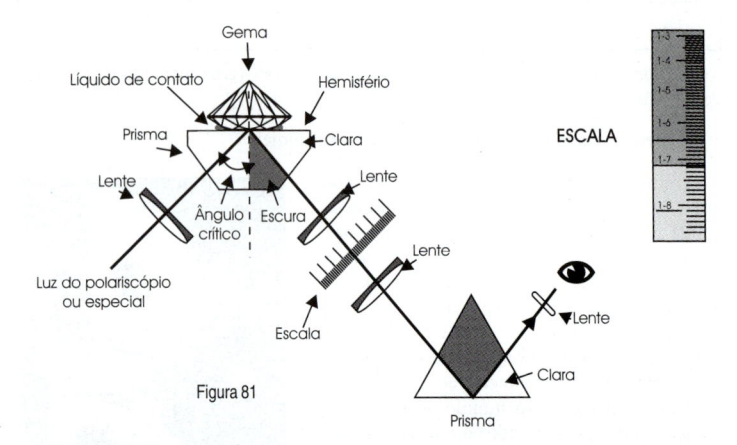

Figura 81

Tabela de índice de refração do diamante e gemas com as quais pode ser confundido

Gema	I. R.
Moissanita sintética	2,648 – 2,691
Diamante	**2,417 – 2,564**
Fabulita	2,40 – 2,42
Titanato de estrôncio	2,409
Zircônia cúbica	2,088 – 2,176
GGG	2,03
YAG	1,8333
Zircão	1,810 – 2,024
Safira	1,762 – 1,778
Euclásio	1,650 – 1,677
Topázio	1,609 – 1,643
Quartzo incolor	1,544 – 1,553
Vidro incolor	1,44 – 1,90

B) Método da imersão e a determinação aproximada do índice de refração

Através de líquidos especiais (com índices de refração conhecidos), pode-se determinar ou estimar aproximadamente o índice de refração de uma gema. Uma gema mergulhada num líquido será vista com maior ou menor nitidez, dependendo da proximidade entre os valores dos índices de refração da gema e do líquido (figura 82). À medida que estes valores se aproximam, as bordas da gema tornam-se menos distintas. Se a gema ficar quase invisível, significa que seus índices são muito próximos ao do líquido (figura 83).

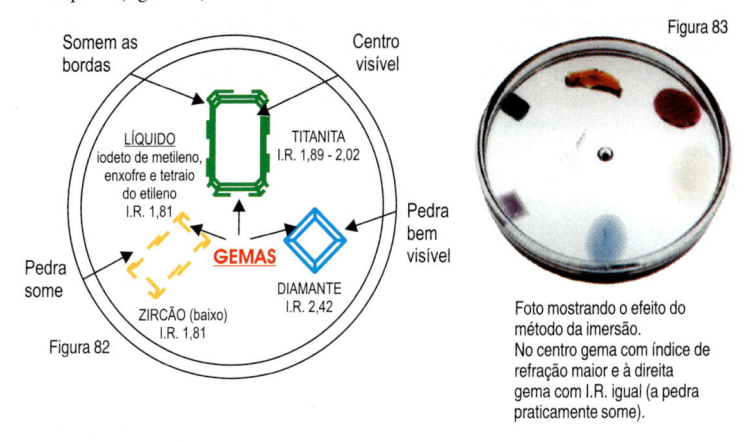

Figura 83

Foto mostrando o efeito do método da imersão.
No centro gema com índice de refração maior e à direita gema com I.R. igual (a pedra praticamente some).

Os líquidos relacionados a seguir constituem uma bateria que poderá ser de valor inestimável na avaliação de índices de gemas:

Líquido .... Índice de refração	Líquido .... Índice de refração
Água 1,34	Bromofórmio 1,59
Álcool etílico 1,362	Óleo de cássia 1,60
Clorofórmio 1,45	Monoiodobenzeno 1,62
Tetracloreto de carbono 1,46	Tetrabrometo de
Óleo de oliva 1,47	acetileno 1,63
Xilol 1,49	Monobromonaftaleno ... 1,66
Benzol 1,50	Iodeto de metileno 1,74
Óleo de cedro 1,51	Iodeto de metileno e
Bálsamo do Canadá 1,53	enxofre 1,78
Óleo de cravo 1,53	Iodeto de metileno, enxofre
Dibrometo de etileno 1,54	e tetraiodoetileno 1,81
Monobromobenzeno 1,56	

Observação importante: não se deve confundir este exame com aquele realizado com líquidos pesados, mencionado anteriormente. O objetivo deste exame é a determinação do I. R. enquanto o objetivo daquele é a determinação da D. R. da gema.

Os líquidos mencionados são encontrados em firmas fornecedoras de produtos químicos e farmacêuticos.

6 – REFRAÇÃO DUPLA (BIRREFRINGÊNCIA)

Todos os minerais que exibem estrutura cristalina, com exceção dos que pertencem ao sistema cúbico, mostram um fenômeno que é conhecido pelo nome de refração dupla (ou birrefringência). Isto é, quando um raio de luz penetra num desses minerais, por exemplo um rubi, uma esmeralda, uma turmalina, etc., desdobra-se em dois raios, cada um deles viajando através do mineral com uma velocidade característica e tendo seu índice de refração próprio (figura 84). Os minerais pertencentes ao **sistema cúbico (isométrico ou monométrico) <u>não exibem o fenômento da birrefringência</u>: diamante,** granada, espinélio, etc. Comportam-se do mesmo modo que o diamante as substâncias naturais e sintéticas seguintes: fabulita, GGG (Gadolinium Gallium Garnet), YAG (Ytrium Aluminum Garnet), espinélio sintético, vidros, etc.

Os dois raios gerados da dupla refração formam entre si um ângulo que pode ser maior ou menor, dependendo da espécie mineral. Normalmente, o fenômeno só pode ser detectado por meio de instrumentos especiais. Existe um mineral, a calcita, que possui uma dupla refração tão forte que pode ser observada a olho nu (figura 85). Veja as arestas duplas na figura do zircão (figura 86).

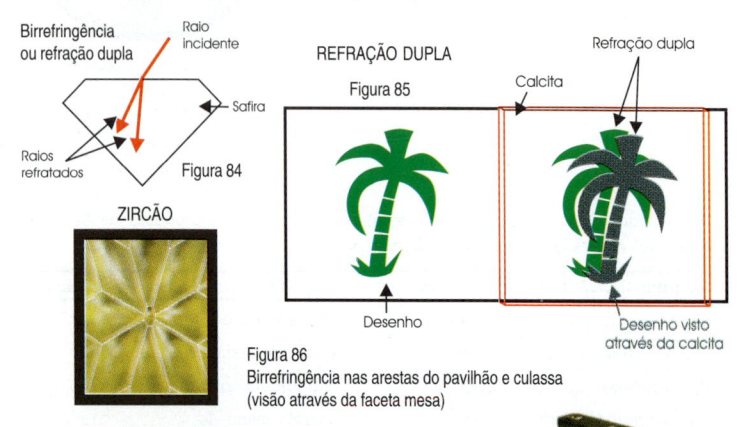

Birrefringência ou refração dupla — Raio incidente — Safira — Raios refratados — Figura 84

ZIRCÃO

Figura 86
Birrefringência nas arestas do pavilhão e culassa
(visão através da faceta mesa)

REFRAÇÃO DUPLA
Figura 85
Refração dupla — Calcita — Refração dupla

Desenho — Desenho visto através da calcita

– O POLARISCÓPIO

O polariscópio é um instrumento utilizado para determinar se uma gema possui **refração simples ou dupla** (figuras 87 e 88). Esse instrumento consiste de duas placas de polaróide (que transformam os raios de luz comum, que vibram em todas as direções, em luz polarizada, cujos raios vibram numa única direção), entre as quais deve ser colocada a gema sob exame, e de uma fonte luminosa. O polaróide superior deve ser colocado numa posição de 90° em relação ao inferior de forma a impedir que a luz que atravessou o primeiro polaróide passe pelo segundo. Se, ao se rodar a gema, esta se tornar alternadamente iluminada e escura, em intervalos de 90°, significa que ela é birrefringente. Se permanecer escura em todas as posições, é monorrefringente (figura 89).

Figura 87
Polariscópio com conoscópio
(Gunther Schneider)

Foto gentileza: Gem Lab – Belo Horizonte - MG

O polariscópio permite ainda examinar se uma gema é uniaxial ou biaxial. Para isto, coloca-se sobre a gema uma esfera maciça de vidro. Se a gema pertencer ao sistema hexagonal, trigonal ou tetragonal, o observador, olhando pelo polaróide superior (analisador), verá uma série de círculos coloridos (curvas isocromáticas) cortados por uma cruz negra; no caso da gema pertencer a um dos outros sistemas de cristalização o observador verá sobre a esfera de vidro uma cruz preta sobreposta às curvas isocromáticas; ao mover-se a gema a cruz desdobra-se em dois segmentos hiperbólicos.

Pode-se ainda utilizar o polariscópio na determinação do sinal óptico com o auxílio do compensador: cunha de quartzo (maiores detalhes sobre o uso do polariscópio serão encontrados no livro **A Identificação das Gemas**, já citado anteriormente).

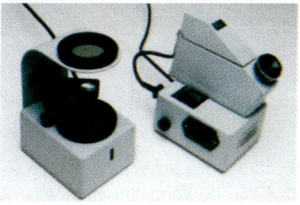

Figura 89
Professor Roberto
Del Carlo utilizando
polariscópio nacional
(da Casa da Ciência)

Figura 88 – Polariscópio à esquerda e refratômetro
a direita (Rayner). Foto gentileza: Gem Lab – Belo Horizonte - MG

7 – O PLEOCROÍSMO

Com o nome de pleocroísmo designamos a qualidade óptica que possuem as **gemas coloridas** de dividir a luz que passa através das mesmas em duas ou três diferentes cores (**dicroísmo** ou **tricroísmo**, respectivamente).

– DICROSCÓPIO
É um pequeno instrumento gemológico usado para verificar o pleocroísmo de uma gema. (Ver figuras 90 a 94)
Informações importantes:
a) usando o dicroscópio devemos: 1– aproximar bem o olho da janelinha que possui a lente (figura 94); 2 – colocar a gema bem próxima da janelinha da outra extremidade; 3 – dirigir o dicroscópio para luz clara, se possível do dia, de preferência contra uma superfície branca, como uma parede; 4 – girar a gema em várias posições, pois há pelo menos uma (eixo óptico) em que nenhuma alteração se apresenta em nenhuma gema;
b) o pleocroísmo é devido à dupla refração, por isso nunca pode ser visto em gemas de refração simples (**o diamante**, por exemplo);
c) o pleocroísmo pode ser fraco e às vezes difícil de ser observado;
d) gemas com refração dupla, mas incolores, não apresentam pleocroísmo;
e) Deve-se notar que o dicroscópio não diferencia uma gema natural de uma sintética.

O USO DO DICROSCÓPIO PARA ESTUDAR O DICROÍSMO DAS GEMAS

Dicroscópio
fonte: Casa da Ciência – SP

Figura 90

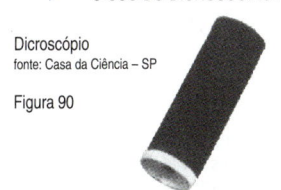

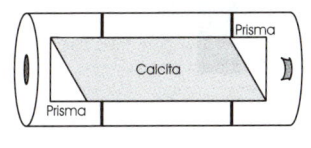

Figura 91   Dicroscópio de calcita

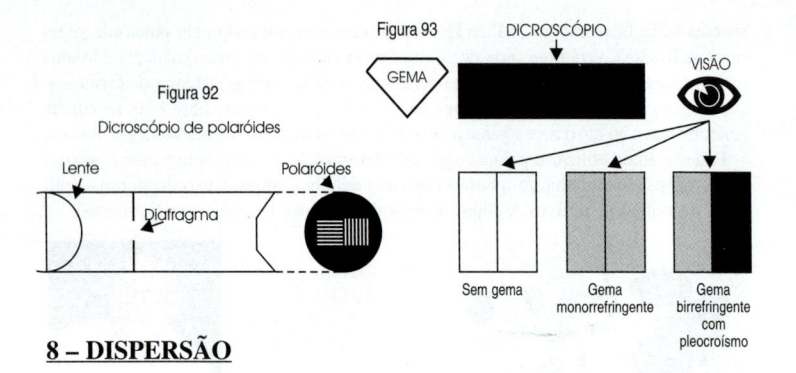

Figura 92

Dicroscópio de polaróides

Lente

Polaróides

Diafragma

Figura 93

DICROSCÓPIO

GEMA

VISÃO

Sem gema

Gema monorrefringente

Gema birrefringente com pleocroísmo

8 – DISPERSÃO

Conforme foi visto no estudo da cor (ver figuras 58 e 59), a luz branca ou espectro visível é o conjunto de comprimentos de onda que vão do vermelho ao violeta. A **dispersão** é a decomposição da luz branca nas cores do arco-íris. Ela é a diferença entre os índices de refração para o violeta (linha do espectro G) e o vermelho (linha do espectro B) e pode ser resumida na fórmula:

$$D = n_{viol} - n_{verm}$$

dispersão B-G do diamante = 0,044

Às vezes são usadas as linhas C e F (dispersão C–F).
No caso do diamante a **dispersão C- F = 0,025**

O índice de refração de uma gema difere para as várias cores que compõem a luz branca. Assim, no caso do diamante temos:

Índice de refração do vermelho = 2,407 (linha do espectro B)
Índice de refração do amarelo = 2,417
Índice de refração do verde = 2,427
Índice de refração do violeta = 2,465 (linha do espectro G)

É **devido a dispersão** que surge no diamante facetado, cuja decomposição das cores é grande, o famoso jogo de cores conhecido como "**fogo**". Veja a figura 95, que mostra vários tipos de dispersão no diamante (conforme o tamanho das facetas da coroa).

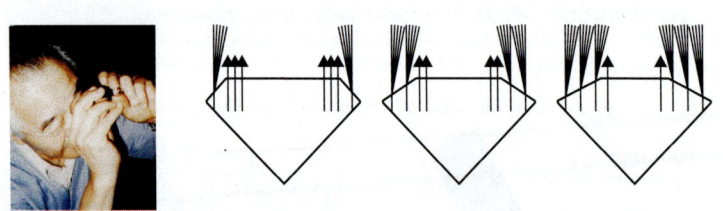

Figura 94
Professor Kazuyoshi
Takabayashi
utilizando o dicroscópio

Figura 95
Quanto maiores forem as facetas da coroa,
maior será a dispersão.

9 – ESPECTRO DE ABSORÇÃO

O **espectro** é o conjunto de bandas luminosas ordenadas segundo as cores do arco-íris, ou bandas ou cores isoladas que correspondem aos diferentes comprimentos de onda das radiações luminosas, o qual é possível observar com o espectroscópio ou fotografar com um espectrógrafo (figura 96).

O **espectro de absorção** consiste de linhas (bandas) de absorção escuras superpostas sobre o espectro contínuo brilhante. Determinados comprimentos de onda (bandas de cor) são absorvidos ao atravessar uma gema. A espectroscopia de absorção tem um crescente e amplo campo de aplicação no diagnóstico de gemas naturais, sintéticas, substitutos e imitações.

O **espectroscópio** (figura 97) é um instrumento destinado a formar espectros de radiação eletromagnética, baseado na dispersão desta por um prisma ou por uma rede de difração. As gemas, quando submetidas à análise espectral, revelam, no campo do espectro visível, linhas características que variam de acordo com sua composição química (linhas de Fraunhofer – 1814). Veja, na figura 98, algumas linhas características do diamante.

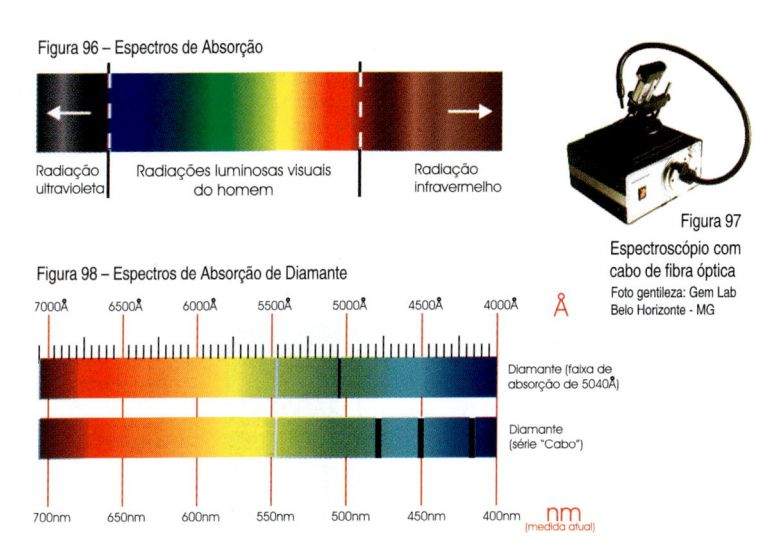

Figura 96 – Espectros de Absorção

Radiação ultravioleta | Radiações luminosas visuais do homem | Radiação infravermelho

Figura 97
Espectroscópio com cabo de fibra óptica
Foto gentileza: Gem Lab
Belo Horizonte - MG

Figura 98 – Espectros de Absorção de Diamante

7000Å 6500Å 6000Å 5500Å 5000Å 4500Å 4000Å Å

Diamante (faixa de absorção de 5040Å)

Diamante (série "Cabo")

700nm 650nm 600nm 550nm 500nm 450nm 400nm nm (medida atual)

Observações úteis:

a – pode-se usar alguns modelos de espectroscópio no microscópio: basta tirar a ocular e prender o espectroscópio no seu lugar; o foco deve ser arranjado de maneira a permitir que uma maior porção de luz passe pelo tubo para que o espectro da gema seja observado;

b – para se evitar que a forte cor vermelha venha atrapalhar a observação do final azul do espectro, onde as linhas de absorção são com freqüência mais difíceis de se encontrar, deve-se usar entre a fonte de luz e a gema um frasco contendo sulfato de cobre;

c – verificado o posicionamento das linhas espectrais, basta fazer a comparação com os padrões ilustrados nas tabelas encontradas nos livros especializados em Gemologia.

10 – LUMINESCÊNCIA

A **luminescência** consiste num processo de emissão de luz sem combustão e conseqüentemente sem incandescência. A luminescência de um mineral é qualquer emissão de luz emitida por ele, que não seja o resultado direto da incandescência.

O processo de luminescência pode ocorrer em certos diamantes cujos átomos se excitam ao receberem uma quantidade de energia, seus elétrons saltam de uma camada menos energética para uma mais energética. No instante em que eles retornam para seu estado inicial de energia, eles emitem esta diferença de energia sob a forma de um fóton. O intervalo que ocorre entre a excitação de elétrons e a emissão de fótons pode ser muito curto ou muito longo.

Os tipos de luminescência utilizados em Gemologia são a fluorescência e a fosforescência.

• **Fluorescência** é o fenômeno físico mediante o qual certos minerais absorvem energia, emitindo-a em forma de luz ou de outro tipo de radiação eletromagnética. A fluorescência só perdura enquanto dura o estímulo que a provoca (no uso da luz ultravioleta, no caso de exame gemológico).

• **Fosforescência** é o fenômeto físico que ocorre, quando emissões de luz continuam a vir de certas gemas mesmo depois de não estarem mais expostas à irradiação. O diamante e o rubi são às vezes fosforescentes.

Os fenômenos de fluorescência e fosforescência são largamente usados nos ensaios gemológicos. Normalmente são utilizadas, para verificação destes fenômenos, lâmpadas de luz ultravioleta de dois comprimentos de onda: 254 nm e 366 nm. Algumas gemas reagem com o uso do primeiro, enquanto outras são mais fortemente afetadas pela radiação de maior comprimento de onda.

Muitas pedras duplas e triplas podem ser facilmente descobertas com o uso de radiação ultravioleta. Assim, por exemplo, a parte vidro das pedras duplas "granada-vidro" usualmente fluoresce na cor amarelo-esverdeado (250 nm). Os leitos de cimento em muitas pedras triplas fluorescem fortemente, permitindo desmascaramento rápido e indubitável da falsificação.

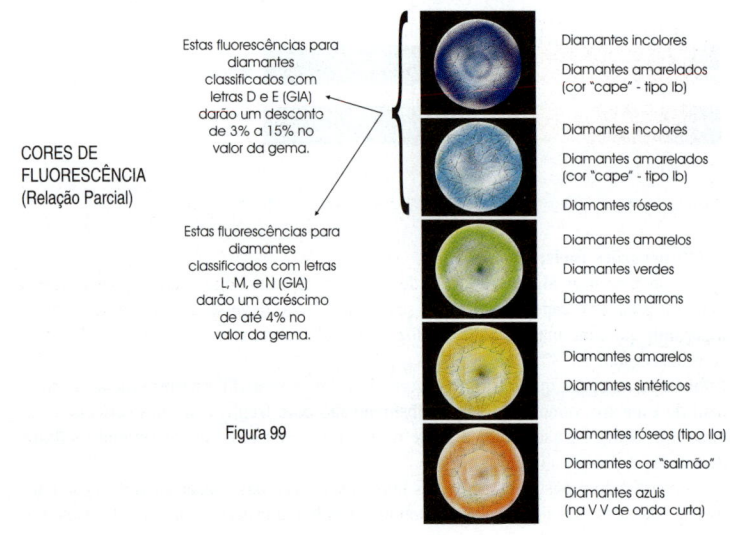

CORES DE FLUORESCÊNCIA
(Relação Parcial)

Estas fluorescências para diamantes classificados com letras D e E (GIA) darão um desconto de 3% a 15% no valor da gema.

Estas fluorescências para diamantes classificados com letras L, M, e N (GIA) darão um acréscimo de até 4% no valor da gema.

Figura 99

Diamantes incolores
Diamantes amarelados (cor "cape" - tipo Ib)

Diamantes incolores
Diamantes amarelados (cor "cape" - tipo Ib)
Diamantes róseos

Diamantes amarelos
Diamantes verdes
Diamantes marrons

Diamantes amarelos
Diamantes sintéticos

Diamantes róseos (tipo IIa)
Diamantes cor "salmão"
Diamantes azuis (na V V de onda curta)

Os diamantes muitas vezes fluorescem fortemente quando expostos às radiações de luz ultravioleta. Os diamantes via de regra fluorescem na cor azul-claro, mas podem exibir outras cores do espectro (veja figura 99).

Normalmente os bons aparelhos de emissão de luz ultravioleta têm condições de emiti-las no comprimento de onda curta (254 nm) e longa (366 nm); esta condição é muito importante, pois algumas gemas só fluorescem quando colocadas sob luz ultravioleta de comprimento de onda curta e outras só são afetadas por radiação de 366 nm.

Informações importantes:

a – deve-se usar o aparelho de luz ultravioleta num ambiente escuro, onde os fenômenos citados são bem mais visíveis;

b – deve-se ter o máximo cuidado em não olhar diretamente para a fonte de luz ultravioleta, sob pena de causar sérios riscos à retina dos olhos;

c – deve-se sempre, ao anotar a observação da U.V., registrar com detalhe sua intensidade. Assim, por exemplo: inerte a U.V. longa; forte fluorescência; fraca fosforescência, etc.

11 – DIAFANEIDADE

Diafaneidade é a propriedade óptica que as substâncias possuem de serem atravessadas pela luz, com maior ou menor intensidade. Dependendo da intensidade de luz que atravessa a substância, temos materiais:

Transparentes: deixam passar totalmente a luz e a imagem.
Semitransparentes: deixam passar quase a totalidade da luz, mas a imagem não é bem nítida.
Translúcidos: deixam passar parte da luz mas a imagem é pouco visível.
Semitranslúcidos: deixam passar pouca luz e a imagem não é visível.
Semi-opacos: dificilmente deixam passar a luz.
Opacos: não passa a luz.

Os diamantes podem ocorrer em todas as classificações citadas, desde transparentes a opacos.

12 – BRILHO

Brilho é o efeito superficial externo resultante da quantidade de luz que a superfície do mineral reflete. A origem do brilho de uma gema é a reflexão, isto é, o reflexo na superfície de uma parte da luz incidente. Ele depende do índice de refração da pedra e das características da sua superfície, mas não da cor. Quanto maior a refração, mais intenso será o brilho. O mais apreciado é o **brilho do diamante (denominado adamantino)**, e o mais comum é o vítreo (do quartzo, por exemplo). Ainda existem os brilhos: resinoso (âmbar), ceroso (turquesa) e nacarado (pérola).

13 – INCLUSÕES

Inclusão é qualquer corpo estranho ou defeito que esteja no interior de uma gema, qualquer que seja sua origem (figuras 100 e 101). Sua natureza, composição e gênese a torna um importante elemento de diagnóstico, sobretudo na distinção das gemas naturais, das sintéticas. É muitas vezes visível à vista desarmada; em outras ocasiões é tão diminuta que só pode ser observada com o uso do microscópio.

No estudo dos diamantes, vai-se examinar as inclusões sob dois pontos de vista: a – agora, sob o ponto de vista científico (com microscópio e aumentos, normalmente de 20x até 180x), podendo haver grandes aumentos se for utilizado o microscópio eletrônico, que auxilia distinguir o diamante das demais gemas (figuras 102 e 103), estudar sua gênese, etc. e b – mais adiante, sob o ponto de vista comercial, a pureza do diamante, com um aumento de 10x (podendo ser utilizado um microscópio ou uma lupa). Neste último caso, qualquer inclusão que não possa ser vista com o aumento de dez vezes "não existe" para efeito desse exame.

INCLUSÃO

Figura 100
Fotomicrografia tirada
pelo autor em 1980

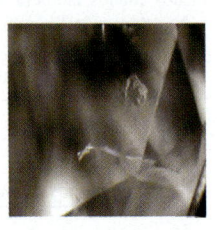

Figura 101
Fotomicrografia
tirada pelo Gem Lab

INCLUSÕES EM
DIAMANTES

Fotomicrografias
tiradas pelo Prof. John
I. Koivukla (GIA)

© Gemological Institute of America. Reprinted by permission.

© Gemological Institute of America. Reprinted by permission.

Figura 102 – Apesar de este agrupamento de cristais verdes estar muito profundo no interior do diamante hospedeiro, para ser identificado pela análise Raman, acreditamos que os cristais sejam provavelmente diopsídios. O pequeno cristal alongado no alto à direita do agrupamento está próximo da superfície e constatou-se ser olivina. Aumento de 10 vezes (GIA).
Observação do autor: A análise Raman mencionada refere-se à análise. Espectroscopia Micro-Raman (EMR)

Figura 103 – "A nuvem" de forma estrela-hexagonal parece representar um "fantasma" com uma forma cristalina rara. As extensões com nervuras possivelmente acompanham prévias fases de crescimento. Aumento de 10 vezes (GIA).
Observação do autor: Ver inclusões 2.C.

Para o estudo das inclusões sob os dois enfoques, existem microscópios gemológicos especiais: normalmente iniciam com um aumento por volta de 10x, ideal para a análise da qualidade do diamante e vão até um aumento próximo a 180x, ideal para identificar as gemas (figuras 104 e 105). O microscópio é considerado, pela maioria dos gemólogos, como o mais importante instrumento para o estudo das gemas, por ser seu diagnóstico, na maioria dos casos, conclusivo. Os microscópios usados em Gemologia são em geral binoculares (para uma cômoda visão estereoscópica de campo microscópico). Normalmente levam incorporado um equipamento de iluminação que fornece luz difusa de suficiente intensidade, que permite efetuar observações com iluminação de incidência oblíqua, no campo claro, no campo escuro e até com luz polarizada. Com o microscópio pode-se fazer um estudo muito bom das inclusões (que são as "impressões digitais" das gemas), além de outros exames: determinação da espessura da placa cristalina, determinação de índices de refração, etc.; com polarizador e analisador: determinação das direções de extinção (direção em que vibram os raios polarizados); determinação da birrefringência; com dispositivo conoscópico: observação das figuras de interferência, determinação do sinal óptico, etc.

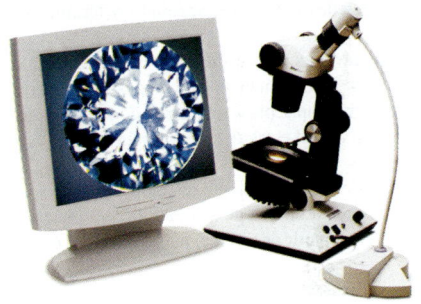

Figura 104
Microscópio binocular gemológico com câmera para fotos macrodigitais.

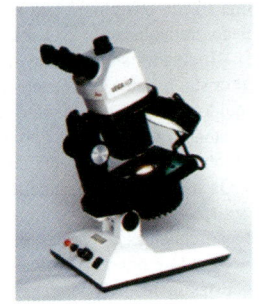

Foto gentileza: I. Kassoy, Inc (New York)

Figura 105
Microscópio binocular gemológico
10 X até 70 X
(com lentes opcionais 20 X até 140 X)

CLASSIFICAÇÃO DAS INCLUSÕES:

A – baseada no tipo de origem;
B – baseada no estado físico;
C – baseada na morfologia.

A – CLASSIFICAÇÃO BASEADA NO TIPO DE ORIGEM (formulada pelo Prof. Dr. Edward J. Gübelin)

1 – Protogenéticas (preexistentes): São inclusões que estavam já presentes antes da formação da pedra cristalina e que foram envoltas pelo cristal em crescimento. O termo protogenético deriva do grego "proto", que significa primeiro no tempo. As inclusões protogenéticas são sempre **sólidas**, sendo geralmente arredondadas ou corroídas, como resultado de haverem se dissolvido parcialmente no material hospedeiro; podem ainda aparecer como materiais amorfos ou ainda em forma de cristais euédricos (bem formados).

Essas inclusões protogenéticas **podem ser de dois tipos:**

– Materiais muito mais velhos que o cristal hospedeiro: Estas inclusões costumam apresentar-se como materiais reabsorvidos, arredondados, amorfos ou como esqueleto de cristais.

– Cristais de uma geração mais velha englobados por outra mais jovem: As inclusões costumam apresentar-se como materiais euédricos, ainda que às vezes também podem apresentar-se parcialmente reabsorvidos ou arredondados.

É característica comum de todas as inclusões protogenéticas apresentarem-se sem nenhuma distribuição especial, colocadas arbitrariamente pelo cristal hospedeiro.

2 – Singenéticas (contemporâneas): são inclusões que se formaram ao mesmo tempo que o cristal hospedeiro; são minerais ou líquidos que se formaram durante o processo de cristalização e ficaram incluídos (inclusos) no cristal hospedeiro. Elas podem ser sólidas, líquidas ou marcas de crescimento.

– **Inclusões de minerais sólidos:** são cristais ou materiais que crescem na mesma "solução-mãe", onde se desenvolveram os cristais da gema. Seu crescimento é simultâneo, mas ao deter-se o crescimento de um deles, às vezes por esgotar-se o material, são englobados pelo outro que continua crescendo. As inclusões costumam apresentar uma forma cristalina clara e adotar disposições ordenadas, seguindo determinados planos reticulares do cristal hospedeiro.

– **Inclusões singenéticas líquidas:** são cavidades formadas durante o crescimento do cristal e que são preenchidas por líquido, líquido mais bolhas de gás ou inclusive líquido, gás e cristais. Estas inclusões podem ocupar planos extensos do cristal, apresentando forma de véus, cortinas, impressão digital e asa de insetos e em outros casos estarem isoladas e não orientadas.

Os líquidos que preenchem as cavidades costumam ser restos procedentes da "solução-mãe" que ficaram retidos em fissuras ou poros de seu interior, pelo que são mais freqüentes em gemas que se cristalizam a partir de um magma aquoso, por exemplo, berilo e quartzo.

Estas inclusões podem ser primárias ou secundárias:

Primárias: se formam durante o crescimento do material hospedeiro devido a interrupções locais no transporte da "solução-mãe" ou a influências estranhas que fazem com que mudem numa determinada zona a composição da mencionada solução, o que pode produzir reabsorvições e que se substituam grupos de átomos de retículo por outros diferentes, ficando cavidades que adotam formas cristalinas às vezes parecidas ao cristal hospedeiro, cheias de líquidos, gases estranhos e até restos de cristais. Estas inclusões primárias costumam ser grandes e pouco numerosas.

Secundárias: também se originam durante o processo de cristalização, mas se produzem na cicatrização de fissuras, fraturas ou planos de exfoliação que se abriram enquanto o cristal está crescendo, devido a tensões que sofre por diversas causas. Às vezes podem seguir a linha de faces possíveis ou planos de exfoliação e formar véus retos, mas em muitas ocasiões sua distribuição é irregular, curva ou retorcida. Estas inclusões singenéticas líquidas secundárias costumam ser pequenas, abundantes e ocupar planos extensos.

Os líquidos encontrados nestas cavidades são muito variados: água, ácido carbônico, soluções salinas, anidrido sulfuroso, etc. Às vezes se encontram na mesma inclusão líquidos não miscíveis. Os cristais que às vezes os acompanham costumam ser o cloreto de sódio (halita), cloreto potássico, carbonato cálcico, sulfato cálcico, etc.

– **Marcas de crescimento:** são estrias ou zonas bandeadas, de coloração distinta, produzidas pelas mudanças na " solução-mãe" ou nas condições de cristalização no transcurso dela. Costumam ser linhas retas que formam ângulos, e quase sempre são prova da origem natural dos materiais que as apresentam. São muito freqüentes nas esmeraldas, ametistas e coríndons.

Em muitos casos as condições de cristalização variam tanto que se observa como o cristal cresceu em várias etapas, apreciando-se perfeitamente um cristal pequeno dentro de outro maior da mesma forma, dando-lhes o nome de **"cristais fantasmas".**

3 – Inclusões epigenéticas (posteriores): são as que se formaram depois do crescimento do cristal; o termo deriva também do grego e significa "depois da origem". Sua origem pode ser devido a mudanças bruscas da pressão e da temperatura, na jazida, o que faz com que os cristais suportem grandes tensões que podem modificá-los, fissurá-los, rompê-los ou exfoliá-los. Em muitos casos, como existem soluções aquosas diversas em seus arredores, podem penetrar nas gretas formadas e depositar nelas materiais estranhos. Também podem ser produzidas inclusões epigenéticas por golpes ou acidentes sofridos pelas gemas, uma vez extraídas da jazida, durante o processo de lapidação ou etapas posteriores. Em muitas ocasiões ocorrem essas inclusões devido a mudanças produzidas em substâncias radioativas existentes em algumas inclusões, ou por fenômenos de ex-dissolução.

Os processos epigenéticos mais importantes são portanto: os fenômenos de ex-dissolução, as fraturas de tensão ou mecânicas e a alteração de substâncias radioativas.

– **Inclusões minerais sólidas ex-dissolutivas:** se originam quando substâncias dissolvidas no cristal se separam em etapas posteriores a sua formação, por exemplo, por elevação da temperatura e posterior esfriamento, dando lugar a pequenos cristais em forma de gotas, placas, agulhas, etc. com textura orientada, que ficam dentro do esqueleto cristalino do cristal hospedeiro, adaptando-se a sua estrutura.

– **Inclusões de tensão ou mecânicas:** são fissuras produzidas na jazida, ou em épocas posteriores, por diversas tensões ou golpes, e que podem preencher-se por diversos materiais existentes em soluções que as banham.

– **Inclusões radioativas.** As inclusões de algumas gemas são constituídas por materiais radioativos, ou alguns de seus átomos podem estar substituídos por elementos radioativos. Estes elementos, no transcorrer do tempo, sofrem o fenômeno da transmutação atômica, transformando-se em outros da série radioativa, emitindo neste processo partículas alfa ou beta que penetram no cristal hospedeiro e originam uns pequenos halos coloridos chamados "halos pleocróicos", cujo tamanho e número de anéis permite reconhecer a classe de partículas que lhes originou. Além disso, quando um mineral radioativo se transforma em outro da série sofre um aumento de volume, o que faz com que se produzam *stress* radiais na pedra hospedeira ao redor da inclusão. Exemplo disso são os halos que se apresentam ao redor dos zircões nas safiras do Sri Lanka (ex-Ceilão).

B – CLASSIFICAÇÃO BASEADA NO ESTADO FÍSICO

Neste caso, as inclusões podem ser classificadas em **sólidas, líquidas ou gasosas (podendo-se acrescentar ainda os fenômenos de crescimento, ou inclusões ópticas).**

Quando, nas inclusões, se encontram materiais num mesmo estado de agregação, se diz que as inclusões são **monofásicas (B.1);** por exemplo, em estado líquido, ainda que se apreciem dois ou mais líquidos distintos. São chamadas inclusões **bifásicas (B.2)** se levam materiais em dois estados, por exemplo, líquido e gás ou sólido e líquido e são chamadas **trifásicas (B.3)** se se apresentam em três estados diferentes: sólido, líquido e gasoso.

É muito freqüente empregar-se a expressão **"cristais negativos"** naqueles casos em que um oco de forma cristalina está cheio de gás ou líquido de baixo índice de refração.

B.I – Inclusões sólidas: elas podem ser do mesmo material que o hospedeiro, como diamante em diamante, ou de um mineral diferente, como a olivina no diamante.

As inclusões sólidas mais comuns no diamante são as seguintes: olivina, diopsídio, granada, cromoespinélio, o próprio diamante, etc.

B.II – Inclusões líquidas e gasosas: As cavidades internas dos cristais podem encher-se com um líquido ou gás, ou ambos. Algumas vezes se encontra também matéria sólida na forma de um cristal mineral. Muitas inclusões gasosas ou líquidas têm servido para preencher parcialmente e remediar, assim, fraturas e gretas; neste caso, são denominadas **plumas.**

B-III – Fenômenos de crescimento: Ainda que não sejam inclusões num sentido estrito, como as anteriormente descritas, os fenômenos de crescimento são características internas importantes das gemas e indicam muitas vezes o tipo de origem. Os fenômenos de crescimento são causados geralmente por interrupções na velocidade de crescimento do cristal devido a mudanças de temperatura ou a mudanças na composição química das dissoluções em que estão crescendo os cristais. Os principais fenômenos de crescimento são a formação de geminados, as zonas de cor, redemoinhos e linhas de crescimento.

C – CLASSIFICAÇÃO BASEADA NA MORFOLOGIA

Neste caso, as inclusões podem ser classificadas em:
– **Cristalinas:** se se apreciam nelas faces, vértices e arestas com mais ou menos detalhes;
– **Euédricas:** são as inclusões cristalinas, nas quais se distingue perfeitamente sua forma e hábito;
– **Massivas ou informes:** as que não se observa forma característica.

Cristais que englobam outros podem sofrer fenômenos de distorção, em conseqüência de diferenças no coeficiente de contração devido ao resfriamento. Quando a substância inclusa se contrai menos que o mineral hospedeiro, ele pode exercer suficiente pressão sobre o mineral que o contém, a ponto de produzir distorção molecular, anomalias ópticas e mesmo ruptura. Gases inclusos em um mineral, sob pressão, podem também exercer suficiente pressão contra as paredes da cavidade, provocando distorções moleculares e anomalias ópticas.

Pesquisando inclusões encontram-se muitas vezes formas curiosas. Como exemplo são exibidas abaixo (figuras J.S. 1 e J.S. 2) duas fotomicrografias enviadas pelo amigo do autor, o Prof. Dr. Jurgen Schnellrath, da Universidade Federal do Rio de Janeiro, Pesquisador Titular do Laboratório de Gemologia do CETEM – Centro de Tecnologia Mineral (Ilha da Cidade Universitária – Fundão – no Rio de Janeiro), instituição federal vinculada ao Ministério de Ciência e Tecnologia.

Conforme explica o próprio Prof. Dr. Jurgen Schnellrath: *"Pela primeira foto um leigo teria a nítida impressão de estar enxergando um inseto aprisionado dentro do diamante, tal qual costuma ocorrer em âmbar. Uma análise criteriosa ao microscópio, no entanto, revelou se tratar de um agrupamento de inclusões opacas que, muito*

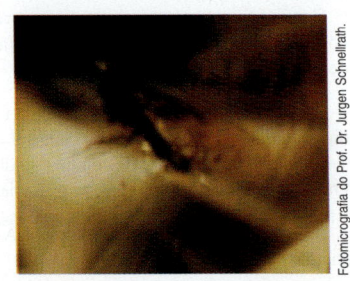

Fotomicrografia do Prof. Dr. Jurgen Schnellrath.

Figura J.S. 1 – Aparência de um inseto aprisionado dentro do diamante, tal qual costuma ocorrer em âmbar.

Figura J.S. 2 – Na realidade é um agrupamento de inclusões minerais opacas, rodeadas por halos de tensão.

provavelmente, por possuírem coeficientes de dilatação distintos do diamante, geraram tensões tão grandes na estrutura do diamante hospedeiro, que provocaram um sistema de fraturas paralelas aos planos de clivagem octaédrica (halos de tensão). A figura, portanto, nada mais é do que uma inclusão mineral rodeada por halos de tensão."

Para se saber mais sobre as inclusões, que o autor considera o assunto mais lindo e o estudo mais útil para o gemólogo, existem alguns livros básicos para se adquirir:

- *no campo geral das gemas:*
  1– **Internal World of Gemstones (Documents from Space and Time), de Edward Gübelin (maiores detalhes na bibliografia);**
  2– **Photoatlas of Inclusions in Gemstones, de E. J. Gübelin e J.I. Koivula (ver bibliografia).**
  3– **Esmeraldas – Inclusões em Gemas, de Dietmar Schwarz (v.b.).**
  4– **O Estudo de Inclusões, de C. Catañeda (v.b.).**
  5– **Inclusões em Gemas Brasileiras, de C.M.T. Silva (v.b.).**

- *no campo específico dos diamantes:*
  1– **The Microworld of Diamonds, de John Koivula. (v.b.)**

Figura 106 – Professor Eduardo Frank Kesselring e Professor Joso Nishimura, examinando inclusões.

Figura 107 – Professor Dr. Darcy Pedro Svisero proferindo, em Congresso Internacional de Geologia, palestra sobre inclusões em diamantes.

No **Brasil**, sem dúvida alguma, o **maior especialista em inclusões de diamantes brasileiros** é o **Professor Doutor Darcy Pedro Svisero** (figura 107), com dezenas de escritos sobre o assunto. Entre seus trabalhos sobre o assunto, destacam-se:

Inclusões Minerais e Defeitos Cristalinos de Diamantes Brasileiros;

As inclusões dos diamantes da região de Diamantina, Minas Gerais;

Importância das Inclusões Minerais para o Conhecimento da Origem do Diamante no Brasil;

Composição Química e Origem de Minerais Inclusos em Diamantes Brasileiros. Olivinas e Piroxênios;

Composição Química e Origem de Minerais Inclusos em Diamantes Brasileiros. Granadas.

Mineral Inclusions in Brazilian Diamonds. In :First International Kimberlite Conference, cape Town.

Os trabalhos mencionados são apenas uma pequena parte da extensa obra do Professor Dr. Darcy Pedro Svisero. Por especial gentileza dele, vão ser reproduzidos dois trabalhos que certamente agradarão aos estudiosos de diamantes.

Este primeiro artigo foi publicado na revista *Brasil Relojoeiro*, em março de 1982:

INCLUSÕES MINERAIS E DEFEITOS CRISTALINOS
DE DIAMANTES BRASILEIROS
Prof. Dr. Darcy Pedro Svisero

Introdução

Trabalhos sistemáticos desenvolvidos nos últimos anos por Futergendler (1958), Harris (1968), Meyer e Boyd (1972), Meyer e Svisero (1973, 1975), entre outros, mostraram que o diamante,independentemente de sua procedência geográfica, normalmente contém uma série de minerais aprisionados sob a forma de inclusões.

Segundo os referidos autores, as inclusões minerais mais comuns do diamante são olivina, granadas, piroxênios, cromoespinélio, sulfetos e o próprio diamante. Outras inclusões mais raras incluem rutilo, ilmenita, zircão, coesita, cianita e coríndon. Todas essas fases são características de altas pressões e altas temperaturas, evidenciando que também o diamante cristaliza-se sob condições especiais de pressões e temperaturas altas.

De acordo com Svisero (1978, 1980), o diamante cristaliza no Manto Superior, a uma profundidade de aproximadamente 200km, sob pressões de 40 a 65Kbars, e temperaturas entre 950 e 1.400°C. Conseqüentemente, essas são também as condições de formação dos minerais associados ao diamante sob a forma de inclusões. Uma vez formado, o diamante é trazido para os níveis superiores da crosta terrestre pelos kimberlitos, sua rocha matriz, por uma série de fenômenos fascinantes que ainda estão sendo objetos de estudos pormenorizados.

Características das Inclusões

Os minerais inclusos nos diamantes brasileiros apresentam dimensões entre 1 a 0,01 mm. Em alguns casos, podem ser vistos a olho nu; entretanto, a maior parte das inclusões só pode ser devidamente observada com auxílio do microscópio polarizador. De um modo geral todas as inclusões são idiomorfas, isto é, apresentam forma geométrica bem definida e constante para cada espécie mineral, conforme se pode observar pelas 14 fotomicrografias apresentadas. Via de regra, as inclusões ocorrem isoladas ou então sob a forma de pequenos enxames dentro do diamante hospedeiro.

Outro aspecto característico e útil para a identificação é a cor. Olivina e enstatita são incolores; granadas apresentam cor variável entre vermelho, vinho, violeta e laranja; diopsídio exibe cor verde-esmeralda intensa; cromoespinélio em geral é marrom; rutilo, castanho avermelhado; ilmenita, grafita e sulfetos em geral são negros.

Embora essas propriedades sejam constantes, a identificação precisa e inequívoca de cada uma das fases inclusas é tarefa difícil. As dimensões reduzidas e a dificuldade de se efetuar ensaios com esse material explica, em parte, a confusão que havia na literatura até bem pouco tempo com respeito à verdadeira natureza das inclusões do diamante. Mencionava-se, entre as inclusões possíveis, vários minerais incompatíveis com as condições físico-químicas de formação do diamante, entre eles quartzo, calcita, ouro, hematita, apatita, etc. A utilização de ensaios baseados na difração de raios-X, durante os anos cinqüenta e sessenta, reduziu consideravelmente o número de minerais citados antes como inclusões; além disso, mostrou que as inclusões mais freqüentes repetiam-se independentemente da procedência geográfica do diamante.

Nesta última década, esses estudos alcançaram um alto grau de sofisticação graças a um novo aparelho analítico que revolucionou completamente o campo da mineralogia: a microssonda eletrônica (electron micro probe). Este instrumento fornece análises químicas quantitativas de amostras com dimensões de até 10 mícrons, com uma precisão da ordem de 1%. Tendo em vista esse potencial analítico, alguns problemas mineralógicos sofreram um impulso extraordinário nos últimos anos. Foram desenvolvidos, entre outros estudos, as inclusões do diamante, o programa das rochas lunares, sem falar na descoberta de centenas de novas espécies minerais, tudo graças às facilidades analíticas propiciadas pela microssonda eletrônica. Atualmente, o conhecimento acumulado sobre as inclusões do diamante é muito grande, especialmente no que diz respeito à composição química desses minerais. Tudo indica que assistiremos nos próximos anos um desenvolvimento semelhante no tocante às inclusões das demais gemas, cujo conhecimento ainda não ultrapassou o estágio descritivo.

As Inclusões do Diamante

Os diamantes estudados foram coletados nas principais zonas de garimpo localizadas nos Estados de Minas Gerais, Mato Grosso, Goiás, Paraná, São Paulo, Piauí e Bahia. Todas as inclusões foram analisadas por meio de uma microssonda eletrônica do tipo MAC-500. As fotomicrografias que ilustram esse artigo foram obtidas em um microscópio polarizador Zeiss dotado de dispositivo fotográfico. Dados referentes à composição química das inclusões, propositalmente omitidos nesse artigo, podem ser encontrados em Svisero (1971, 1972, 1974), Meyer e Svisero (1973, 1975), Svisero e Gomes (1977), Gomes e Svisero (1978), Svisero (1978, 1979, 1980), Svisero e Meyer (1980) e em Svisero (1981).

Olivina: é a inclusão mais comum nos diamantes, tanto do Brasil como de outros locais. As inclusões maiores, possíveis de serem observadas a olho nu, assemelham-se a bolhas de ar dentro do diamante.

Fotomicrografia 1   Fotomicrografia 2

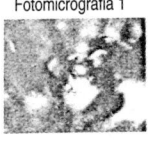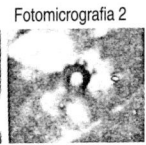

À esquerda, olivinas entre nicóis cruzados exibindo cores distintas de interferência devido a diferenças na espessura dos cristais. Aumento 40 vezes. À direita, olivinas entre nícois cruzados mostrando relações de paralelismo. Aumento 40 vezes.

Fotomicrografia 5   Fotomicrografia 6

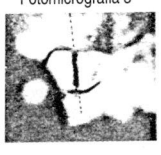

À esquerda, cristal de olivina geminado. Aumento 60 vezes. À direita, granada de hábito rombododecaédrico. Aumento de 60 vezes.

Fotomicrografia 9   Fotomicrografia 10

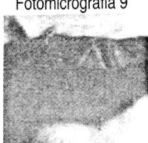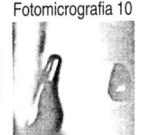

À esquerda, ilmenita prismática. Aumento 40 vezes. À direita, rutilo prismático associado à olivina globular. Aumento 60 vezes.

Fotomicrografia 13   Fotomicrografia 14

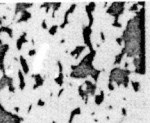

Fotomicrografia 3   Fotomicrografia 4

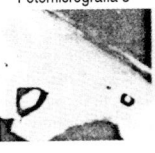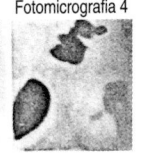

À esquerda olivinas prismáticas ressaltadas pelo contorno resultante da diferença de índices de refração entre olivina e diamante. Aumento 50 vezes. À direita, variação de hábito da olivina destacando-se o indivíduo em forma de gota no lado esquerdo da fotomicrografia. Aumento 40 vezes.

Fotomicrografia 7   Fotomicrografia 8

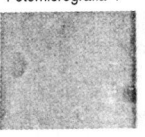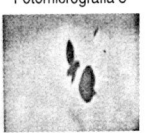

À esquerda, granada de hábito icositetraédrico. Aumento 60 vezes. À direita, cromoespinélio tabular circundado por clivagens internas. Aumento 50 vezes.

Fotomicrografia 11   Fotomicrografia 12

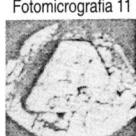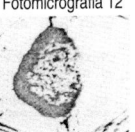

À esquerda, diamante de faces planas incluso em diamante de faces abauladas. Aumento 20 vezes. À direita, diamante escuro de superfície irregular parcialmente englobado por outro diamante de faces planas. Aumento 20 vezes.

À esquerda, diamante repleto de carvões e jades (defeitos cristalinos) produzidos por clivagens internas. Aumento 40 vezes. À direita pormenor de um dos defeitos da figura anterior mostrando contorno irregular e cor gradacional do centro da borda. Aumento 100 vezes.

Esse efeito resulta da grande diferença entre os índices de refração desses dois minerais. O índice do diamante, igual a 2,42, é bem maior que os índices da olivina, cujo valor médio é 1,67.

Ao microscópio polarizador, entre nicóis cruzados, os cristais de olivina são birrefringentes, exibindo cores de interferência vivas, facilitando a localização da inclusão no interior do hospedeiro (fotomicrografias 1 e 2). As hipérboles anômalas que circundam as olivinas são provocadas por tensões resultantes de diferenças entre os coeficientes de expansão entre as inclusões e o diamante.

O hábito mais freqüente é o prismático, mas ocorrem também indivíduos globulares e em forma de gota (fotomicrografias 3 e 4). Cristais geminados são raros (fotomicrografia 5).

Enstatita: *inclusão semelhante à olivina; a distinção entre ambas só pode ser obtida mediante análises químicas na microssonda eletrônica.*

Diopsídio: *exibe cor verde-esmeralda intensa, hábito prismático a tabular; ocorre associado com olivina, enstatita e granada. É uma inclusão extremamente rara nos diamantes brasileiros.*

Granada: *é a inclusão mais comum depois da olivina. A cor varia de vermelho a vinho, violeta e laranja. Os cristais, em geral eqüidimensionais, exibem hábito rombododecaédrico (fotomicrografia 6) e icositetraédrico (fotomicrografia 7). As granadas, da mesma forma que o diopsídio, podem ser reconhecidas com certa facilidade devido à cor característica e constante.*

Cromoespinélio: *normalmente ocorre associado com olivina. Os cristais exibem cor marrom e hábito tabular resultante do desproporcionamento do octaedro de crescimento (fotomicrografia 8).*

Ilmenita: *inclusão rara, encontrada somente em diamantes do Brasil e da Rússia. Apresenta-se sob a forma de cristais prismáticos irregulares de cor negra (fotomicrografia 9).*

Rutilo: *também uma inclusão rara, em geral sob a forma de cristais prismáticos alongados segundo o eixo cristalográfico c. A cor é castanho-avermelhada, podendo ser confundida com a do cromoespinélio.*

O exemplar ilustrado na fotomicrografia 10 está circundado por clivagens e ocorre associado com uma olivina de hábito globular.

Sulfetos: *são relativamente comuns e incluem pirrotita, pentlandita e pirita. Em geral exibem cores escuras e orientação marcante, distribuindo-se paralelamente as faces octaédricas.*

Diamante: *inclusões de diamante no próprio diamante são também comuns, porém, o reconhecimento é difícil, especialmente se a inclusão for incolor. Em muitos casos, o diamante incluso apresenta-se circundado ou mesmo recoberto por inclusões negras de grafita e sulfetos, facilitando seu reconhecimento. Na fotomicrografia 11 observa-se um acentuado contraste morfológico entre o hospedeiro e sua inclusão. Enquanto o primeiro possui faces e arestas abauladas, feição comum e características da maior parte dos diamantes naturais, o diamante incluso tem suas faces e arestas absolutamente retas. A explicação desse fato é relativamente simples: durante a intrusão do kimberlito, as substâncias voláteis presentes no sistema, auxiliadas pelo aumento de temperatura resultante do alívio de pressão, atacam e corroem os cristais de diamante dispersos na massa do kimberlito. O processo de dissolução é amplo e generalizado, produzindo abaulamento nas arestas e nas faces do diamante, podendo, ao que tudo indica, reduzir sensivelmente o tamanho dos diamantes, e até mesmo dissolvê-lo completamente. No caso da fotomicrografia 11, os diamantes inclusos não são afetados pelo fenômeno de dissolução, e conseqüentemente mostram a forma original de crescimento, que é o octaedro de faces planas e arestas retilíneas.*

Outra situação curiosa está ilustrada na fotomicrografia 12, onde um diamante de cor escura e faces corroídas foi parcialmente englobado por outro diamante incolor de faces regulares. Nesse caso, ambos foram afetados pela dissolução, apresentando, em conseqüência, curvatura nas faces e nas arestas, além de outras irregularidades superficiais.

Carvões e Jaças: *termos populares que designam defeitos internos produzidos por clivagens. Ambos possuem dimensões e formas variadas, e são tão freqüentes a ponto de constituir um dos critérios de identificação do diamante, tanto bruto quanto lapidado (fotomicrografias 13 e 14). Em alguns casos, os carvões correspondem a minerais escuros, podendo tratar-se de grafita, ilmenita, pirrotita, pentlandita ou pirita. Entretanto, na maior parte dos casos, os carvões nada mais são do que pequenas clivagens enegrecidas por fenômenos de reflexão total. Cada uma dessas pequenas clivagens funciona como uma lente biconvexa, em cujo interior reina o mais absoluto vácuo. Quando um raio de luz penetra no diamante e*

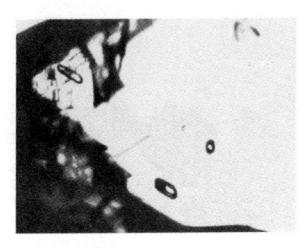

Fotomicrografia 1 - Grupo de inclusões situadas em níveis distintos notando-se à esquerda as faces do diamante hospedeiro. Aumento de 20 vezes.

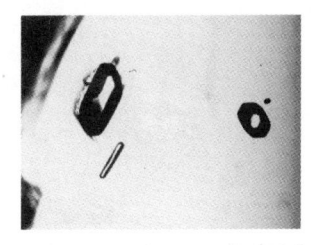

Fotomicrografia 2 - Olivinas de formas e dimensões variadas, mostrando relações de paralelismo entre si. Aumento de 50 vezes.

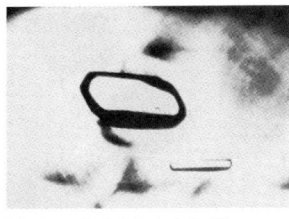

Fotomicrografia 3 - Dois cristais de olivinas fotografados entre nicóis cruzados, circundados por manchas escuras produzidas por birrefringência anômala do diamante. Aumento de 100 vezes.

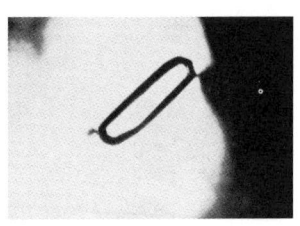

Fotomicrografia 4 - Cristal de olivina perfeitamente idiomorfo. As manchas das duas extremidades são produzidas por anomalias do diamante. Aumento de 100 vezes.

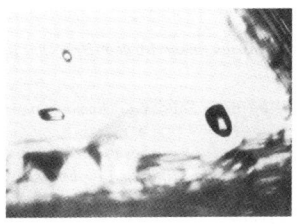

Fotomicrografia 5 - Granada piropo à direita associada a duas olivinas menores à esquerda, notando-se também as facetas octaédricas do diamante. Aumento de 20 vezes.

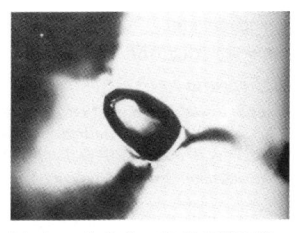

Fotomicrografia 6 - Granada piropo idiomorfa circundada por hipérboles anômalas produzidas pelo diamante hospedeiro. Aumento de 100 vezes.

incide nas diversas clivagens, ele passa de um meio mais denso (índice do diamante igual a 2,42) para um meio menos denso (índice do vácuo igual a 1), sofrendo reflexão total. Em conseqüência, as superfícies de clivagem tornam-se enegrecidas, em maior ou menor intensidade, dependendo da amplitude do deslocamento. As jaças são também regiões de clivagens internas, porém, menos enegrecidas do que os carvões. Na verdade, as observações microscópicas indicam que há uma variação gradativa de cor entre as jaças incolores e os carvões propriamente ditos. A fotomicrografia 14 ilustra um desses defeitos ampliado 200 vezes. O contorno irregular e a variação de cor que passa de uma região central negra para zonas mais claras nas bordas comprovam o aspecto gradacional entre as jaças e os carvões.

A presença de inclusões minerais, carvões e jaças é extremamente importante na classificação comercial do diamante, especialmente dos tipos gemológicos. Nesse caso, são considerados defeitos qualquer imperfeição possível de ser observada com aumento de no máximo 10 vezes. Existem diversas escalas internacionais de classificação do diamante; todas levam em conta o peso da pedra, as características de cor e a quantidade de defeitos.

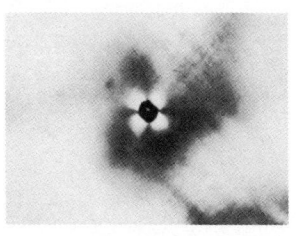

Fotomicrografia 7 - Granada fotografada entre nicóis cruzados mostrando uma notável área de tensão em torno da inclusão com a formação da cruz isógira típica de substâncias birrefringentes. Aumento de 50 vezes.

Fotomicrografia 8 - Inclusão prismática de ilmenita associada a uma olivina globular menor. As manchas escuras associadas são carvões produzidos por clivagens internas. Aumento de 50 vezes.

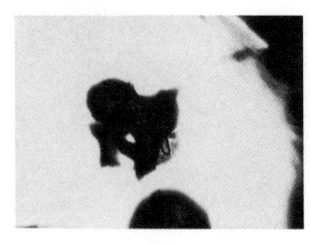

Fotomicrografia 9 - Espinélio alongado circundado por uma concentração de carvões produzidos por defeitos do diamante. Aumento de 50 vezes.

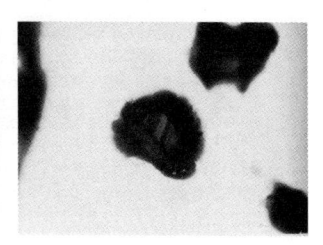

Fotomicrografia 10 - Inclusão de pirrotita (sulfeto) circundada por um carvão típico mostrando borda irregular e variação na intensidade da cor. Aumento de 50 vezes.

Agradecimentos

Agradecemos à FINEP, CNPq e FAPESP pelo auxílio financeiro dado à presente pesquisa.

Bibliografia

FUTERGENDLER, S. I. (1958) – Estudo de Inclusões Sólidas do Diamante por Meio de Raios X, Soviet Physics Crystallography, vol. 3, pp. 494 – 497 (Em russo).

GOMES, J. B. e SVISERO, D. P. (1978) – Geologia de Los Depósitos Diamantíferos de la Parte Noroccidental de la Guayana Venezolana. Boletin Ministerio de Energia y Minas Venezolano, vol. 12, pp. 3 – 46.

HARRIS, J. W. (1968) – The Recognition of Diamond Inclusions. Pt. 1: Syngenetic mineral inclusions. Pt. 2: Epigenetic mineral inclusions. Industrial Diamond Review, pp. 402 – 410 e 458 – 461.

MEYER, H. O. A. e BOYD, F. R. (1972) – Composition and Origin of Crystalline Inclusions in Natural Diamonds. Geochimica e cosmoochimica Acta, vol. 36, pp. 1255 – 1273.

MEYER, H.^{oa} e SVISERO, D. P. (1973) – Inclusions in Brazilian Diamonds. First International Kimberlite Conference, Extended Abstracts, pp. 125 – 128, Cape Town, South Africa.

MEYER, H. O. A. E SVISERO, D. P. (1975) – Mineral Inclusions in Brazilian Diamonds. Physics and Chemistry of Earth, vol. 9, pp. 785 – 795, Pergamon Press, New York, USA.

SVISERO, D. P. (1971) – Inclusões Minerais em Diamantes Aluvionares dos Rios Garças e Araguaia, MT. Anais do 25º Congresso Brasileiro de Geologia, vol. 3, pp. 227 – 233. São Paulo, SP.

SVISERO, D. P. (1974) – O Diamante das Regiões Centro-Leste de Mato Grosso e Sudoeste de Goiás. Parte 3: Inclusões minerais. Gemologia, vol. 40, pp. 33-42, São Paulo, SP.

SVISERO, D. P. e GOMES, J. B. (1977) – Composição e Origem de Inclusões Minerais em Diamantes da Venezuela. Boletim do Instituto de Geociências da Universidade de São Paulo, vol 8, pp.21 – 30, São Paulo, SP

SVISERO, D. P. (1979) – Inclusões e Gênese do Diamante do Rio Tabagi, PR. Atas do 2º Simpósio Regional de Geologia, vol. 2, pp. 169 – 180, Rio Claro, SP.

SVISERO, D. P. (1980) – *Inclusões minerais de diamantes brasileiros. Anais do 31°
Congresso Brasileiro de Geologia, vol. 4, pp. 2313 – 2324, 2325 – 2339 e 2340 – 2352,
Camboriú, SC.*
SVISERO, D. P. (1981) – *Composição Química e Origem de Minerais Inclusos em Dia-
mantes Brasileiros: Anais Academia Brasileira de Ciências, vol. 53, pp. 153 – 163, Rio de
Janeiro, RJ.*

Este segundo artigo foi publicado na revista *Brasil Relojoeiro e Joalheiro* de abril de 1987

AS INCLUSÕES DOS DIAMANTES DA REGIÃO
DE DIAMANTINA, MINAS GERAIS
Prof. Dr. Darcy P. Svisero, Vitor T. H. Sial e Nicolau L. E. Haralyi

Introdução

*Diversos pesquisadores têm destacado nos últimos anos a importância das inclusões pre-
sentes em diamantes naturais. Apesar do assunto estar sendo abordado na literatura científica
desde o século dezessete, os trabalhos realmente significativos sobre as inclusões do diamante surgiram somente a partir do final dos anos sessenta deste século.*

*O estudo das inclusões do diamante constitui, na atualidade, uma importante linha de
pesquisa, e dela participam principalmente mineralogistas, petrólogos, geoquímicos e
geofísicos de vários países do mundo. O objetivo desses estudos é, em última instância, aprimorar os conhecimentos dos processos responsáveis pela formação do diamante na
natureza,conforme foi discutido recentemente por Meyer (1985). As conseqüências desses
estudos refletem-se em vários outros campos do conhecimento. Auxiliam, por exemplo, no
estudo da constituição do manto superior da terra, que é uma região situada entre 30 e 400km
de profundidade, aproximadamente, e onde ocorrem fenômenos importantíssimos que se re-
fletem na crosta terrestre, inclusive no que diz respeito ao diamante. Como essa região é
inacessível à amostragem do manto superior, essa se tornou uma das razões que levaram
diversos cientistas a estudarem os diamantes e suas inclusões. Outra conseqüência importante é que o aprimoramento desses estudos auxilia direta ou indiretamente todo o público interessado em diamante. O conhecimento pormenorizado das inclusões facilita a identificação do
diamante, e além disso permite separar rapidamente diamantes naturais de diamantes sintéticos, e
de outros produtos usados para imitar ou substituir o diamante, como a zircônia cúbica.*

*Em trabalhos anteriores iniciados a partir de 1968, tratamos da descrição pormenoriza-
da de todos os tipos de inclusões encontrados em diamantes representativos das principais
zonas de garimpo no Brasil. Posteriormente discutimos a composição química das inclusões,
e mostramos suas aplicações na determinação da temperatura e da pressão de formação do
diamante na natureza. Os principais aspectos dessas pesquisas, que cobrem o período entre
1968 e 1984, estão sintetizados em trabalho apresentado no 33° Congresso Brasileiro de
Geologia realizado no Rio de Janeiro (Svisero 1984). Em texto anterior publicado nessa
mesma revista, há alguns anos (Svisero 1982), mostramos a utilização das inclusões em estudos gemológicos. Dando continuidade a essas pesquisas, o presente artigo apresenta uma
descrição das principais inclusões observadas nos diamantes da região de **Diamantina**, situada na porção central do Estado de Minas Gerais.*

O Diamante de Diamantina

*A região de Diamantina é uma das áreas clássicas de exploração de diamante no Brasil.
A região vem produzindo pedras desde que o diamante foi aí descoberto pela primeira vez, no
Brasil, no longínquo ano de 1725. Daí os garimpeiros, faiscadores, comerciantes e aventu-
reiros de toda sorte seguirem desbravando outros cascalhos, monchões e grupiaras, promovendo,
dessa forma, a descoberta do diamante em outros pontos de Minas Gerais, e posteriormente
na Bahia, Goiás, Mato Grosso, e assim por diante.*

*Na região de Diamantina o diamante ocorre associado a metaconglomerados de baixo
grau de metamorfismo enfeixados no meio de um pacto de quartzitos, constituindo o que os
geólogos denominam de Supergrupo Espinhaço. Evidentemente essa fonte é secundária, uma
vez que as únicas rochas que se conhece conter diamantes, sob forma primária, são kimberlitos
e lamproítos (Svisero 1986). Os concentrados obtidos na exploração do diamante possuem*

pouca quantidade de minerais opacos (ferragem), se comparados a concentrados de outros locais como a região oeste de Minas Gerais (Triângulo Mineiro), por exemplo. De um modo geral, o diamante ocorre associado à calcedônia, magnetita, hematita, rutilo, ilmenita, anatásio e quartzo, ocorrendo ocasionalmente outros constituintes minerais tais como zircão, turmalina, hornblenda, cianita e fosfatos diversos, dependendo do local da amostragem. De qualquer modo, é preciso destacar que até o presente momento ainda não foram descritos minerais kimberlíticos e/ou lamproíticos, tanto nos conglomerados mineralizados como nos cascalhos, aluviões e coluviões deles derivados. Este fato torna a origem do diamante do local um verdadeiro enigma que nenhum geólogo nacional ou estrangeiro foi capaz de resolver, não obstante os numerosos estudos já efetuados no local. O tema é polêmico e a ele retornaremos futuramente.

A maior parte do diamante lavrado na área de Diamantina é de qualidade gemológica. O aspecto macroscópico das pedras varia de local para local. Na região de São João da Chapada, por exemplo, as pedras são rugosas, devido à existência de um microrrelevo herdado dos processos de dissolução que atuaram sobre o diamante ainda no seio da rocha primária (kimberlito e/ou lamproíto). Esse aspecto é apenas superficial, pois, uma vez lapidadas, as pedras fornecem gemas de excelente qualidade. É bem típico desse local uma casca verde que recobre a superfície das pedras, e que é produzida, ao que tudo indica, pela ação de raios alfa, beta e gama. Essa película verde também desaparece durante a lapidação, resultando gemas perfeitamente transparentes, límpidas e incolores.

As Inclusões do Diamante

A presença de inclusões nos diamantes naturais constitui um fato relativamente comum e são um dos elementos utilizados na identificação do diamante bruto ou lapidado.

Dependendo das dimensões, podem ser observadas à vista desarmada. A utilização de lupas e microscópios revela a existência de inclusões microscópicas e submicroscópicas em pedras aparentemente puras. Justamente por esse motivo que os carvões (inclusões escuras), as jaças (defeitos claros) e as bolhas (minerais englobados pelo diamante) constituem os elementos mais seguros para identificar diamantes naturais tanto no comércio como no laboratório.

Antes de entrarmos na discussão das inclusões observadas nos diamantes da região de Diamantina, é conveniente esclarecermos mais uma vez os termos carvão, jaça e bolha, uma vez que, além de estarem relacionados ao estudo das inclusões, fazem parte da terminologia usada pelos diamantários em geral. O carvão é qualquer mancha escura que tanto pode ser produzida por um defeito estrutural da pedra como por exemplo clivagem interna, quanto pela presença de um corpo estranho (mineral), de cor escura, aprisionado pelo diamante. Os carvões resultantes de clivagens internas constituem regiões planas e escuras, enegrecidas principalmente nas partes centrais, pois resultam de descontinuidades estruturais bem determinadas. Como a clivagem do diamante é octaédrica, os carvões produzidos por defeitos mecânicos possuem direções octaédricas. Em alguns casos duas ou mais direções desse tipo se interceptam dentro do cristal, originando estruturas de aspectos curiosos. A cor escura é produzida pela reflexão total da luz incidente que ao passar do diamante, cujo índice de refração é 2,42 para a região de defeito onde reina vácuo, e cujo índice de refração é 1,0, sofre reflexão total, originando manchas escuras cujas formas dependem da extensão da clivagem. Examinando-se com certo cuidado um cristal provido de carvões ao microscópio, é possível observar-se que a região escura correspondente ao carvão modifica a cor à medida que se modifica a posição do cristal, podendo em alguns casos até desaparecer. O defeito porém permanece, podendo ser localizado com iluminação favorável.

A jaça também é produzida por clivagens internas da pedra, apenas que isentas de cor escura. Na realidade, observações cuidadosas mostram que existe uma gradação completa de cor entre os carvões escuros e as jaças claras. Por outro lado, as manchas escuras podem ser produzidas também por minerais escuros, que foram acidentalmente englobados pelo diamante durante o crescimento cristalino. A inclusão nesse caso corresponde a um corpo estranho dentro do diamante, diferindo portanto dos carvões produzidos por clivagens. Os minerais escuros, encontrados comumente dentro do diamante, são ilmenita, grafita e sulfetos. A ilmenita em geral é prismática ou globular, já a grafita e os sulfetos apresentam-se sob a forma de películas finas, por vezes orientadas ao longo de planos octaédricos. Os carvões produzidos por minerais escuros possuem dimensões relativamente menores que os produzidos por defeitos, constituindo portanto um elemento de distinção visual entre esses dois tipos de carvões. Além disso, os carvões relacionados a inclusões minerais possuem formas geométricas bem definidas, o que não ocorre com as clivagens inteiras que são irregulares e descontínuas.

A bolha é outro termo bastante difundido entre os diamantários e dependendo das suas dimensões e posição pode causar problemas durante a lapidação, produzindo por vezes a fragmentação do diamante. As bolhas correspondem também às inclusões minerais e suas dimensões situam-se entre 1 e 0,01 mm. A cor é variável, dependendo da espécie mineral que elas representam. Assim sendo, olivina, enstatita e coesita são incolores; granadas podem ser vermelhas, violáceas ou alaranjadas; diopsídio e onfacita são verdes; espinélio e rutilo apresentam coloração castanho-avermelhada; coríndon (rubi) também é vermelho-violáceo; cianita, finalmente, apresenta cor azul-claro. Todas essas inclusões, apesar de possuírem cores bem típicas, só podem ser corretamente identificadas mediante exames cuidadosos. Além dos exames microscópicos, em geral são necessários exames por meio de raios X e microssonda eletrônica.

As fotomicrografias de números 1 a 10, apresentadas neste texto, mostram os principais tipos de inclusões observados nos diamantes da região de Diamantina (MG).

Elas foram obtidas após limpeza cuidadosa dos diamantes utilizando-se ácido fluorídrico. Posteriormente os diamantes foram observados cuidadosamente em um microscópio polarizador binocular marca Zeiss, dotado de dispositivo fotográfico para iluminação transmitida e refletida. A foto n° 1 foi tomada perpendicularmente da face octaédrica de um diamante incolor contendo diversas inclusões situadas em níveis distintos. Observa-se nitidamente a existência de quatro inclusões, sendo três prismáticas, paralelas entre si e ao mesmo tempo paralelas à direção da face octaédrica do cristal hospedeiro. Uma quarta inclusão eqüidimensional, situada na parte central à direita da foto, guarda também relação de paralelismo com a face octaédrica do diamante situada fora do campo de observação do microscópio. Todas as quatro inclusões correspondem ao mineral olivina, que é uma das inclusões incolores mais freqüentes e características dos diamantes naturais. A foto n° 2 mostra outro conjunto de cristais de olivina, agora com aumentos de 50 vezes. Os dois cristais prismáticos à esquerda são paralelos entre si, o mesmo ocorrendo com os globulares à direita. Em conjunto, todos mostram relação de paralelismo entre si, o que constitui uma prova de que essas inclusões são singenéticas, isto é, formadas simultaneamente com o diamante hospedeiro. Esse fato é importante, pois mostra que a olivina é um mineral estável no ambiente onde se processa a cristalização do diamante na natureza. A foto $n°$ 3 mostra dois cristais prismáticos de olivina paralelos entre si e circundados por manchas escuras produzidas por birrefringência anômala do diamante, uma vez que a foto foi obtida com os nicóis do microscópio cruzados entre si. A foto $n°$ 4 destaca outro cristal prismático bideterminado de olivina ampliado 100 vezes, visto também entre nicóis cruzados. O referido cristal é constituído por faces correspondentes a pinacóides frontal e lateral, sendo as faces das duas extremidades correspondentes a um prisma rômbico horizontal. Essa disposição morfológica é definida com base em informações obtidas por difração de raios X que mostram que a seção dessas inclusões corresponde ao pinacóide lateral. A orientação é tal que o pinacóide lateral da inclusão é paralelo ao plano octaédrico do diamante. Observa-se também que das extremidades do cristal partem figuras anômalas indicando a existência de zonas de tensão no diamante. Essas manchas não são carvões porque na realidade elas não existem no diamante fotografado. As manchas escuras produzidas por birrefringência anômala do diamante só podem ser observadas quando a pedra é examinada em um microscópio polarizador sob nicóis cruzados. Outro ponto que merece destaque nesta e nas demais fotos precedentes é a existência de um contorno escuro acompanhando a forma geométrica das inclusões, e deixando um setor iluminado no centro. Esse contorno é produzido pela diferença de relevo entre a inclusão e o diamante hospedeiro.

A foto 5 também foi tomada perpendicularmente à face octaédrica de um diamante, e nela pode ser observado à direita o empilhamento dos sucessivos planos típicos de cristais octaédricos. As inclusões à esquerda, aparentemente desfocalizadas, na realidade situam-se em planos inferiores em relação à inclusão maior situada no centro direito da foto. A inclusão maior e escura é na verdade um magnífico exemplar de granada de cor vinho intenso. A cor nesse caso é tão característica que é suficiente para identificar esse tipo de inclusão. As outras duas inclusões são olivinas similares às demais descritas nas fotos anteriores. A foto n° 6, ampliada 50 vezes, foi obtida com os polarizadores cruzados. O resultado são duas *grandes hipérboles anômalas e uma imensa mancha escura denotando zonas de tensão produzidas pela granada no diamante hospedeiro. Situação semelhante está ilustrada na foto nº 7, onde a área de tensão é suficientemente uniforme, a ponto de formar uma cruz isógira perfeita, que como se sabe é uma figura típica de substâncias birrefringentes, e que portanto não deveria aparecer no diamante.*

Observa-se que as hipérboles emergem de pontos diferentes da inclusão, porém simétricos entre si, alargando-se imediatamente à medida que se afastam da inclusão.

A foto 8 mostra uma concentração de carvões circundando uma inclusão idiomorfa negra de ilmenita próximo a um cristal incolor de olivina. Os carvões possuem formas e orientações distintas, mas são todos produzidos por clivagens internas do diamante, como já foi discutido anteriormente. Muitas vezes observa-se que algumas inclusões estão associadas ou mesmo circundadas por carvões, tal como nas fotos 9 e 10. A primeira mostra uma área de concentração de carvões produzidos pela interseção das diferentes direções de clivagens. A inclusão associada nesse caso é um cristal de espinélio de coloração castanho-avermelhada, cuja morfologia lembra as inclusões de olivina. Finalmente a foto nº 10 mostra um cristal tabular de pirrotita completamente circundado por uma região de clivagem enegrecida em direção à parte central. Nota-se perfeitamente uma irregularidade bem definida na forma do carvão associada a uma redução na intensidade de cor em direção às bordas, provando que tal tipo de inclusão corresponde a um defeito cristalino do diamante tal como foi discutido no início deste parágrafo.

Bibliografia

MEYER, H. O. A (1985) – **Gênesis of Diamond: A Mantle Saga**. American Mineralogist, vol. 70, págs. 344 – 355.

SVISERO, D. P, (1982) – **Inclusões Minerais e Outros Defeitos Cristalinos de Diamantes Brasileiros**. Brasil Relojoeiro e Joalheiro, vol. 27, págs. 1560 – 1562.

SEGUNDA PARTE

1) A ORIGEM DO DIAMANTE

1 – ORIGEM

Após 1950, graças à conquista científica que logrou conseguir a sintetização do diamante em laboratório, os cientistas puderam constatar quais as condições necessárias para sua formação. Ficou patente que dois fatores básicos são imprescindíveis: pressão e calor.

O diamante é formado a profundidades, na terra, de 200km ou mais (figuras 108 e 109). A pressão deve ser superior a 40 kilobars (bar é a unidade de grandeza usada para medir a pressão). 40 kilobars correspondem a aproximadamente: 40.800 quilogramas de pressão por centímetro quadrado (alguns cientistas acreditam que essa pressão chega a 50 kilobars).

Isso dá idéia da elevadíssima pressão necessária para a formação do diamante condicionada também à alta temperatura (calculada em aproximadamente em 1000ºC).

2 – TIPOS DE JAZIDAS

Pela rocha originária do mineral, pode-se dividir as jazidas em **jazidas magmáticas** (originárias do magma), **jazidas sedimentárias** (formadas em conseqüência de transportes) e **jazidas metamórficas** (formadas pela transformação de outras rochas).

Normalmente fala-se também em **jazidas primárias e jazidas secundárias.**

O diamante pode ser encontrado em jazidas primárias ou secundárias. As jazidas primárias diamantíferas são originárias de kimberlitos (rochas vulcânicas ultrabásicas que surgem de zonas profundas da terra e sobem por chaminés vulcânicas ou diatremas até a superfície (ver figuras 108 a 111). A cratera que surge na superfície fica preenchida por esses kimberlitos, que são chamados de "blue ground" (terra azul). Contudo, pela sua decomposição ele se torna um solo fofo, de coloração ocre, chamado de "yellow ground" (terra amarela). A partir dos anos 70/80 ficou demonstrado que alguns lamproítos continham também quantidade considerável de diamantes. O pipe de lamproítos na mina Argyle, na Austrália, chegou a produzir 40% da produção mundial de diamantes – 40 milhões de quilates por ano. Conforme ensina o Prof. Dr. Darcy Pedro Svisero, "os lamproítos são rochas de natureza básica a ultrabásica, excepcionalmente enriquecidos em potássio quando comparados a outras rochas ultramáficas (rochas escuras), inclusive kimberlitos e lamprófiros. A composição mineralógica é extremamente complexa e variável. Geralmente são formados por macrocristais de olivina, leucita e flogopita dispersos numa matriz fina constituída de olivina, flogopita, diopsídio, richterita, leucita, espinélio, perovskita, apatita, priderita, waderita e vidro".

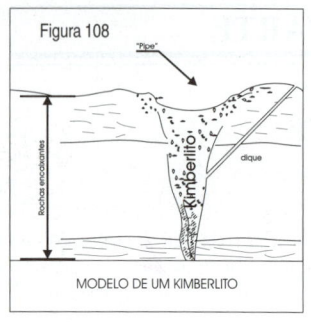

Figura 108

MODELO DE UM KIMBERLITO

Figura 109

"Pipe" kimberlítico

Esquema simplificado de uma intrusão kimberlítica (pipe kimberlítico). Alguns kimberlitos possuem ramificações laterais na forma de diques.

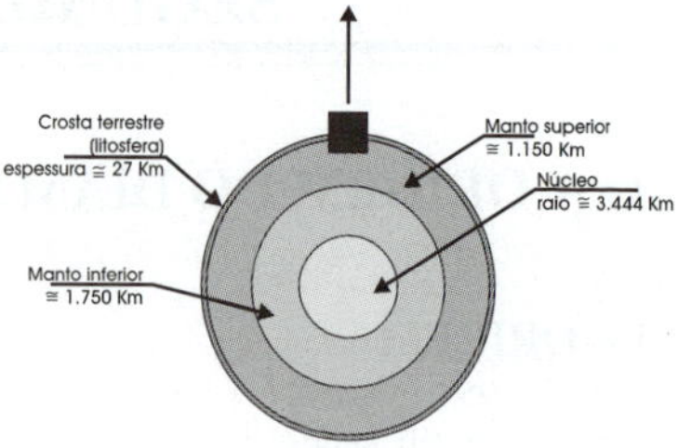

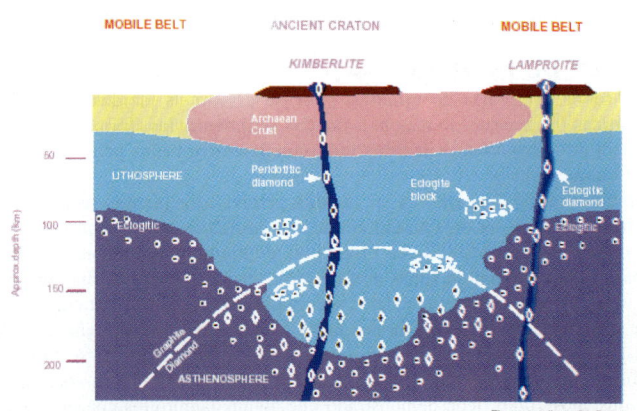

SIGNIFICANCE OF CRATONS

Figura 110

Figura gentileza: De Beers

Caminhos dos diamantes até chegarem à superfície (em kimberlitos ou lamproítos)

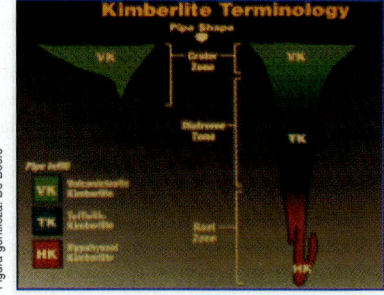

Figura gentileza: De Beers

Figura 111

Terminologia do "PIPE" e dos kimberlitos

Atualmente já foram encontradas várias jazidas (depósitos) primárias no Brasil, contudo, as que mais se explora, ainda hoje, são as jazidas secundárias.

As jazidas secundárias são as que são formadas a partir da erosão das jazidas primárias. Elas são divididas em jazidas (ou depósitos) aluvionares e eluvionares.

Ensina o Professor Humberto Iudice, "que após ter sido cristalizado o diamante no kimberlito e expulso através do "pipe", até a superfície da terra, ele sofreu a ação das intempéries, chuva ou vento e foi levado pelas correntes pluviais para o leito dos ribeiros, riachos ou mesmo rios, onde ficou depositado. Estes depósitos fluviais ou lacustres, constituídos de cascalhos, areias e argilas que sedimentam as calhas fluviais e outras depressões são designados **"depósitos aluvionares"**, onde eventualmente poderão estar os diamantes".

"Quando o material residual resultante da erosão ou intemperismo permanecer "in situ", isto é, no próprio local onde foi decomposto, recebe o nome de **eluvião** e os materiais que ali permanecem formarão o chamado **depósito eluvionar**. Estes depósitos, em locais secos e altos, isto é, distantes de riachos ou rios, em elevações do terreno, também poderão conter o diamante."

3 – OS "PIPES" DIAMANTÍFEROS: KIMBERLITOS E LAMPROÍTOS

A designação **kimberlito** foi empregada pela primeira vez em 1886 e deriva do nome da cidade de Kimberly, onde estão situados cinco importantes "pipes" diamantíferos: as minas Wesselton, Dutoitspan, Bultfontein, De Beers e Kimberley (The Big Hole), que distam apenas alguns quilômetros umas das outras (figuras 112 e 113).

Kimberlito (figura 114) é sinônimo de terra azul (blue ground), descrição dada pelos primeiros garimpeiros, por causa da sua tonalidade azulada. Mineralogicamente, kimberlito é um tipo de rocha ígnea básica, isto é, biotita-peridotita serpentinizada ou brecha eruptiva ultrabásica. Este famoso tipo de rocha vem sendo por demais estudado devido ao fato do diamante ser encontrado no seu interior, nos "pipes" (ver figura 115).

Figura 114
Kimberlito com diamante

Figura 112
Mina Kimberley ("BIG HOLE")

Figura 115
"PIPE" da mina "Finsch"

Figura 113
Kimberley

Fotos: gentileza De Beers

A rocha propriamente dita foi descoberta na mina Jagersfontein, em agosto de 1870, no Estado Livre de Orange (África do Sul) e depois na mina Dutoitspan, no mesno ano.

Foi o geólogo Prof. Carvill-Lewis que sugeriu na época o nome de kimberlito para este tipo de rocha que preenche todo o canal eruptivo no interior do vulcão, formando uma espécie de cilindro enorme de seção irregular.

O kimberlito encontrado nos "pipes" pode ser classificado em três importantes tipos de acordo com a sua textura e cor:

1 – "Yellow Ground", encontrado desde a superfície até uma profundidade de 50 metros aproximadamente. É o resultado da decomposição do kimberlito pelas intempéries.

2 – "Blue Ground" ou kimberlito propriamente dito.

3 – "Hardbank" é uma forma mais compacta do kimberlito e acha-se espalhado em blocos a uma profundidade maior.

Sabe-se que, uma vez cristalizado o diamante sob condições favorecidas pela natureza, é transportado para a superfície da terra por um processo de extrusão (figura 116), através de chaminés vulcânicas extintas.

Cristalizado ou ainda em vias de o ser, o mineral (diamante) foi transportado, hospedado no kimberlito, há milhões de anos. Parte do kimberlito que trasbordou na superfície da terra formando uma espécie de cone vulcânico ou montanha foi, em alguns casos, sendo desmantelado pela erosão, chuvas e ventos que dispersaram os diamantes pelos leitos dos rios (figura 117).

Figura gentileza: De Beers

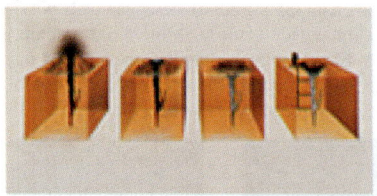

Figura 116

Os diamantes são transportados para supefícies através de magmas kimberlíticos ou lamproíticos, durante erupções dos vulcões.

Figura gentileza: De Beers

Figura 117

Os diamantes às vezes percorrem longos caminhos, muito distantes de onde surgiram.

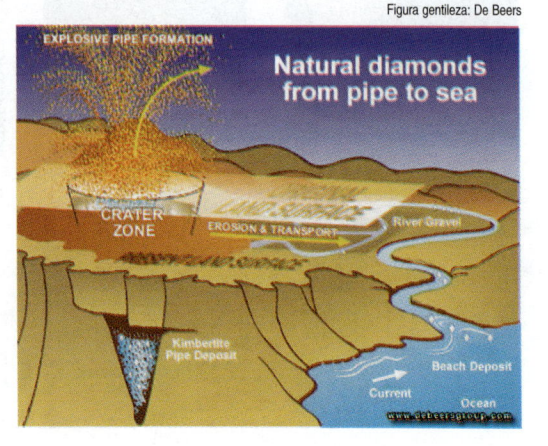

82

O poço do vulcão extinto é comumente conhecido como "chaminé" (pipe) ou cientificamente diatrema. Os pipes podem ser diamantíferos, ou não. No continente africano já foram encontrados mais de mil pipes, porém poucos são diamantíferos, sendo que aproximadamente 50 são economicamente produtivos. Na figura 118, anexa, estão reproduzidos os contornos de alguns pipes famosos (são só alguns, faltando muitos importantes, como o da Argyle na Austrália, por exemplo).

PIPES FAMOSOS

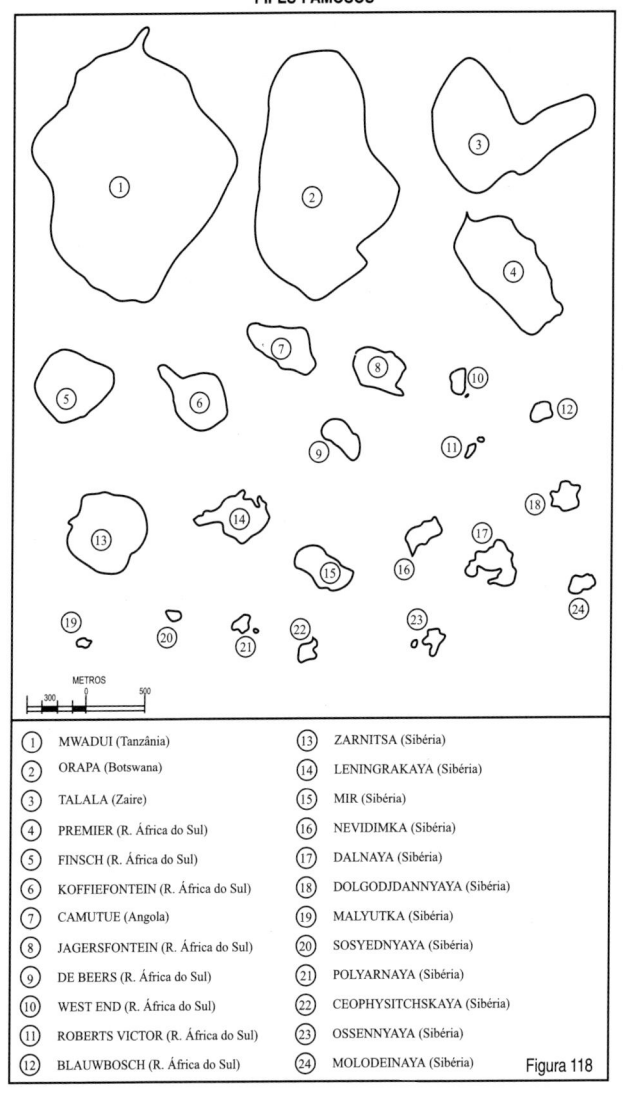

①	MWADUI (Tanzânia)	⑬	ZARNITSA (Sibéria)
②	ORAPA (Botswana)	⑭	LENINGRAKAYA (Sibéria)
③	TALALA (Zaire)	⑮	MIR (Sibéria)
④	PREMIER (R. África do Sul)	⑯	NEVIDIMKA (Sibéria)
⑤	FINSCH (R. África do Sul)	⑰	DALNAYA (Sibéria)
⑥	KOFFIEFONTEIN (R. África do Sul)	⑱	DOLGODJDANNYAYA (Sibéria)
⑦	CAMUTUE (Angola)	⑲	MALYUTKA (Sibéria)
⑧	JAGERSFONTEIN (R. África do Sul)	⑳	SOSYEDNYAYA (Sibéria)
⑨	DE BEERS (R. África do Sul)	㉑	POLYARNAYA (Sibéria)
⑩	WEST END (R. África do Sul)	㉒	CEOPHYSITCHSKAYA (Sibéria)
⑪	ROBERTS VICTOR (R. África do Sul)	㉓	OSSENNYAYA (Sibéria)
⑫	BLAUWBOSCH (R. África do Sul)	㉔	MOLODEINAYA (Sibéria)

Figura 118

4 – "CONTEXTO GEOLÓGICO DE KIMBERLITOS, LAMPROÍTOS E OCORRÊNCIAS DIAMANTÍFERAS DO BRASIL" IN: "BOLETIM IG-USP – PUBLICAÇÃO ESPECIAL Nº 9 – JORNADAS CIENTÍFICAS – 1991.

Gentilmente cedido para publicar neste livro pelos autores:
D.P. Svisero e L.A. Chieregati

O diamante foi e continua sendo um mineral de importância histórica no Brasil. Existem ocorrências praticamente em todo o território nacional, excetuando-se alguns estados nordestinos e ilhas oceânicas. O Brasil foi o primeiro país do ocidente a lavrar diamante a partir da descoberta de depósitos detríticos na região de Diamantina (MG), no início do século dezoito, assumindo logo a seguir a posição de primeiro produtor mundial. Essa situação perdurou até a segunda metade do século dezenove, quando a descoberta da rocha matriz do diamante na África do Sul modificou o panorama geoeconômico do diamante. O Brasil nunca mais recuperou sua posição anterior e nos últimos anos a produção vem representando apenas 1% do montante mundial.

A figura 1 mostra as principais ocorrências diamantíferas brasileiras, aqui representadas por meio de um centro geográfico local. Partindo da região de Ta Bagi (PR), que representa os depósitos mais meridionais do país, o diamante ocorre nas Regiões sul (Itararé) e nordeste (Patrocínio Paulista) de São Paulo, Alto Paranaíba (Abaeté Coromandel, Patos, Estrela do Sul, Romaria) e região central de Minas (Diamantina, Grão Mogol), Chapada Diamantina na Bahia, Pará (Marabá), Piauí (Gilbués), Maranhão (Imperatriz), Mato Grosso (Barra do Garças, Chapada dos Guimarães, Ari Puanã, Juína), Goiás (Aragarças, Piranhas), Mato Grosso do Sul (Coxim), Amapá, Rondônia e Roraima. Tudo indica que existem pelo menos duas idades distintas para o diamante: uma proterozóica, representada pelas ocorrências do Espinhaço e de Roraima, e outra Mesozóica, para o caso dos depósitos do Alto – acompanhando aproximadamente a área do Soerguimento do Alto Paranaíba. Na região de Bambuí, BARBOSA (1985) localizou os Kimberlitos Cana Verde, Boa Esperança, Ingá, Almeida e Quartéis.

Além da região oeste de Minas Gerais, existem dados sobre alguns corpos isolados em outros estados. Assim sendo, são conhecidos os Kimberlitos do Redondão (SVISERO et al., 1975) e Açude (SVISERO & MEYER, 1986) respectivamente no sul e leste do Piauí; Pimenta Bueno (SVISERO et al., 1984) no leste de Rondônia; Batovi (SVISERO & MEYER , 1986), no centro de Mato Grosso, e Janjão (SCHEIBE , 1980), no centro leste de Santa Catarina. Além disso, existem informações de caráter geral sobre a existência de kimberlitos em vários locais do Brasil coincidindo com os dados relatados anteriormente. Além de BARBOSA (1985), que menciona vários kimberlitos em Minas Gerais, Rondônia, Piauí e Mato Grosso, FRAGOMENI (1976) menciona a existência de quatro dezenas de intrusões na região de Paranatinga (MT) e SCHOBENHAUS et al. (1981) inclui no mapa geológico do Brasil vários kimberlitos em Minas Gerais, Mato Grosso e Rondônia.

Retornando à figura 1, observa-se que os kimberlitos, lamproítos e intrusões conexas do oeste mineiro situam-se sobre a Faixa de Dobramentos Araxaídes,ou seja, a oeste e fora do Cráton do São Francisco. No sul da África, os kimberlitos mineralizados encontram-se dentro do Cráton do Kaapvaal (DAWSON, 1980). Circundando aquele cráton, mas fora dele, ocorrem kimberlitos estéreis, nefelinitos, melilititos e carbonatitos (MITCHELL, 1986). Tendo em conta esse modelo, os kimberlitos do oeste mineiro teriam poucas chances de serem mineralizados. Contudo, considerando-se o quadro geológico dos lamproítos da região noroeste da Austrália (JACQUES et al., 1985), é muito provável que no oeste mineiro exista um grande número de intrusões lamproíticas, e entre elas corpos mineralizados. É possível até que o número de lamproítos predomine sobre o de kimberlitos. Quanto ao diamante, sabe-se que uma das intrusões do Grupo Três Ranchos (GO) é mineralizada, embora o teor não seja comercial. Além desse corpo, outras duas intrusões próximas de Coromandel (MG) possuem microdiamantes. Algumas intrusões do Alto Paranaíba já foram datadas: o Kimberlito Poço Verde (DAVIS, 1975) possui 80 Ma. E o Limeira (SVISERO & BASEL), em preparação, 110

84

Ma. Esses números mostram que o diamante do Alto Paranaíba é cretácico, concordando com as observações regionais que mostram a presença de diamante associado a granadas e ilmenitas kimberlíticas nos conglomerados cretácicos em Romaria e Coromandel (SVISERO et al., 1980). Parece claro que as diatremas foram cortadas pela erosão no final do período cretáceo, e os eventuais diamantes incorporados nos conglomerados Bauru que hoje coroam os chapadões que cobrem o Araxá e o Bambuí na região. Não obstante esses fatos, TOMPKINS & GONZAGA (1989) defendem ponto de vista contrário e relacionam o diamante do oeste mineiro a geleiras pré-cambrianas que teriam se deslocado de norte para o sul. Fora de Minas Gerais os dados são ainda incipientes e não permitem fazer qualquer avaliação sobre a origem do diamante. Sabe-se apenas que existem corpos mineralizados nas regiões de Pimenta Bueno (RO) e Juína (MT).

Concluindo, podemos dizer que embora o diamante venha sendo explorado desde o início do século dezoito, no Brasil, existem poucas informações sobre suas fontes primárias, kimberlitos e lamproítos. Embora as pesquisas de kimberlitos tenham começado tardiamente em nosso país, e não obstante dificuldades de vários tipos, dispomos de dados que permitem afirmar que existem no Brasil pelo menos doze Províncias Kimberlíticas, a saber: Alto Paranaíba (MG), Bambuí (MG), Amorinópolis (GO), Paranatinga (MT), Fontanilas (MT), Pontes e Lacerda (MT), Pimenta Bueno (RO), Urariquera (RR), Gilbués (PI), Picos (PI), Lages (SC) e Jaguari (RS), conforme esquema da figura 1.

A Província do Alto Paranaíba é a mais conhecida e nela já foram localizados pelo menos duas centenas de corpos com características de kimberlitos e lamproítos. Faltam estudos de química mineral para definir a petrogênese dessas rochas.

ÁREAS PRINCIPAIS DE OCORRÊNCIA DE DIAMANTES DETRÍTICOS E PROVÍNCIAS KIMBERLÍTICAS DO BRASIL

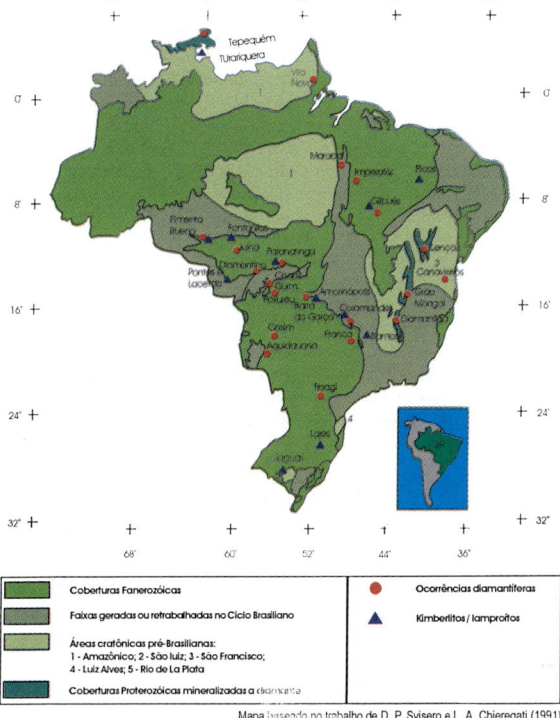

Mapa baseado no trabalho de D. P. Svisero e L. A. Chieregati (1991)

REFERÊNCIAS BIBLIOGRÁFICAS

BARBOSA, O. (1985), Diamantes no Brasil. Histórico, ocorrências, prospecção e lavra. *Boletim mimeografado da CPRM, 89p.*.

BARBOSA, O; SVISERO, D. P.; HSUI, Y. (1976). Kimberlitos da região do Alto Paranaíba, MG. *In CONGRESSO BRASILEIRO DE GEOLOGIA, 29., Ouro Preto, 1976. Boletim de Resumos, Ouro Preto, SBG. P. 323.*

DAVIS, G. L. (1977) The ages and uranium contents of zircons from kimberlites and associated rocks. *In: INTERNATIONAL KIMBERLITE CONFERENCE, 2 nd, Santa Fé, USA (Extended Abs., p.78-80).*

DAWSON, J. B. (1980). Kimberlites and their xenoliths. *Berlin, Springer Verlag. 252p.*

FRAGOMENI, P. R. P. (1976). Controle tectônico da Província kimberlítica de Paranatinga.

HARALYI, N.l.E. & SVISERO, D.P. (1984). Metodologia geofísica integrada aplicada à prospecção de kimberlitos da região oeste de Minas Gerais. *Revista Brasileira de Geociências, 14:12-22*

JACQUES, A. L.; CREASER, R A; FERGUSON, J., SMITH, C. B. (1985). A review of the alkaline rocks of Australia. *Transactions of the Geological Society of South Africa, 88:311-334.*

LEONARDOS Jr., O.H. & ULBRICH, M. N. C. (1987). Lamproítos de Presidente Olegário, Minas Gerais. *Ciência e Cultura, 39:643.*

MITCHELL, R. H. (1986). Kimberlites: mineralogy, geochemistry and petrology. *New York, Plenum Press, 442 p.*

SCHEIBE, L. F. (1980), O distrito alcalino de Lages, Santa Catarina. *In: CONGRESSO BRASILEIRO DE GEOLOGIA, 31., Camboriú, 1980. Roteiro de Excursões. Boletim, 3. Camboriú,SBG. P. 25-31.*

SCHOBENHAUS, C.; CAMPOS, D. A ; DERZE. G.R.; ASMUS, H. E. (1981). Mapa geológico do Brasil e da área oceânica adjacente, incluindo depósitos minerais. *Brasília, MME / DNPM.*

SVISERO, D. P.; COIMBRA , A M.; FEITOSA, V.M.N. (1980). Estudo mineralógico e químico dos concentrados da mina de diamantes de Romaria, MG. *In: CONGRESSO BRASI-LEIRO DE GEOLOGIA, 31., Camboriú, 1980. Anais. Camboriú, SBG. V.3, p. 1776 – 1788.*

SVISERO, D. P.; DRUMOND, D.; HARALYI, N.L.E.; MORAES, A (1987). Mineralogia e geologia do Kimberlito Poço Verde, município de Coromandel, Minas Gerais. *In: SIMPÓSIO REGIONAL DE GEOLOGIA, 6., Rio Claro, 1987. Atas. São Paulo, SBG. V. 1, p. 97-111.*

SVISERO, D. P.; HARALYI, N. L. E.; CRETELLI, C. A (1986). Geologia dos Kimberlitos Vargem 1 e Vargem 2, Coromandel, Minas Gerais. *In: CONGRESSO BRASILEIRO DE GE-OLOGIA, 34,. Goiânia, 1986. Anais. Goiânia, SBG. P. 1671 – 1685.*

SVISERO, D. P.; HASUI, Y.; DRUMOND, D. (1979).Geologia de Kimberlitos do Alto Paranaíba, Minas Gerais. *Mineração e Metalurgia, 43: 34-38.*

SVISERO, D. P. & MEYER, H. O A (1986). New occurrences of kimberlites in Brazil. *In: INTERNATIONAL KIMBERLITE CONFERENCE, 4 th, Ext. Abst., Perth, Australia, 16: 145-147.*

SVISERO, D. P.; MEYER, H. O A ; HARALYI, N.L.E.; HASUI, Y. (1984). A note on the geology of some Brazilian Kimberlites. *Journal of Geology, 92: 331 –338.*

SVISERO, D. P.; MEYER, H. O A ; TSAI, H. M. (1975). Kimberlites minerals from Vargem (Minas Gerais) and Redondão (Piauí) diatremes, and garnet lherzolite xenolith from Redondão diatreme, Brazil. *Revista Brasileira de Geociências.*

TOMPKINS, L. A & GONZAGA, G. M. (1989). Diamonds in Brazil and a proposed model for the origin and distribution of diamonds in the Coromandel region, Minas Gerais, Brazil. *Economic Geology, 84:591-602.*

2) PESQUISA, PROSPECÇÃO, DESENVOLVI-MENTO, EXPLORAÇÃO, EXTRAÇÃO, BARRA-GEM, GARIMPO, ETC.

1 – PESQUISA

Segundo a história, a maioria dos depósitos diamantíferos foi descoberta ao acaso. Cita-se, por exemplo, o garoto Erasmus Jacobs que, brincando às margens do rio Orange, na África do Sul, encontrou o primeiro diamante naquele país e também a história da jovem camponesa, da província de Changlin, na China, que casualmente achou um grande diamante.

No entanto, há também depósitos que foram encontrados graças a uma pesquisa técnica e sistemática; dentre eles – o "pipe" Mwadui, onde se localiza a mina Williamson, na Tanzânia, assim como a mina Orapa em Botswana e o "pipe" Zarnitsa na Sibéria e outros depósitos na Austrália.

De um modo geral, pode-se afirmar que enquanto a descoberta casual de depósitos contou com o fator sorte ou acaso, a descoberta de depósitos resultantes de busca deliberada foi devido, principalmente, ao método científico e à pesquisa.

2 – PROSPECÇÃO

Prospecção é a técnica empregada para localizar e calcular o valor econômico de um depósito (jazida). Essa fase leva normalmente de 1 a 3 anos para ser executada e consta de métodos: a – direto (através da geologia e da física) e b – indireto (através da geofísica, geoquímica). Faz parte da prospecção não só a análise de mapas, por terra, mas também pelo ar (fotos aéreas, imagens de satélite). Na prospecção se quer um reconhecimento geral da área de interesse (figuras 119 a 122).

3 – EXPLORAÇÃO

É a pesquisa, sondagem, avaliação detalhada e precisa da jazida. Agora são delineadas as dimensões exatas, numa área reduzida e definida. São realizadas sondagens e medições geológicas e geofísicas. Essa pesquisa é feita na superfície e também abaixo da superfície e termina com o estudo das possibilidades do local, se o projeto deve continuar ou ser abandonado ("feasibility study"). A exploração normalmente dura de 2 a 5 anos.

Figura 119
Centro da De Beers na América do Sul, em Brasília.

Fotos gentileza: De Beers

Figura 120
Análises de material, em Brasília.

Figura 121 – Estudos do projeto.

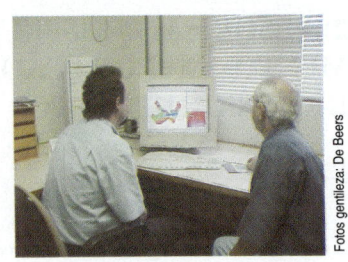
Figura 122 – Prospecção de áreas brasileiras.

Fotos gentileza: De Beers

Na prospecção e exploração serão utilizados os métodos:

a) método geológico: análises petrográficas, mineralógicas e geoquímicas no laboratório. Estudos estatísticos dos dados obtidos no terreno.

b) métodos geoquímicos: é um método indireto; uma anomalia geoquímica pode estar relacionada ou não com um depósito mineral.

c) métodos geofísicos: é um método indireto; através dele pode se identificar uma anomalia geofísica. Num caso positivo, a anomalia geofísica corresponde a um depósito mineral. Os métodos geofísicos mais utilizados são: gamaespectrometria, eletrorresistividade, polarização induzida (IP), magnetometria, etc.

d) "remote sensing": é o método que trata da produção, processamento e interpretação de fotos áreas e imagens via satélite. No uso do "remote sensing" são empregadas energias eletromagnéticas como as ondas de luz, ondas térmicas e ondas de rádio. Além disso são aplicadas ondas sonoras (não são ondas eletromagnéticas) em investigações subaquáticas.

4 – DESENVOLVIMENTO

No desenvolvimento o depósito mineral fica aberto para a produção. São tratados os direitos de mineração, o impacto da mineração no meio ambiente, a infra-estrutura, a planta e a preparação da exploração. Esta fase dura de 2 a 5 anos (figuras 123 a 125).

Figura 123
A exploração é muito importante para se conhecer a área de interesse.

Fotos gentileza: De Beers

Figura 125

Figura 124

Exploração da De Beers no interior do Brasil.

5 – EXPLORAÇÃO

É iniciada a produção mineira: a céu aberto, em poços, túneis, exploração com grandes cortes, etc. A fase de exploração de uma jazida dura normalmente entre 10 e 30 anos (figuras 126 a 128).

Nas grandes minas da África, localizadas nos "pipes", a extração do diamante se processa, em resumo, do seguinte modo:

Inicialmente a mina é explorada a céu aberto, o minério é retirado por escavadeiras que carregam grandes caminhões. A enorme escavação vai sendo aberta em forma de espiral cujo "vértice" fica no centro do "pipe".

Fotos gentileza: De Beers

Figura 126 – Mina Finsch   Figura 127 – Mina Jwaneng   Figura 128 – Mina Namaqualand

O material, então, é transportado para as instalações de mineração, onde sofre uma série de triturações entremeadas por passagens em peneiras de diversas malhas e respectivas lavagens do concentrado (logo mais adiante vai ser tratado este assunto).

Quando a escavação na mina se torna muito profunda, tornando difícil a subida dos caminhões pelas rampas em espiral, são feitos poços laterais e abertas galerias horizontais de onde é retirado o mineral (figuras 129 e 130). Os sistemas variam ligeiramente de mina para mina, segundo as peculiaridades próprias.

Fotos gentileza: De Beers

Figura 129
Túnel em mina da África do Sul

Figura 130
Trabalho subterrâneo na mina Finsch

• Dragagem

A dragagem (figuras 131 e 132) consiste num processo mecanizado, que é usado nos casos em que a possibilidade de extração de cascalho é assegurada por condições favoráveis em rios de maior porte. Em linhas gerais, o equipamento, ou simplesmente a "draga", consiste numa barcaça de grande porte, que contém um mecanismo com uma espécie de corrente transportadora que mergulha até o leito do rio em movimento contínuo, podendo retirar seguidamente grandes quantidades de cascalho por hora. Esse mecanismo é acionado por possantes motores movidos pelo combustível mais adequado da região. O cascalho passa por uma série de peneiras e o concentrado é "apurado" manualmente. Outro tipo também usado é aquele que opera por meio de sucção do cascalho que se encontra no fundo do rio. Esse método é usado nos depósitos marinhos das costas da Namíbia e da África do Sul.

Figura 131
Dragagem – Namdeb

Fotos gentileza: De Beers

Figura 132
Dragagem na beira da praia.

• Desmantelamento, barragem e extração

Desmantelamento, barragem e extração (figuras 133 a 135) são técnicas usadas nas praias ao Sudoeste da África, onde os diamantes se encontram numa estreita faixa das praias, cobertos por uma capa de areia de 9 a 10 metros de profundidade. A exploração dessas áreas consiste:

a) no desmantelamento dessas capas de areia que cobrem os diamantes;

b) na construção de diques para protegerem o local a ser explorado, onde existe o perigo da ação das marés. Os diques são feitos da própria areia, possuem normalmente uns 12 metros de espessura (podendo chegar até 30 metros) por uns 9 a 10 metros de altura. Para se evitar sua destruição por temporais ou ondas muito fortes, eles são reforçados com telas ou blocos de cimento, quando se trata de zonas de elevado rendimento diamantífero que compensa gastos mais elevados;

c) bombeamento de água: em caso de inundação dos diques, funcionam equipes de bombeamento, o que permite continuar as operações de extração.

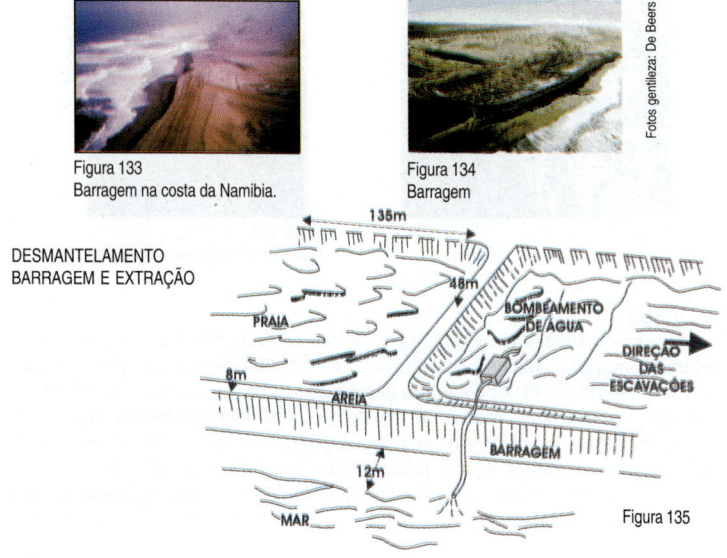

Figura 133
Barragem na costa da Namibia.

Figura 134
Barragem

Fotos gentileza: De Beers

DESMANTELAMENTO
BARRAGEM E EXTRAÇÃO

135m

48m

PRAIA

BOMBEAMENTO DE ÁGUA

DIREÇÃO DAS ESCAVAÇÕES

8m

AREIA

BARRAGEM

12m

MAR

Figura 135

• No mar

A mineração marinha (figuras 136 a 146) está atualmente muito avançada, devido principalmente à alta qualidade dos diamantes encontrados (embora sejam geralmente menores do que os encontrados noutros lugares). A maior produtora de diamantes no alto-mar é a De Beers Marine, que possui uma grande frota de navios especializados nessa operação. Ela opera na África do Sul e na Namíbia em cooperação com o governo local (formaram a NAMDEB). Só na Namíbia a produção marinha do ano 2000 foi de 570.000 quilates. Maiores detalhes serão dados quando forem tratadas as minerações da África do Sul e da Namíbia.

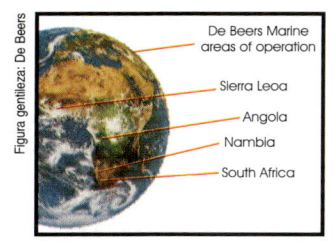

Figura 136
Locais de mineração em alto mar (da De Beers)

Figura 137
"Jago" e "Zealous"

Figura 138
Navio "Grand Banks"

Figuras 139 a 146
Suporte logístico para mineração
em alto-mar (De Beers).

Fotos gentileza: De Beers

6 – GARIMPO

Entende-se por "garimpo" depósitos de eluvião, aluvião, nos álveos de cursos de água, nas margens reservadas, nos depósitos secundários ou chapadas (grupiaras), vertentes e altos de morros.

Garimpagem é o trabalho individual, primitivo, com instrumentos rudimentares, manuais, simples e portáteis para a extração de gemas em geral e minérios valiosos.

Garimpeiro é a denominação genérica que se dá ao indivíduo que se dedica à extração de substâncias minerais úteis pelos processos de garimpagem, faiscação ou cata.

Características necessárias para que se configure a garimpagem:

1) Forma rudimentar de trabalho.
2) Natureza dos depósitos trabalhados.
3) Caráter individual do trabalho, sempre por conta própria.

• **Catas ou catas de água** (figura 147) são operações também empregadas na extração de diamantes e definidas no Código de Mineração, bem como no Regulamento do Código de Mineração. Em outras palavras, trata-se da abertura no solo, onde há indícios de haver diamantes, de uma escavação de forma quadrada ou retangular, a fim de ser retirado o material estéril, numa profundidade de até 10 metros aproximadamente, que cobre uma superfície rochosa e sobre a qual poderão ser encontrados diamantes. Este tipo de extração consiste em termos simples de uma escavação pequena com ferramentas rudimentares, tais como picaretas, enxadões, pás, etc. É feita em terreno firme, isto é, fora dos cursos de água, quando é aberta muito próxima ou ao nível dos mesmos; daí o nome de "catas de água".

Figura 147

• A **garimpagem** é um processo individual e manual de trabalho, de forma primitiva e com instrumentos rudimentares, para retirar do fundo dos riachos, ribeirões e também dos rios, na ocasião das secas, diamantes que se encontram misturados com a areia ou cascalho. Geralmente o garimpeiro retira todo o cascalho possível amontoando-o na margem para depois, então, com o auxílio da bateia, lavar este cascalho; esta lavagem é mais ou menos um processo mecânico de "decantação" feito através de movimentos rápidos e semicirculares com a bateia, cheia de cascalho e areia, dentro do curso de água.

Por este processo é possível aproveitar-se uma das propriedades físicas do diamante – sua elevada densidade em relação ao cascalho e a areia: o diamante, por ser mais pesado que o cascalho e a areia, vai para o fundo da bateia e se localiza no ponto central do mesmo (pião) que é ligeiramente mais fundo (cônico).

Em seguida é feita a "apuração", que consiste em virar rapidamente a bateia sobre o chão, a fim de depositar o seu conteúdo. Havendo algum diamante, ele deverá se localizar no centro e em cima do bolo de cascalho. Após uma inspeção visual do "miolo", com a prática adquirida pelos garimpeiros, os eventuais diamantes poderão ser identificados e recolhidos manualmente.

• **Gruna** (figura 147) é uma forma de garimpo feita para retirar o cascalho do interior de morros ou serras, colinas ou montanhas. Para a extração do cascalho o garimpeiro cava um túnel em forma de meia-lua, o mais estreito possível, que dê apenas para passar o seu corpo, a fim de evitar desmoronamentos e eliminar o emprego de escoras de madeira. A iluminação é feita à luz de vela, lamparina ou lanterna. O trabalho nas grunas é dos mais difíceis e perigosos, pois o garimpeiro pode morrer por asfixia ou desmoronamento.

• **Garimpo de monchão** (figura 147) é aquele localizado em terreno firme, afastado do rio, em pequenas elevações ou não, onde o cascalho diamantífero pode estar descoberto, isto é, quase na superfície do solo, ou a alguns metros de profundidade.

• **Grupiaras** (figura 147) são os garimpos efetuados às margens dos barrancos dos rios, riachos ou ribeirões.

• **Garimpo de virada ou cerco** (figura 147) é aquele onde as condições topográficas permitem, com certa facilidade, o desvio de um trecho do curso do leito de água. Desviado o fluxo das águas, o leito tende a ficar seco, facilitando assim o trabalho com o cascalho.

• **Garimpo de corrida** (figura 147) é o realizado com o auxílio de água corrente, que, além de ajudar no desmonte dos barrancos, transporta o cascalho para uma série de caixas feitas com tábuas de madeira no chão inclinado, comunicáveis entre si e vulgarmente chamadas " canoas". A lama do cascalho vai para o primeiro " fervedor", onde um garimpeiro com habilidade revira o cascalho com uma enxada. A água que transborda arrasta a lama para a segunda caixa, onde a operação se repete. Quando as canoas estão cheias de cascalho lavado, retira-se o mesmo para "apuração".

• **Mergulho** (figura 147)
Para se retirar pequenas quantidades de cascalho diamantífero do leito das correntes fluviais mais profundas, empregam-se dois métodos:

a) o mergulho livre ou "a fôlego";

b) o mergulho com escafandro.

a) O mergulho livre ou "a fôlego" é o mais simples e primitivo, como o fazem as pescadoras de pérolas do Japão. O mergulhador, guiando-se por uma corda que fica ancorada no fundo, isto é, amarrada numa pedra ou numa vara de bambu, mergulha até o fundo, onde passa a recolher, num recipiente adequado, toda a quantidade de cascalho possível, enquanto durar a sua capacidade de fôlego. Esgotado o fôlego, retorna à superfície, guiando-se pela corda ou bambu, para entregar a outro companheiro que se encontra na canoa o recipiente contendo o cascalho para posterior "apuração". O uso da corda facilita a subida à tona e também serve de proteção contra a correnteza.

b) Escafandro é um equipamento que permite o mergulho a maior profundidade e por tempo muito mais longo do que o mergulho livre. O equipamento compõe-se essencialmente de um capacete metálico que se ajusta a uma túnica de lona ou borracha. No capacete há um dispositivo que permite a ligação de uma mangueira que conduz o ar bombeado da superfície. Por medida de segurança, o mergulhador usa um cinto preso a uma corda que acompanha a mangueira de ar até o barco. O ar é bombeado por uma máquina pneumática manual. No capacete metálico há uma válvula que permite a entrada e saída do ar, o qual poderá também sair livremente pelas mangas ou cintura da túnica. Com esse equipamento o mergulhador poderá recolher maior quantidade de cascalho, como também observar melhor o fundo do rio à procura de local mais rico em cascalho. A bomba manual de ar está geralmente montada em uma pequena balsa ancorada no local de trabalho.

7 – OS SATÉLITES DO DIAMANTE

Talvez por analogia com os corpos celestes, em relação aos quais os pequenos astros que gravitam em torno dos planetas são denominados satélites, os minerais que geralmente acompanham o diamante ou indicam a sua provável presença também são conhecidos por "satélites" do diamante.

Em 1891 o grande mestre da mineralogia no Brasil, E. Hussak, iniciou o estudo sistemático dos satélites do diamante.

O número dos diferentes satélites devidamente identificados mineralogicamente atinge a casa dos 50 aproximadamente. São mais conhecidos por nomes populares e sugestivos, que variam de região para região e são dados pelos garimpeiros puramente por analogia de sua forma ou aparência com qualquer coisa semelhante a eles.

Os minerais considerados como satélites do diamante são os seguintes:

Ágata	Crisoberilo	Hematita	Quartzo
Andaluzita	Cromita	Ilmenita	Rutilo
Anfibólios	Epídoto	Jaspe	Topázio
Anatário	Espinélio	Lazulita	Turmalina
Brookita	Estaurolita	Limonita	Pirita
Cassiterita	Euclásio	Magnetita	Piroluzita
Cianita	Diásporo	Melaconita	Piroxênios
Cinábrio	Feldspatos	Mica	Etc.
Columbita	Fibrolita	Monazita	
Coríndon	Granadas	Ouro	

Os nomes vulgares dados pelos garimpeiros brasileiros aos satélites são os seguintes:

Avermelhado	Caco de telha	Palha de arroz	Ovo de pomba
Azulinha	Esmeril	Osso de cavalo	Pingo de água
Bagajudo	Chumbinho	Sílex pardo	Pedra de vidro
Caboclo lustroso	Fugaça	Mamona	Pitadinho
Canjica	Fígado de galinha	Martita	Lacre
Cativos de ferro	Ferragem	Caboclo de ferro	Etc.
Cabeça de formiga	Ferrugem	Osso podre	
Crisólita	Feijão-preto	Pimentinha	

Freqüentemente, vários satélites diferentes ficam acimentados nas argilas ferruginosas, formando os chamados "conglomerados", os quais poderão conter, eventualmente, o diamante.

A freqüência dos diferentes tipos de satélites varia de região para região, alguns sendo muito comuns, como o quartzo, por exemplo.

Por outro lado, os geólogos têm, no campo da pesquisa, aliados muito prestativos: as formigas e térmitas, que, fazendo as suas galerias profundas, trazem à superfície pequenos grãos de minerais que são abandonados ao redor dos formigueiros. Um exame cuidadoso desse material poderá ser um bom indicador para início das pesquisas no local.

8 – GLOSSÁRIO DO GARIMPEIRO

Armadura paulista: escafandro usado dentro dos rios.

Azulinha: certo satélite do diamante.

Bageré: primeira camada de um conglomerado quase desagregada por si mesma, paupérrima em diamante.

Bamburrar: fazer fortuna inesperadamente ou encontrar diamante muito valioso.

Bateação: o trabalho com a bateia.

Capangueiro: indivíduo que compra diamantes.

Cata: buraco quadrangular, donde se retiram amostras de cascalho.

Cateação: pesquisa de diamante.

Chapéu-de-frade: diamantes achatados com forma de triângulos.

Chumbação: barragem de pedras, feitas ao longo das "canoas".

Curau: neófito na garimpagem.

Faisqueiro: pequeno comprador de diamantes.

Fazenda fina: "xibio" de primeira ordem.

Fundo: diamante fraco.

Indústria: diamante sem vida.

Jacuba: cascalho bateado.

Lavadeira: lugar onde se lava o cascalho.

Mancha: indício de diamante.

Ovo-de-pombo: quartzo rolado.

Fica preso: lugar controlado pelo proprietário.

Queimado: cata já explorada.

Rapa: lugar que tem o cascalho quase a descoberto.

Segundo: diamante que tenha "urubu".

Urubu: ponto negro de impureza notado no diamante; inclusão.

Xibio: diamante de menos de meio quilate.

3) HISTÓRIA E GEOGRAFIA DO DIAMANTE

A palavra "diamante" é originária de grego antigo **adamao**, que quer dizer eu domino, eu subjugo. O adjetivo **adamas** significa invencível, indomável ou inconquistável e era usado pelos gregos para designar tanto o diamante como o coríndon (rubi e safira). Com o passar do tempo acabou só sendo usada essa palavra para designar o diamante. Do grego passou ao latim **adimantem**, que deu origem posteriormente à palavra **diamant**, no francês e alemão, **diamante**, na língua portuguesa e **diamond**, no inglês.

O diamante na Índia

O diamante foi primeiramente conhecido e usado na Índia, entre 800 e 600 a.c., na região de Golconda, hoje território de Hyderabad, nas proximidades do Rio Krishna, bem como noutras localidades, como por exemplo Panna, perto do rio Ganges. A palavra que eles usavam para designar o diamante era em sânscrito: **vayra**, que quer dizer raio. Até hoje a palavra vayra é usada, no hinduísmo e budismo, como diamante (no budismo é símbolo de virtude religiosa). Os hindus também denominavam o diamante **indrayudha**, que significa arma de Indra, deus védico.

Há livros antiqüíssimos que abordam este assunto. O "Arthacastra", de Cānakya Kautilya, legendário chanceler de Candragupta, o Maurya, que floresceu no final do século IV a.C. na Índia, é talvez o mais antigo livro que trata do diamante e contém várias classificações desse mineral. Há também um manuscrito hindu do ano 100 a.C., conhecido como "milinda Pañha" (Questões do rei Melinda), que classifica o diamante como gema.

Como ensina o mestre Sylvio Fróes Abreu (1973):

> *Até 1430, os diamantes não tinham sido introduzidos na Europa, para uso pessoal, porque eram muito raros. Foi no século XV que ocorreram as grandes descobertas de diamantes na Índia, ao longo dos rios Kistna e Godavery, onde foram descobertos o Grão-Mogol, o Koh-I-Noor e o Orloff.*
>
> *As informações sobre os diamantes da Índia chegaram ao mundo ocidental no século XVII através do viajante e colecionador francês Tavernier, que visitou os campos da Índia, em 1665, e divulgou que, nos garimpos de Kollur, trabalhavam de sol a sol mais de sessenta mil pessoas, entre homens, mulheres e crianças. A maior produção vinha do reinado de Golconda, em cuja capital as pedras eram lapidadas. O rei de Golconda escolhia as melhores para o Tesouro e o restante era exportado para a Europa, pelo porto de Goa. Desse fatígio, a produção indiana caiu para cerca de 2000 quilates anuais em nossa época, mas admite-se que ainda haja enormes quantidades de diamantes nas mãos dos potentados hindus.*

> *Karl Ritter, geólogo alemão, classificou as minas na Índia em cinco principais grupos:*
> *I – Grupo CUDDAPAH ao longo do Rio Penner, que deságua no Golfo de Bengala;*
> *II – Grupo NANDYAL que compreende as minas situadas entre os rios Krishna e Penner;*
> *III – Grupo ELURE situado nas nascentes do Rio Krishna, também conhecido por grupo GOLCONDA;*
> *IV – Grupo SAMBALPUR, localizado a noroeste de Godavari no Rio Mahanadi;*
> *V – Grupo PANNA, situado entre os rios Ken e Son, afluentes da margem direita do Rio Ganges, Madhya. Neste grupo faz parte a importante mina de Majhagawan.*

Atualmente:
Os diamantes da Mina Panna ocorrem num "pipe" de lamproítos com olivina, de similar natureza aos das Minas Argyle e Ellendale na Austrália.

A área Wajrakarur de Andhra Pradesh está situada no sul da Índia. O nome Wajrakarur significa "lugarejo do diamante". Os "pipes" kimberlíticos desta área foram na sua maioria descobertos pelos "Geological Survey of Índia" e "National Geophysical Research Institute".

Outra área diamantífera é a de Raipur, que vem sendo explorada pela firma australiana Oropa Limited. Outras companhias que atuam na Índia são a De Beers e a Rio Tinto.

A produção atual de diamantes na Índia é ínfima com relação a outros países e os diamantários daquele país estão trabalhando com gemas de qualidade inferior que lhe são fornecidas pela Austrália.

Continuando a história do diamante:

Acredita-se que Alexandre, o Grande, nas suas conquistas no Oriente, após vencer os persas no ano 333 a.c., tenha chegado até a atual região de Lahore na Índia, de onde teria trazido o diamante juntamente com o produto dos saques e pilhagens das cidades vencidas pela guerra. Há uma famosa lenda do poço onde eram guardados os diamantes, protegidos por serpentes venenosíssimas. Contudo, Alexandre, o astuto general macedônio, com grande habilidade, conseguiu apoderar-se das pedras.

Da Grécia o diamante passou às cortes romanas. Plínio, o Velho (Gaius Plinius Secundus, 23 – 79 d.C.), famoso historiador romano, faz várias referências ao diamante na sua obra "Historia Naturalis".

Vários séculos decorreram até que o diamante fosse difundido em outros países da velha Europa. Os diamantes indianos chegavam a Veneza por duas rotas no Mediterrâneo, a rota do Sul, através de Aden, Etiópia, e Egito e a rota do Norte, através de Arábia, Pérsia, Armênia e Turquia.

Em 1375 foram constatadas referências à existência de polidores de diamantes entre os artesões livres de Nüremberg, Veneza, Paris, Bruges e Antuérpia, também conhecida por Anvers, na Bélgica.

Depois que os portugueses descobriram uma nova rota para a Índia, a cidade de Antuérpia floresceu como centro diamantífero, recebendo grandes suprimentos de diamantes em bruto, de Lisboa e Veneza.

Em 1476, viveu na cidade de "Bruges" o famoso polidor de diamantes Lodewijk van Berckem (também Lodewyk van Berquen), ao qual se atribui a introdução da simetria nas facetas e também o processo de polimento do diamante com o próprio pó. Atribui-se a Berckem a lapidação dos diamantes históricos "Sancy" e " Florentino".

Após os ataques dos espanhóis à Antuérpia em 1585, muitos diamantários fugiram para Amsterdã. Essa cidade holandesa, por sua política liberal, atraiu muitos lapidários judeus que sofriam perseguições na Espanha, Portugal, Alemanha e Polônia.

Os ingleses que tinham aumentado seus interesses na Índia, por volta de 1690, começaram a fazer de Londres um importante centro diamantário.

A importância da Índia na história do diamante iria cair drasticamente, no início do século XVIII, quando foram descobertos diamantes no Brasil.

O diamante no Brasil

Segundo alguns historiadores as primeiras "pedrinhas reluzentes", como eram chamados os diamantes na época, teriam sido encontradas por acaso entre os seixos (cascalho) retirados do Ribeirão do Machado ou do Pinheiro, por Francisco Machado da Silva e sua esposa Violante de Souza, no ano de 1714, no Arraial do Tejuco, hoje cidade de Diamantina, no Estado de Minas Gerais. Os achados dessas "pedrinhas" foram se multiplicando até chegar ao conhecimento de Bernardo da Fonseca Lobo, no governo de D. Lourenço de Almeida. Consta que Bernardo da Fonseca Lobo teria ido, em 1728, a Lisboa levar alguns diamantes a El Rei de Portugal, D. João V. Tão logo a Corte Portuguesa teve notícias da descoberta de diamantes na Comarca do Serro Frio, houve por bem, através da carta Régia de 9 de fevereiro de 1730, dar amplos e ilimitados poderes a D. Lourenço de Almeida para regular e providenciar sobre este novo e importante ramo de rendimentos que logo deveria enriquecer ainda mais a Fazenda Real. D. Lourenço de Almeida, abusando dos poderes ilimitados que lhe foram dados por El Rei, estabeleceu desde logo o imposto de capitação de 5$000 (cinco mil réis) por cada escravo empregado na mineração de diamante.

Conforme Sylvio Fróes Abreu:

> *A exploração do diamante no Brasil foi atividade de grande relevo na época colonial, com exploração monopolizada pela Coroa e fiscalização rigorosa, embora impotente para impedir o contrabando.*
>
> *Na Bahia, a exploração do diamante só começou a partir do meado do século seguinte, com o país já independente: a exploração aí foi sempre livre e praticada sem a primitiva regulamentação opressora.*
>
> *Em Mato Grosso, o diamante já era conhecido desde o último quartel do século XVIII, revelando sua presença na toponímia (Diamantino), mas a exploração ali não se desenvolveu por causa da proibição da Coroa, que enfeixava nas mãos o monopólio e porque havia dificuldade de acesso à região.*
>
> *Na primeira década do século XIX, tomou incremento na parte norte do Estado e depois arrefeceu, com o fatígio da borracha, para ressurgir no centro e sudeste, no princípio deste século (XX), e tomar grande importância nos últimos trinta anos.*
>
> *Outros depósitos de exploração mais recente, como os de Tibaji (PR), Tepequém (RO), Gilbués (PI) e Tocantins (GO, PA), Manuel Alves (GO, MA), têm menor importância do que em Mato Grosso.*
>
> *A mineração do diamante foi sempre praticada pelo sistema de garimpagem, com trabalho manual e parceria entre o financiador e um pequeno grupo de trabalhadores. As tentativas de exploração mecanizada em Mato Grosso e Minas Gerais têm sido até agora tímidas. A única tentativa que parece ter logrado êxito é a da Mineração Tejucana S.A., que se dedica à extração de diamantes do leito do Rio Jequitinhonha, no Estado de Minas Gerais.*

Após as informações dadas acima, que foram redigidas em 1973, haverá a inserção de um artigo do Professor Dr. J. Cassedanne, "Diamonds in Brazil", que alcançou repercussão internacional e que ele gentilmente permitiu que fosse reproduzido neste livro. Para não perder o sabor do texto original, vai ser respeitado e reproduzido o texto em inglês.

DIAMONDS IN BRAZIL

Prof. Dr. J. Cassedanne
(In: The Mineralogical Record – Volume 20 – Number 5 – 1989)

Since their discovery in Minas Gerais, near the town of Diamantina, Brazilian diamonds have been the objects of prospecting, mining, fables and dreams. By the end of the 1700´s Brazil had become the world´s leading producer of diamonds, a position it held until the fabulous South African diamond fields surpassed it in the late nineteenth century.

> *Officially the discovery of diamonds in Brazil is dated at 1727. Gold prospectors had found occasional diamond crystals before that date, perhaps as early as 1670, but had failed*

to recognize their significance or value. The arrival of the first Brazilian diamonds in Europe caused a depression in the market, and gem dealers reacted by attempting to disparage the quality and conceal the source. David Jeffries, a prominent London jeweler, wrote in his **Treatise on Diamonds and Pearls** in 1750 that " it will be impossible to settle the diamonde value in Europe without denouncing the false idea that Brazil is a producer ". The sheer volume of diamonds coming from Brazil soon overwhelmed these efforts, and for many years Brazil reigned as the world´s leading producer. More than a century a mining eventually yielded an astounding 13 million carats or 2 metric tons of diamonds. Of these, 5,5 million carats came from Diamantina, 3,5 million carats from Bahia, and 1,5 million carats from other fields in Minas Gerais; an estimated 2,5 million carats more from these areas are thought to have been stolen and smuggled out of Brazil.

By the end of the 1870´s Brazil´s ranking as diamond producer had fallen to third or fourth place. This was not due, however, to exhaustion of the deposits but to their low grade. Mechanized mining proved unprofitable; the success of earlier mining had been based on the thousands of slaves employed by the Portuguese to carefully rake every foot of soil. The abolition of slavery combined with competition from South Africa resulted in a precipitous drop in production; in 1880 only 5000 carats were officially recorded.

After many ups and downs over the years, Brazil is once again an important producer of diamonds. Thanks to new discoveries and improved recovery methods, the current annual production is around 1 million carats. These come in part from a dredging plant operating on the Jequitinhonha River, but primitive methods are employed as well. Nowadays tens of thousands of people make their living from Brazilian diamonds, directly or indirectly, most of them private prospectors known as "garimpeiros" who are thought to number more than 30.000. The mystique or precious gems and the chance at sudden wealth cause them to labor obstinately under the most unpromising conditions.

The garimpeiros comprise a strange and generally unknown society in Brazil. There are no governmental restrictions on private prospecting; one needs only to register with the authorities and obtain a permit. Any resulting discoveries are tax-free, provided the work is done alone and without mechanized equipment. Some garimpeiros do take partners and utilize pumps and other simple machinery, but the government is inclined to look the other way. The garimpeiros provide a valuable service by systematically prospecting the country free-of-charge; when discoveries are made they do not remain secret for long.

Those garimpeiros who find it too difficult to support themselves will sometimes take on a " silent partner" or backer who provides a grubstake, The prospectors live in simple shanties near the location being worked. Landowners, if any, may also take a share of any discoveries just as the backers do. By common agreement, whatever is found is immediately sold and the funds are divided up.

The generally low grade of Brazilian deposits combined, paradoxically, with the occurrence of very large stones discovered occasionally contributes to the garimpeiro´s unusual, hopeful but fatalistic outlook. Everything is considered a matter of luck.

ORIGIN OF THE DEPOSITS

Brazil occupies half of the South American continent and has a surface area equal to the whole of Europe. The basement rocks consist of very old formations of complex geological evolution which have remained more or less undisturbed since the end of the Precambrian. Subsiding basin areas gradually filled with an uninterrupted sequence of sediments until the Cretaceous period, prior to the splitting apart of Africa from South America. Sediments totaling thousands of meters in thickness accumulated in some areas, along with thick basalt layers. The erosion of the Andean Cordillera following its formation during the Cretaceous Period filled in the Amazon Basin, while other basins where deposition had ceased began to suffer erosion.

Diamonds are carried up from the earth´s mantle by a unique, relatively cold volcanic process. Rocks heavily charged with carbon dioxide under extreme pressure explode into a highly mobile, non-molten slurry of breccia when weaknesses in the crust cause a sudden drop in pressure. This material intrudes rapidly upward, forming pipe deposits of a solidified rock known as kimberlite.

The existence of kimberlites in Brazil was denied for many years. Diamonds were thought to have been transported from the weathering of African diamond pipes before the continents separated, or perhaps to have been formed in pegmatites or quartz veins. But recent prospecting in the states of Minas Gerais, Goiás, Mato Grosso and Piauí have revealed hundreds of kimberlite outcrops. Unfortunately, none have proven to contain economic quantities of diamonds, and so none have been commercially mined.

Kimberlite weathers easily, releasing the tougher components such as diamond, pyrope, magnesium-rich ilmenite, zircon, etc. Local accumulations of diamond-rich soil (eluvium) may result. More commonly the loose debris is carried away by running water, sometimes being deposited nearby on the slopes of the kimberlite bodies (colluvium), but for the most part being transported some distance by streams before being deposited (as alluvium) along with weathering products from other rock types in the area.

Continued erosion and reworking which took place over the course of several geologic periods have resulted in the current distribution of diamonds. Throughout these cycles, accessory minerals originally associated with diamond in kimberlite dwindle away, to be replaced by minerals derived from other rocks. As the base levels of rivers fluctuate with time, older terraces may be stranded at higher levels or buried under more recent sediments. Erosion of pre-existing alluvial material carries the diamonds ever farther from their original source, often resulting in the deposition of "white gravels" which consist almost entirely of quartz. Some deposits have little relationship to the local hydrographic patters.

Alluvium may become consolidated into conglomerates and other sedimentary rock types, the most well known of which crop out on the high plains in the states of Bahia and Minas Gerais. These are middle-Precambrian in age, but other from the Triângulo Mineiro, in western Minas Gerais, are Cretaceous.

Two main periods of kimberlite intrusion have been identified: one of Precambrian age (pipes are generally overlain by Upper Precambrian Bambuí Group sedimentary rocks in the Rio São Francisco Valley), and one of Cretaceous age. Weathering of the Cretaceous kimberlites has given rise to many diamond fields in Piauí, Mato Grosso, Goiás and western Minas Gerais. It is currently thought that many Brazilian diamonds are of Precambrian age, though they may have been reworked during Paleozoic, Cretaceous and Recent times.

CLASSIFICATION OF DEPOSITS

Brazilian diamond deposits may be divided as follows:

(1) Eluvial deposits (known among miners as "gorgulho"). These are horizontal beds of sharp or poorly rounded sedimentary material in a brown to reddish or yellowish clay matrix. They extend over diamond-bearing conglomerates (called "tauá") and other mineralized rocks.

(2) Colluvial deposits ("grupiaras") and high terraces ("monchões"). These are located below the eluvial deposits on slopes.

(3) Alluvial deposits ("brejos"). Here diamonds occur mixed with clay, silt and quartz gravel, and pebbles in layered deposits. Local accumulations tend to be young in age, as indicated by the occasional inclusions of prehistoric axe heads and arrowheads in western Minas Gerais. Alluvial fields are presently the main source of Brazilian diamonds.

Alluvial deposits can be sub-divided according to stratigraphic position. The lowest materials lie directly on bedrock; the overlying units are generally gravels; and the uppermost layers may be termed overburden.

(a) Bedrock alluvial deposits ("Pissara", "sebo"). The bedrock on which these deposits rest may be unaltered of weathered, homogeneous or varied, sometimes furrowed or pocked with pot-holes. The surface is generally even or undulating. The irregularities in the bed rock surface act as traps for diamonds (just as they do for placer gold in other areas of the world). Scattered concentrations can develop, for example, a thousand carats of diamond were removed from a single large pot-hole in Diamantina a few years ago. Miners are careful to clean out the rugged bedrock surface thoroughly.

(b) Gravel (Cascalho). The principal ores are gravels of varying grains size and composition, deposited over bedrock to a thickness of a few decimeters to a few meters. The gravel layers tend to conform to the bedrock surface but may be discontinuous in places. Quartz is the main mineral, with various associated accessory minerals which may include tourmaline, kyanite, rutile, anatase, limonitized pyrite, sillimanite, lazulite, chert, etc. These are referred to as "satellite" minerals by garimpeiros throughout Brazil, although they have no genetic *relationship to diamond and may vary from one region to another. The accessory minerals are well known to the garimpeiros by evocative miners'terms such as horse bone (sillimanite), rice straw (kyanite), black beans (tourmaline), aniline stone (lazulite), etc, Pebbles and small boulders occur irregularly. In some areas clay or sand lenses are interbedded with gravel; in other deposits the gravel fills in between quartzite boulders (as in the Lençóis area of central Bahia).*

Layers that have been hardened by intestitial deposits of iron oxides or chalcedony (frosty gravel) attest to ancient groundwater levels.

(c) <u>Overburden.</u> Deposits overlying the ore gravels can be even thicker. This overburden is typically composed of silt and clay with stripped away before mining of the gravel layer can take place. Black clay (with a high content of organic matter) and peat layers are irregularly interbedded, including occacional carbonized tree trunks. In some places thin beds indicate periods of renewed strong erosion.

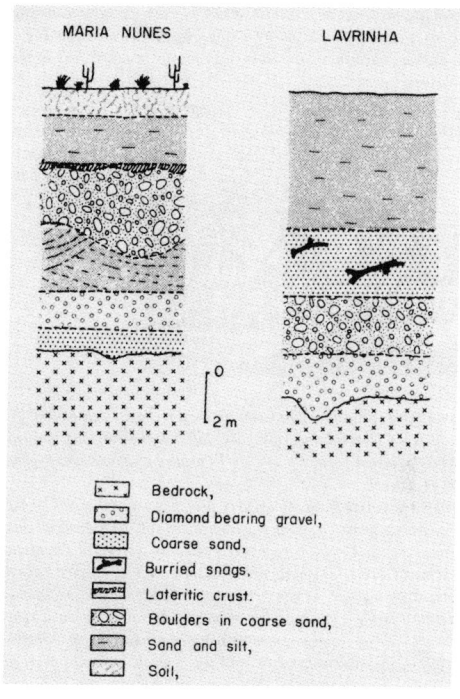

*Figure 1 – Cross sections of alluvial diamond-
bearing deposits in the Jequitinhonha River.*

PROSPECTING

Productive gravel beds are almost always deeply buried under later deposits, and tend to crop out only along the margins of eroding terraces. How, then, do the garimpeiros locate these diamondiferous beds? There is no rational approach; dreams, intuition, fables, rumors and the memories of other prospectors are their guides. Some accessory minerals are considered to be positive indicators. The garimpeiros explore using haphazard prospect pits, sometimes keying on irregularities in the local geomorphology. The alluvial fields that have been worked to one extent or another in the past often cover extensive areas of land; consequently most new prospecting is carried out in the neighborhood of older workings, or in areas thought to have been poorly worked.

DIAMOND RECOVERY

After the overburden has been stripped away the diamond-bearing gravels are removed and taken to concentrating areas. Transportation is by wooden troughs, baskets and wheelbarrows; there are no trucks in these remote areas, and bulldozers or dredges are used only rarely. Despite these primitive techniques, excavations more than 10 square kilometers have been locally cleared for diamond mining.

Where the overburden is too thick to be removed, diggers reach the gravel layers via pits or vertical-face quarrying. Hydraulicking is also employed in some areas. Where river beds are promising, water-courses are diverted and primitive dams are constructed. If this is impractical a group of miners may pool their resources and purchase a wetsuit and diving gear which they will take turns using.

The ore grade is always low, ranging from 1 carat per cubic meter down to a hundredth carat or less. The gravels are carefully washed and sieved, with the final recovery of diamonds accomplished by hand-picking. In western Minas Gerais we have estimated that 0,6 to 0,8 cubic meters of gravel can be processed by a single garimpeiro in one day. Placer gold exists in many of these gravels but processing does not recover it unless it is in the form of nuggets, the gold dist is washed away.

Figure 2 – Early engraving depicting Brazilian slaves washing for diamonds under the watch-ful eye of the overseers.

The only mechanized operation of any significance is the dredging plant in the Jequitinhonha River downstream from Diamantina. Roughly 450.000 metric tons of gravel are processed each month, with an average recovery of only 1 carat of diamond and 1 gram of gold for each 100 cubic meters of gravel.

The gem percentage varies from region to region, but generally 20% to 40% of the diamonds found are sold for use as gemstones and the others are sold as industrial diamond. Carbonado is common in some areas. Crystals recovered vary in size within statistically well defined limits. Western Minas Gerais is famous for crystals weighing hundred of carats.

It is easy to visit almost any of the prospects, and the warm welcome of the garimpeiros helps to compensate for the long dusty or muddy dirt trails one must travel to reach them. Generally only diamonds in conglomerate matrix are for sale as specimens, and these should be checked carefully with solvent to be certain the crystals have not been artfully glued on.

MORPHOLOGY AND COLOR

The crystal habit of Brazilian diamonds is by no means constant, varying in stones from different districts. Moreover, crystals from different localities are not equally regular in form; those from the Sincorá region (State of Bahia), for example, are more distorted and misshapen than stones from Minas Gerais or the Salobro district.

Generally speaking the main forms for all localities are: the rhombic dodecahedron and lthe hexoctahedron (both having rounded faces and often deviating considerably from the ideal form), sometimes associated with the tetraxahedron (Rio das Garças, Alto Araguaia district, for instance; Freise, 1930). The octahedron, frequently predominant, is also commonly distorted, sometimes appearing in the form of triangular plates (Vargem Bonita, Alto São Francisco, Rio Abaeté, Triângulo Mineiro, border area of Minas Gerais - São Paulo, Gilbués, Piauí, etc.; Oliveira et al., 1984). The predominance of cubic faces is especially characteristic of Brazilian stones. The tetrahedron and other hemihedral forms, especially the hextetrahedron, are found *only rarely; twinned rhombic dodecahedrons occur frequently; twinned octahedral are, on the other hand, rare. Irregular intergrowths of diamond crystals are frequently found. Svisero et al. (1978) report the following distribution of diamond cristal forms from the Romaria mine (formerly Água Suja, MinasGerais):*

Rhombic dodecahedron .... 30,2 %
Irregular forms
(between octahedron and Rhombic dodecahedron) .... 26,0 %
Cube .... 17,0 %
Polycrystalline aggregates .... 13,9 %
Octahedron .... 7,8 %
Twins .... 4,8 %
Others .... 0,3 %

In the same way, Leite (1972) reports from the Triângulo Mineiro (western Minas Gerais) the following forms:

	Octahedron —————————— 35 %	
Simple ————— 45 %	*Cube* ———————————— 2 %	
	Rhombic dodecahedron———————— 63 %	
	Transitional = curved	
	Faces associated to [111]———— 78 %	
Combined ———— 10 %	*Combination = [111],*	
	And [1000]——————————— 22 %	
Irregular———— 12 %		
	Platy ———————————— 33 %	
	Crossed cubes ——————————— 4 %	
Twinned———— 33 %	*Irregular*——————————— 58 %	
	Multiple 5	

The surface of rough diamond is either smooth and shining or rough, striated and dull. Rough stones are usually opaque or translucent, however, in some cases they are completely transparent. In the latter case they show a fine play of prismatic colors which is usually only apparent after cutting.

A wider range of crystal forms, many of them no doubt rare, including dodecahedrons and tetrahexahedrons, have been figured by Fersman and Goldschmidt (1911).

Two years ago at auction the record for the world´s most valuable mineral was set, in fact probably the world´s most valuable natural unrefined substance (by weight) of any kind. A small, red Brazilian diamond was sold for $880,000; since it weighs a little less than a carat, this figures out to about $926,000 per carat (or $2.1 billion per pound).

The red diamond and two other smaller stones of similar color were purchased by a Montana collector in the 1950´s from a Brazilian cutter who had obtained the rough at various unspecified Brazilian mines. The red color is thought to be the result of structural deformation of the crystal. Closely spaced planar zones of red and pink color are visible in the diamond under magnifiction (Kane, 1987).

DIAMOND-BEARING AREAS
Diamantina, Minas Gerais

Diamond recovery in the Diamantina region dates back to Brazil´s colonial era. Mining camps sprang up, and many still remain today: Diamantina, Gouveia, Datas, Couto Magalhães, Mandenha and other. The discovery of diamonds had an important influence on Brazilian history during the Colonial era, due to the economic importance diamonds had for the Portuguese government, combined with the wealth of gold being produced in central Minas Gerais, and the sugar cane being grown on the eastern and northeastern coast.

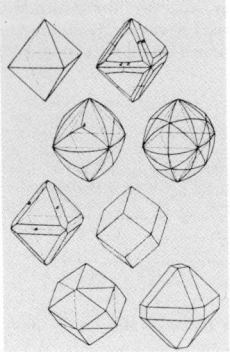

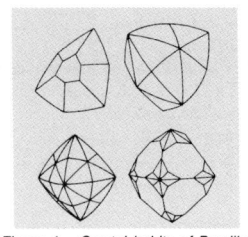

Figure 3 – Crystal habits of Brazilian diamonds (Mawe, 1812).

Figure 4 – Crystal habits of Brazilian diamonds (various authors, from Goldschmidt, 1916).

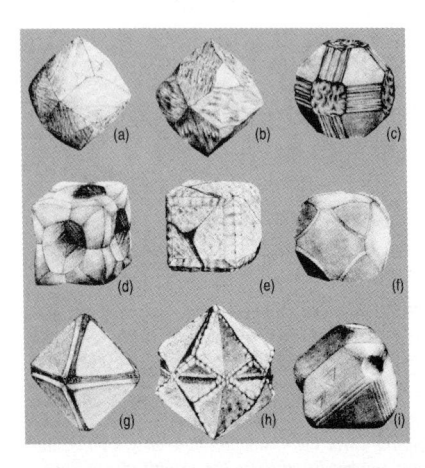

Figure 5 – Brazilian diamonds illustrated by Fersmann and Goldschmidt (1911).
(Note: 200mg = 1 carat.)
(a) Dodecahedron or hexoctahedron; 70mg; from Bahia; rtansparent yellow-brown; V. Goldschmidt collection.
(b) Dodecahedron-octahedron combination; 110mg; from Diamantina; colorless and transparent; Vienna Natural History Museum collection.
(c) Octaedroon-cube-dodecahedron combination; 12 mg; from Bahia; transparent brown with a tinge of violet; V. Goldschmidt collection.
(d) Complex, hexoctahedral crystal with concave faces; 30mg; colorless and waterclear; Vienna Natural History Museum collection.
(e) Cube-tetrahexahedron combination; 120mg; from Bahia; pearl-gray and transparent along the edges; V. Goldschmidt collection.
(g) Octahedral penetration twin; 5 mg; from Bahia; colorless and waterclear; V. Gold-schmidt collection.
(h) Cubic penetration twin; 35 mg; from Bahia; cloudy, colorless; V. Goldschmidt collection.
(i) Octahedron (modified by cube and dodecahedron), spinel-law contact twin; 10 mg; colorless and transparent, greenish on the surface;
G. Selligmann collection.

The Diamantina field covers about 10.000 square kilometers, incorporating parts of the Jequitinhonha and São Francisco River basins. Diamonds are found in conglomerates of the Sopa Formation and to a lesser extent in the overlying pelitic and quartzitic sequences, all belonging to the Espinhaço Supergroup (Proterozoic in age). Diamonds are also found in eluvial and alluvial deposits derived from the erosion of these formations.

The first reference to diamonds in the area dates back to 1714, but until 1728 diamond mining was carried out clandestinely. In that year Bernardino da Fonseca Lobo, a Portuguese mine owner (gold mines), discovered diamonds in the Córregos (Creeks) Caeté-Mirim and Morrinhos near the small town of Tijuco (later to be renamed Diamantina). The news of his discovery sparked a rush of 1500 garimpeiros into the area.

By 1729 the magnitude of diamond production forced the Minas Gerais governor to report what was happening to the King of Portugal.

Consequently the King prohibited free exploitation in 1731, and established a tax on mining operations based on the number of workers employed in each concession. By 1732 mining had grown to employ 18.000 workers, marking the beginning of opulent prosperity for the region. Smuggling grew rapidly as well, due to the difficulty in controlling the flow of garimpeiros. The Crown levied a heavy tribute requirement, causing an increase in clandestine mining operations and diamond smuggling. The tribute was rescinded, but the former taz was increased eight-fold and later doubled again.

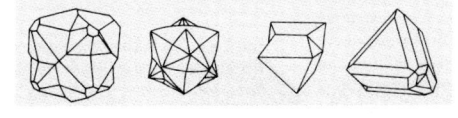

Figure 6 – Crystal habits of twinned Brazilian diamonds (various authors, from Goldschmidt, 1916).

Figure 7 – Location map.

Figure 8 – Diamond mining ca. 1900 in the bed of the Jequitinhonha River near Diamantina. The river has been diverted through a flume, laying bare the rochy river bed.

105

New prospecting and new discoveries led to the formation of the " Intendência dos Diamantes" (Diamond Management), which governed a well defined region surrounding Diamantina. These were difficult times, marked by many arrests, persecutions and smuggling.

In 1739 the King tried a different approach. He issued an ordinance establishing a Royal Monopoly on diamond mining, replacing the Diamond Management. Four-year concession contracts were auctioned off, which permitted the use of up to 6.000 slaves and gave broad powers for the suppression of clandestine mining and smugglings. These contracts were overseen by a government magistrate, a superintendent, and the Governor General of Minas Gerais, together with the King´s own Inspector General from Portugal.

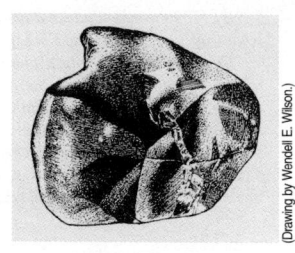

(Drawing by Wendell E. Wilson.)

Figure 9 – The Independência diamond, 106,82 carats, found in 1941 on the Tijuco River, Minas Gerais, Present location unknown.

The first contract was purchased by João Fernandes de Oliveira; it covered an extensive area. He brought in many slaves, bribed the supervising officials, and launched a campaign of predatory mining rife with corruption. He even purchased black-market diamonds found on his own concession, thus encouraging clandestine operations. Ten years later, in 1749, the King finally annulled the contract and sold it to a new operator, Felisberto Caldeira Brandt. but four years later Oliveira had regained the contract and continued his operations until 1771.

The contract system was abolished in 1771 and a number of Draconian measures were instituted as part of the new Royal Extraction regime. All slaves had to be registered, all traders and couriers had to be registered, transit permits good for only 44 to 72 hours were needed to enter the field, and severe punishment (deportation to Angola) was given to clandestine miners and smugglers. A Royal Management was instituted, with Directors in Lisboa controlling the sale of all diamonds.

Profits and losses alternated during this period and smuggling decreased, but the larger and better diamonds were always sold illegally, frequently by the managers themselves. Many large stones ultimately became part of Portugal´s Crown Jewels.

When Brazil gained its independence from Portugal in 1832 the Royal Extraction systems was repealed in favor of the Free Extraction regime for Brazilians. The only exception was the Jequitinhonha River valley, which did not come under this regime until 1845. Brazilian diamond mining prospered under this regime until the South African diamond fields began to offer serious competition around 1870. The law forbidding diamond mining by foreigners was repealed, and an influx of new funds came in from investors abroad; the first major diamond mining company was founded in 1897. Many of the foreign-run enterprises proved to be fraudulent operations designed to swindle investors, and many went bankrupt in a short time.

During the first half of the twentieth century marginal mining took place by garimpeiros and small, short-lived mining companies. Around 1962 a small diamond depostit was found at Grão Mogol, an area first discovered in 1827. Today, in addition to minor activities by garim- peiros, hydraulic mining is under way at São João da Chapada, and also the dredging operation on the Jequitinhonha River.

Chapada Diamantina, Bahia

Diamond mining areas in the state of Bahia are located mainly on the Chapada (high plain) Diamantina, west-southwest from Salvador in the central part of the state. The Itapecuru and Camaçari fields yield only a very small production. Diamonds (including carbonado) are found in the Morro do Chapéu conglomerate, middle Proterozoic in age. They are worked by primitive methods in the thin eluvium, in conglomerate outcrops, in bedrock surface traps, and also in alluvial deposits.

Following the revocation of the government monopoly, a rumor spread in 1839 that someone had discovered diamonds in Tamandua, 11 leagues from Gentio do Ouro, and had called in people to help him. The Santo Inácio diamond field was discovered in 1841 by Alferes José Pereira de Matos, a Portuguese national from Diamantina. Shortly after this, the Chapada

Velha diamond deposit was discovered in the Serra da Sincorá, in the Mucugê River in 1844, that overshadowed all the rest.

According to one story, the Mucugê River deposit was discovered by a modest trader named José Pereira do Prado while purchasing flour at small farms near Santa Isabel. He noticed gravels that appeared to be identical to those which yielded diamonds at Gentio do Ouro. After calling in friends to help, he found the first diamond himself while in the company of his godson, Cristiano Nascimento. The discovery remained a secret until one of his companion was arrested

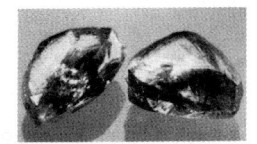

Figura 11
Diamond crystals to 4mm, from workings on the Rio Jequitinhonha. Jack Lowell specimens.

Figure 10
Lavra Gil Bertrão, 8 km southwest of Diamantina. Jack Lowell photo.

in Chapada Velha while attempting to sell some of the diamonds. The authorities believed he must have murdered a diamond dealer in order to come into possession of so many stones, and he was compelled to disclose the origin of the diamonds in order to be released. A diamond rush toward Serra do Sincorá followed immediately. Garimpeiros swarmed into nearby Andaraí, Palmeiras and Lençóis, and more than 30.000 of them pitched tents on the banks of the Mucugê River. Most of the recovery work was done by diving. Some pot-holes gained fame,such as Poço Rico ("rich pot-hole"), which was renamed the Death Pot-hole after six workers were killed there in a brawl. Diamonds recovered were frequently of large size, in hues of pink, green and blue.

Prior to 1871, carbonado had no commercial value. But its price increased greatly with the arrival of the French trader A. Chibaribera, who sought it out. Annual production quickly rose to 60,000 carats and helped the Bahia mines to survive South Africa competition, unlike others fields in Brazil. A French Vice-Consulate was established in Lençóis, and French was spoken in the bush region. Brazilian traders traveled to Europe to sell diamonds and returned bringing culture and European fashions to the arid high plains. The largest carbonado ever recorded was found at Brejo da Lama sometime between 1895 and 1905; it weighed over 3000 carats (about 1 1/3, pounds). Another, called the Casco de Barrim weighed over 2000 carats.

Production decreased in the first decades of the twentieth century. In Moreno, in the Paraguassu Valley, for example, yield in the late 1920´s dropped to 1 carat of carbonado for every 28 cubic meters of gravel. The world depression finally put an end to diamond mining there, and the region regressed into its old slow-moving pastoral life with only memories of its past splendor.

Diamonds in the Salobro River were discovered by a woodman in 1822, but were mined on only a small scale. By 1883 about a thousand garimpeiros were working a newly discovered area about 12 km from Rio Prado; the region today is abandoned.

Triângulo Mineiro, Minas gerais

The Triângulo Mineiro (The Miner´s Triangle) extends over part of the Parnaíba, Grande and the São Francisco river basins in the far west of the state of Minas Gerais, between the states of Goiás in the north and São Paulo in the south. The gems were discovered in 1728 by diggers who emigrated from Diamantina area and who had penetrated into the Abaeté forest in spite of the Royal prohibition. The diamond called "Regente de Portugal" was the first large diamond found in 1732 (or 1735) and weighed 215 carats. More than 1000 clandestine garimpeiros were working in the Abaeté Valley in the 1790´s, while the western area nearby was subject to intense exploration. Free exploration began in 1842, and the "Estrela do Sul" (Star of the South) diamond of 261,81 carats was found in the nearby Bagagem River. It was a

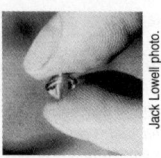

Jack Lowell photo.

Drawing by Wendell E. Wilson.

Drawing by Wendell E. Wilson.

Figure 12
A 2-carat diamond crystal from Lavra Milton Queiroz on the Jequitinhonha River.

Figure13
The Presidente Dutra diamond, 409carats, found along the Dourado River in the Coromandel district of Minas Gerais in 1949.

Figure 14
The Mato Grosso diamond, 227 carats, found in Mato Grosso state. Its color is said to be an indefiniable brown-rose-violet, showing no inclusions under 5x magnification. Disposition unknown.

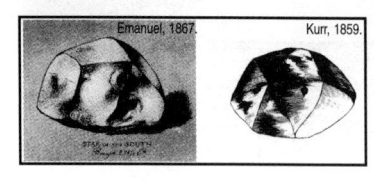

Emanuel, 1867.   Kurr, 1859.

Figure 15
Two views of the Star of the South diamond, 261.88 carats, found in the Bagagem River, Minas Gerais, in 1853. It measured 2.7x 3 x 4 cm, and had a somewhat dull luster. The owners exhibited the uncut stone at the Paris Industrial Exhibition of 1855.

perfect rhombododecahedron. After a very active period, mining began to decline around 1860 and by 1870 was totally abandoned. A small mining company established in the 1900´s only operated for 2 or 3 years. Since the first decade of the twentieth century, garimpeiro activity has been irregular, with rushes alternating with almost completely dead periods. During this time, many large diamonds weighing over 100 carats were unearthed (see Table 1), particularly the "Presidente Vargas" diamond weighing 726,6 carats. It was reported that, in 1937, 3000 garimpeiros were working in the Triângulo Mineiro. Nowadays, small mines of which a few are mechanized are in operation (with an approximate ore grade of 0,1 carat per cubic meter). The Água Suja mine uses hydraulicking on a large scale.

Diamonds were discovered in 1937 in the Vargem Bonita area in the proximity of Serra da Canastra, near the sources of the São Francisco River. Three thousand garimpeiros worked in the Fazenda São Bento area, before deserting it in 1942. Around 1967 some research was carried out there but today only small mechanized "garimpos" are active.

The first kimberlite was discovered in 1969 in Vargem Bonita. Many others were subsequently recognized, mainly in the municipality of Coromandel.

Mato Grosso

Prospecting in Mato Grosso during the Colonial period was very light because of the Royal prohibition, as well as the great difficulties of access.After getting off to a good start in the beginning of the nineteenth century, diamond mining there lost its initial momentum due to the search for rubber and came to a complete standstill in the northern part of the state. It picked up again in the early twentieth century , mainly in the southern and central parts of the state where it continues to the present day.

The state of Mato Grosso in the seventeenth century was mainly inhabited by gold prospectors and slavers; diamonds at that time were a byproduct. Cuiabá, the capital, was founded on April 8, 1719, by explorers ("bandeirantes") after defeating the Coxipone Indians who wore gold. The town, formerly known as Vila Real do Bom jesus de Cuiabá, exported up to 6 metric tons of gold between 1722 and 1726. Later, dredging which operated in 1905 – 1907 produced 436 carats of diamonds and 58,4 kg of gold, supporting the theory that diamonds were always a byproduct.

The main historical diamond fields in Mato grosso are as follows:

Diamantino

A diamond field is located near the town of Diamantino, north-northwest of Cuiabá, on the slope of the Parecis high plain; it is there that the first diamonds in Mato Grosso were found. The discovery was made by gold diggers prospecting for new gold occurrences in the Cuiabá area. Gold was found in the Ribeirão do Ouro (Gold Creek) where a hamlet named Paraguai was established in 1728. This hamlet later became the town of Diamantino. Shortly after the

108

discovery of gold, it was observed that diamonds were always associated with this precious metal. This led to the expulsion of the garimpeiros because of the Royal Monopoly regime. New gold discoveries occurred in 1746 in Córrego Grande (the hamlet of Nossa Senhora do Porto), then in the Santana and São Francisco rivers in the years 1747 and 1749. Additional mining was forbidden in obedience to the Royal orders. The result was the appearance of many clandestine workings. After long and tedious complaints, requests and petitions made to the Portuguese Crown, gold mining was authorized in the Paraguai River and its tributaries, such as the São Francisco River, but diamond mining remained forbidden. A period of excitement and wealth followed but was short-lived, ending in 1847 with the decline in gold production. In the year of 1852 the Mato Grosso Mining Society, its modern engines notwithstanding, went bankrupt. The Diamantino prospect was abandoned as a consequence of the discovery of the "Gatinho garimpo", presently known as Alto Paraguai on the margin of the Paraguai River.

Alto Paraguai

After the ban was lifted on gold mining near Diamantino, prospecting all over the area was intensified leading to the discovery of the Santa Rita-São Pedro (1820) and Rios Brumado-Pari (1821) diamonds fields. In 1826 an epidemic depleted the garimpeiro population and was followed by the escape of slaves; the prospect became virtually abandoned until 1940 when some tradesman began to set up shop in the area, resulting in a revival of diamond mining that continues to the present day.

Arenópolis

Diamonds were probably found at Arenópolis long ago by gold diggers who were looking for a route to the state of Pará along the Amazon River tributaries. Diamonds were rediscovered around 1940 in the Areia River by garimpeiros who came from Alto Paraguai.

Nortelândia

This small diamond field between Arenópolis and Alto Paraguai was found in the beginning of the nineteenth century but was quickly abandoned and forgotten. It was rediscovered in 1937 when farmers settled in the area. The Santana mine gave birth to the town called Nortelância. Recently, in the neighborhood, Promisa S.A, evaluated 1000,000,000 cubic meters of diamond gravel with an average grade of 0,4 c/m3 and a 1.5-meter thickness.

Poxoréu

This town lies 204 km from Cuiabá on the slope of the Planalto dos Guimarães. Around 1924 an old digger named João Arenas, who was friendly with the Bororo Indians, discovered the São Pedro, São Paulo and Pomba River diamond occurrences. Important regional development was accomplished to carry on with mining in the area. Today Poxoréu is an important diamond center, with many small suction dredges.

In the neighborhood, the diamonds from the Chapada dos Guimarães derive from conglomerates of the Cretaceous period. This area was worked mainly in the beginning of the century.

Pará

In 1937 diamonds were discovered in the lower Tocantins River at Itupiranga. Alluvials from the region located between the confluence of the Araguaias and Tocantins rivers and Tucurui, are currently showing a noticeable production, mainly by diggers equipped with diving suits.

Piauí

Production began in Piauí in 1946 near Gilbués. The diamonds found there are generally small, and the actual production is insignificant. But several kimberlites were discovered in the area.

Roraima

The first diamond from Roraima was found near the Maú River in 1912, and was followed by discoveries at Serra do Tijuco (east of Boa Vista) in 1917, the Tacutu River (near the source of Rio Caranguejo) in 1925, Igarapé Suape (near the Venezuela frontier) in 1930 and Tepequém in 1937. For a few years this latter occurrence was the biggest Brazilian producer: 400,000 to

900,000 carats between 1943 and 1965. But it declined from 1965 onward. However at the end of the 1970's production increased again.

São Paulo
Diamond occurrences in São Paulo were found near Franca and São José do Rio Pardo (in the basins of the Canoas, Santa Barbara and São Pedro rivers, all tributaries of the Rio Grande). Present workings are insignificant, notwithstanding several 20 to 70 carat gems found in the past. Franca is a relatively important gemcutting center.

Paraná
Tibagi River basin is the southern-most diamond field in South America. Diamonds were discovered there around 1836 in a high terrace. Prospecting began in 1878. In 1935, 5000 diggers were working when a diamond weighing 100 carats was unearthed. Presently the diamond prospects are abandoned. The gems from this area derive from Devonian sandstone of the Furnas Group and from the Itararé conglomerate, Carboniferous in age.

TABLE 1 – SOME MAJOR DIAMONDS FOUND IN BRAZIL

NAME	LOCALITY	YEAR	WEIGHT UNCUT CARATS
Presidente Vargas	Santo Antônio River, M.G.	1938	726,60
Goyaz	Verussuni River, M.G.	1906	600,00
Darcy Vargas	Coromandel district, M.G.	1939	460,00
Presidente Dutra	Coromandel district, M.G.	1949	409,00
Coromandel IV	Coromandel district, M.G.	1940	400,65
Diário de Minas Gerais	Santo Antônio River, M.G.	1941	375,10
Vitória	Abaeté River, Tiros, M.G.	1945	375,00
Tiros I	Abaeté River, Tiros, M.G.	1938	354,00
Bahia Black	Bahia	1851	350,00
Vitória	Abaeté River, Tiros, M.G.	1943	328,34
Patos	São Bento River, M.G.	1937	324,00
Star of the South	Bagagem River, M.G.	1853	261,88
Cruzeiro	Coromandel district, M.G.	1942	261,00
Carmo do Paranaíba	Bebedouro River, M.G.	1937	245,00
Abaeté	Abaeté River, M.G.	1926	227,00
Mato Grosso	Mato Grosso	1963	227,00
Coromandel III	Coromandel district, M.G.	1936	226,00
Regent of Portugal	Abaeté River,Tiros, M.G.	1732	215,00
Joaõ Neto de Campos	Paranaiba River, M.G.	1947	201,00
Tiros II	Abaeté River, Tiros, M.G.	1936	198,00
Tiros III	Abaeté River, Tiros, M.G.	1936	182,00
Coromandel I	Coromandel district, M.G.	1934	180,00
Star of Minas	Bagagem River, M.G.	1910	179,30
Brasilia	Abadias dos Dourados, M.G.	1944	176,20
Juscelino Kubitschek	Estrela do Sul, M.G.	1954	174,50
Tiros IV	Abaeté River, Tiros, M.G.	1938	172,90
Minas Gerais	Antônio Bonito creek, M.G.	1937	172,50
Acaete	Brazil	1791	161,50
Coromandel II	Coromandel district, M.G.	1945	141,00
New Star of the South	Abaeté River, Goiás	1937	140,00
Dresden Branco	Estrela do Sul, M.G.	1857	120,58
Southern Cross	Abaeté River, Tiros, M.G.	1929	118,00
Jalmeida	Bandeira River, Goiás	1942	109,50
Benedito Valadares	Córrego Coro, Estrela do Sul, M.G.	1940	108,00
Independência	Intuiutuba, Tijuco River, M.G.	1941	106,82
Abadia dos Dourados	Abadias dos Dourados River, M.G.	1940's	104,00

ACKNOWLEDGEMENT

Thanks are due to Ellen R. Botler who kindly revised the English manuscript.

SOURCES

ABREU, S. F. (1973) Recursos Minerais do Brasil. Volume1. Blucher-INT, São Paulo, 324 p.

BARBOSA, (1982) Diamante: Ocorrências, Prospecção e Lavra no Brasil. CPRM / DAP, Rio de Janeiro, 68 p. (unpublished).

BARDET, M. G. (1977) Géologie du Diamant. Tome III: gisements d'Asie, d'Amerique, d"Europe et d' Australasie. Memoir B.R.G.M., 83, 169p.

CATTELLE,W. R. (1911) The Diamond. John Lane, New York, p.177-205.

COPELAND, L.L. (1974) Diamonds... Famous, Notable and Unique. Gemological Institute of America, 204 p.

EMANUEL, H. (1867) Diamonds and Precious Stones. John Camden Hotten, London, pl. opp. P.72

FERSMAN, A. , and GOLDSCHMIDT, V. (1911) Der Diamant. Carl Winters, Heidelberg, 2 vols.

FRANCO, R.R. (1981) As principais áreas diamantíferas do Brasil. Min & Met., 39 (362), 46-54.

FREISE, W.F. (1930) The diamond deposits on the Upper Araguaya River, Brazil. Economic Geology, 25 (2), 201 – 207.

GOLDSCHMIDT, V. (1916) Atlas der Krystallformen. Carl Winters Universitätsbuchhandlung, Heidelberg.

JEFFRIES, D. (1750) Treatise on Diamonds and Pearls. London.

KANE, R. E. (1987) Three notable fancy-color diamonds. Gems & Gemology, 23, 90-95.

KURR, J. G. (1859) The Mineral Kingdom. Edmonston and Douglas. Edinburg; plate I, figure 5.

LAUNAY, L. de (1913) Gîtes Minéraux et Metallifères. Tome I. Beranger, Paris, 858 p.

LEITE, C.R. (1972) Mineralogia e cristalografia do diamante do Triângulo Mineiro. Boletim IG / USP, n° 3, Agosto, 101 –160.

LIMA, H. (1943) História do diamante no Brasil. Obs. Ec. & Fin.; Rio de Janeiro, 8 (94), 19-31.

LIMA, A., Jr. (1945) História do Diamante nas Minas Gerais. Dois Mundos Ed., Rio de Janeiro, 240 p.

LEGRAND, J. (1979) Lê Diamant, Mythe, Magie, Réalité. Flam-Marion, Paris, 287 p.

LEONARDOS, O. H. (1937) Diamante e carbonado na Bahia. Gemologia, Sã Paulo, 4 (14), 1 -20.

MAWE, J. (1812) Travels in the Interior of Brazil. Longman, London, 366 p.

OLIVEIRA, J. F., MEDEIROS, F.M. de, and MESQUITA, I. R. (1984) Prospecção e garimpa-gem em aluviões diamantíferos na região de Gilbués e Monte Alegre, Piauí. Anais XXXIII Congresso Brás. Geol., Rio de Janeiro, 8, 3896 – 3906.

OPPENHEIM, V. (1936) Sedimentos Diamantíferos do Paraná. DNPM-DFPM, Avulso n°5, Rio de Janeiro, 36 p.

SALES, H. (1955) Garimpos da Bahia. Doc. Vida Rural n° 7, Ser. Inf. Agr., Min. Agr., Rio de Janeiro, 36 p.

SVIZERO, D.P.,HARALYI, N.L. E., and HARALYI, A M. (1978) Características físicas e morfológicas do diamante da Mina de Romaria, Minas Gerais. Anais XXX Congresso brás. Geol., Baln. Camboriú, SC, 3, 1776 – 1788.

INFORMAÇÕES COMPLEMENTARES
AO ESTUDO DO DIAMANTE NO BRASIL

Aqui serão apresentados mais alguns mapas e dados sobre a mineração de diamantes no Brasil.

As figuras 149 a 151 apresentam mapas que ajudarão o leitor a localizar algumas das regiões diamantíferas brasileiras.

Na figura 148 é prestada uma homenagem a todos os garimpeiros do Brasil, na pessoa do Sr. Vasily Semenov, que foi garimpeiro por esse Brasil afora, por mais de cinqüenta anos. Ainda quando tinha seus oitenta e poucos anos, falava animado de suas experiências no garimpo.

A maior parte (aproximadamente 90 %) dos diamantes comercializados no Brasil é encontrada pelos garimpeiros, através do uso de peneiras e bateias. Até agora, a maioria das tentativas de mecanização dos garimpos teve uma existência efêmera.

Na figura 152 há um mapa da região diamantífera de Diamantina (ligeiramente modificado de D.P. Svisero, J. Karfunkel, M.L.S.C. Chaves e H. O A Meyer). Na figura 153 há uns cortes geológicos de algumas jazidas de diamantes de Minas Gerais, elaborado pelo saudoso Professor Dr. Sylvio Fróes Abreu e coloridos pelo autor. Por gentileza do ilustre Professor Dr. Joachim Karfunkel, da Universidade Federal de Minas Gerais, são acrescentados ao texto três mapas (figuras 154, 155 e 156) e quatro fotos (figuras 157 a 160).

Atualmente com o apoio governamental no setor, espera-se uma mudança nisso. Por outro lado os projetos de preservação ambiental têm dificultado a garimpagem. Deve-se ressaltar que centenas de kimberlitos foram encontrados em várias regiões do Brasil. Tudo isso leva a crer que num futuro não muito distante serão encontradas jazidas diamantíferas de grande potencial, nas quais poderão ser implantados modernos sistemas de mineração.

No ano de 1999 o Brasil exportou 13,8 milhões de dólares em diamantes.

A De Beers, maior firma de exploração de diamantes do mundo, vem realizando pesquisas em solo brasileiro há vários anos. Primeiramente ela participou nas pesquisas através de sua representante, a SOPEMI – Sociedade de Pesquisas Minerais. Atualmente ela assumiu as pesquisas com o seu nome internacional (De Beers) e possui uma sede em Brasília, onde dirige as pesquisas em solo brasileiro e no continente sul-americano. Infelizmente, um projeto que estava dando grandes esperanças, o Projeto Canastra em Minas Gerais (figuras 161 e 162), foi desativado por ser considerada sua produção não compatível com os objetivos da De Beers. Contudo outras pesquisas continuam e certamente terão êxito em futuro não muito distante.

O projeto RADAMBRASIL tem auxiliado na busca de novas jazidas. Novas áreas de possibilidades kimberlíticas ou lamproíticas são referidas nos Estados de Minas Gerais, Goiás, Mato Grosso , Rondônia, Piauí, Santa Catarina e até mesmo Rio Grande do Sul.

Estão sendo feitos inúmeros levantamentos aeromagnetométricos para a localização de diatremas e coleta de materiais.

A Comig desenvolve pesquisas para encontrar diamantes, na região de Jequitaí, no norte de Minas Gerais.

Conforme técnicos da Superintendência de Recursos Minerais da Secretaria de Minas e Energia são conhecidas mais de duzentas ocorrências de diamantes já cadastradas no Estado de Minas Gerais. Existem pelo menos cinco grupos estrangeiros trabalhando na pesquisa de locais diamantíferos. Segundo algumas fontes a De Beers estaria aplicando recursos da ordem de US$6 milhões na pesquisa; a canadense Zarcan estaria investindo US$2 milhões e outra firma canadense, a Spider, mais US$1 milhão.

O governo de Minas Gerais parece estar contratando um mapeamento aerogeofísico de alta tecnologia, orçado em 5,9 milhões de reais.

Segundo o DNPM (Departamento Nacional da Produção Mineral) em 1998 foram emitidos 12 mil alvarás de pesquisa mineral. Desse total, 4,8% correspondem a alvarás de pesquisas de diamantes.

Atualmente calcula-se que a produção brasileira de diamantes esteja na ordem de 900.000 ct, sendo que 50% correspondem à qualidade gemológica e os outros 50% à qualidade industrial.

Está sendo criada a ADIMB – Agência para o Desenvolvimento Tecnológico da Indústria Mineral Brasileira, que terá o apoio do Ministério de Minas e Energia (MME), do Ministério de Ciência e Tecnologia (MCT) e do Instituto Brasileiro de Mineração (IBRAM). Há vinte anos, num programa de TV, o autor foi entrevistado pelo apresentador Clodovil, e naquela época já pregou o que está começando a ser feito agora no Brasil, "A PESQUISA MINERAL INTENSA E METÓDICA, COM O APOIO FINANCEIRO GOVERNAMENTAL." Apenas com nossas riquezas gemológicas (ver novo mapa das regiões diamantíferas, figura 163) o Brasil pode pagar todas as suas dívidas, combater a miséria, as doenças, reduzir a violência, etc. BASTA QUERER E ACREDITAR.

Figura 148 – Foto do Vasily Semenov (in memoriam). Garimpeiro por mais de 50 anos.

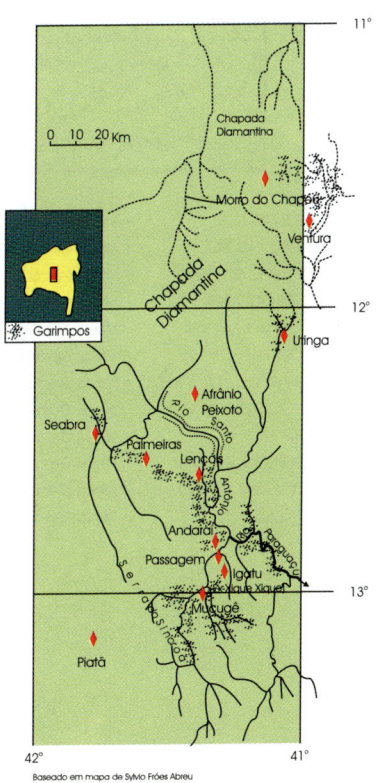

Figura149 – Região diamantífera da Chapada Diamantina.

Figura 150

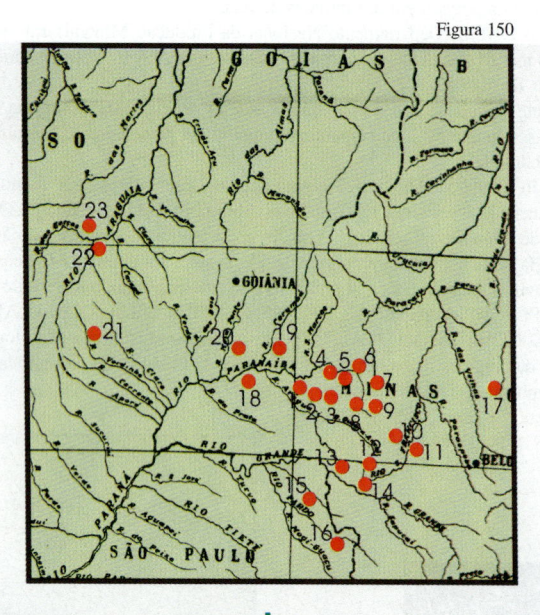

1 - Araguarí	- Minas Gerais	13 - Guia Lópes	- Minas Gerais
2 - Estrela do Sul	- Minas Gerais	14 - Piui	- Minas Gerais
3 - Monte Carmelo	- Minas Gerais	15 - Franca	- São Paulo
4 - Coromandel	- Minas Gerais	16 - S. José do Rio Pardo	- São Paulo
5 - Patos de Minas	- Minas Gerais	17 - Diamantina	- Minas Gerais
6 - Abaeté	- Minas Gerais	18 - Tupaciguara	- Minas Gerais
7 - Carmo do Paranaíba	- Minas Gerais	19 - Catalão	- Goiás
8 - Patrocínio	- Minas Gerais	20 - Itumbiara	- Goiás
9 - Tiros	- Minas Gerais	21 - Mineiros	- Goiás
10 - Dores do Indaiá	- Minas Gerais	22 - Balisa	- Goiás
11 - Bom Despacho	- Minas Gerais	23 - Barra do Garças	- Goiás
12 - Bambuí	- Minas Gerais		

Figura 151

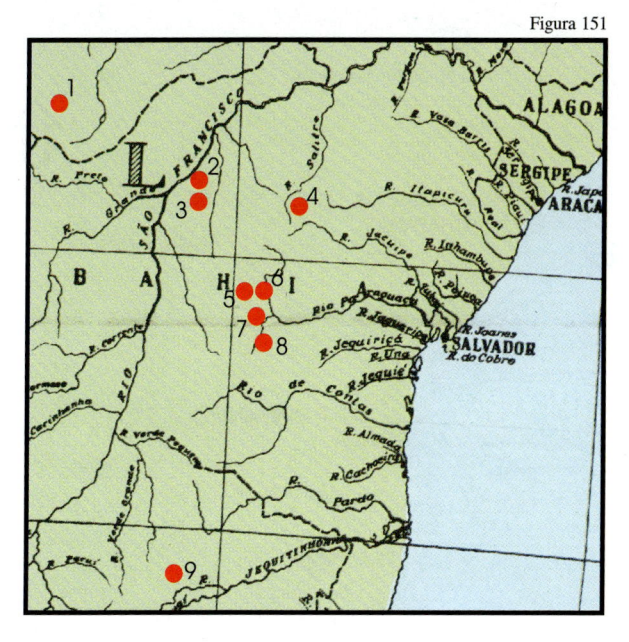

1 - Gilbués — Piauí
2 - Xique Xique — Bahia
3 - Santo Ignácio — Bahia
4 - Morro do Chapéu — Bahia
5 - Palmeiras — Bahia
6 - Lençóis — Bahia
7 - Andaraí — Bahia
8 - Mucugê — Bahia
9 - Grão Mogol — Minas Gerais

Figura ligeiramente modificada de Karfunkel et al. (1995).

Figura152

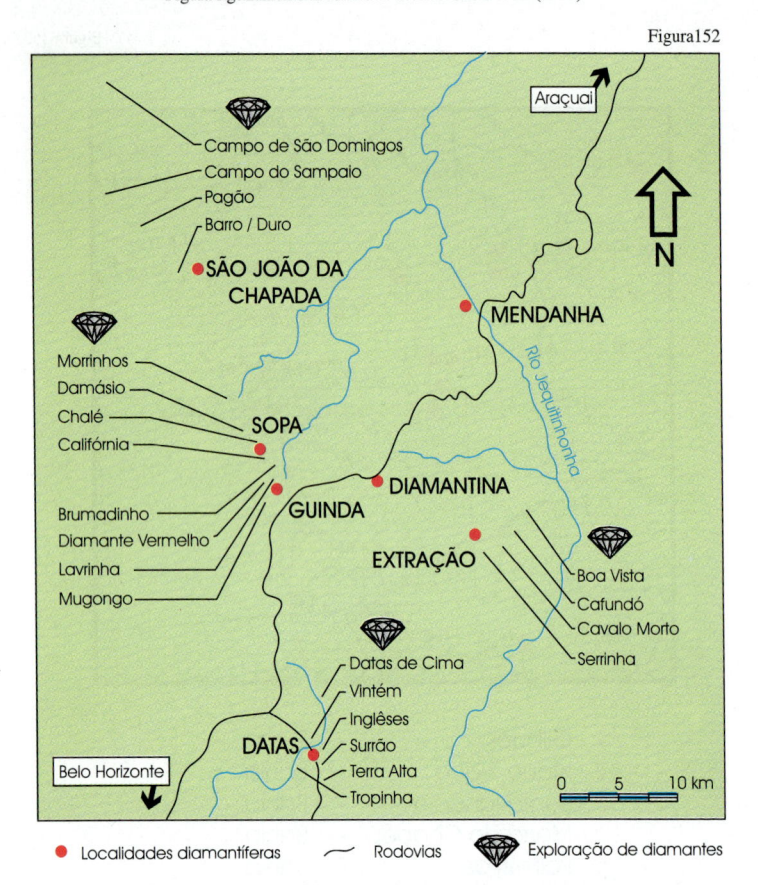

Gentileza de: J. Karfunkel, M. L. S. C. Chaves, D. P. Svisero, H. O. A. Meyer e International Geology Review.

Figura 153

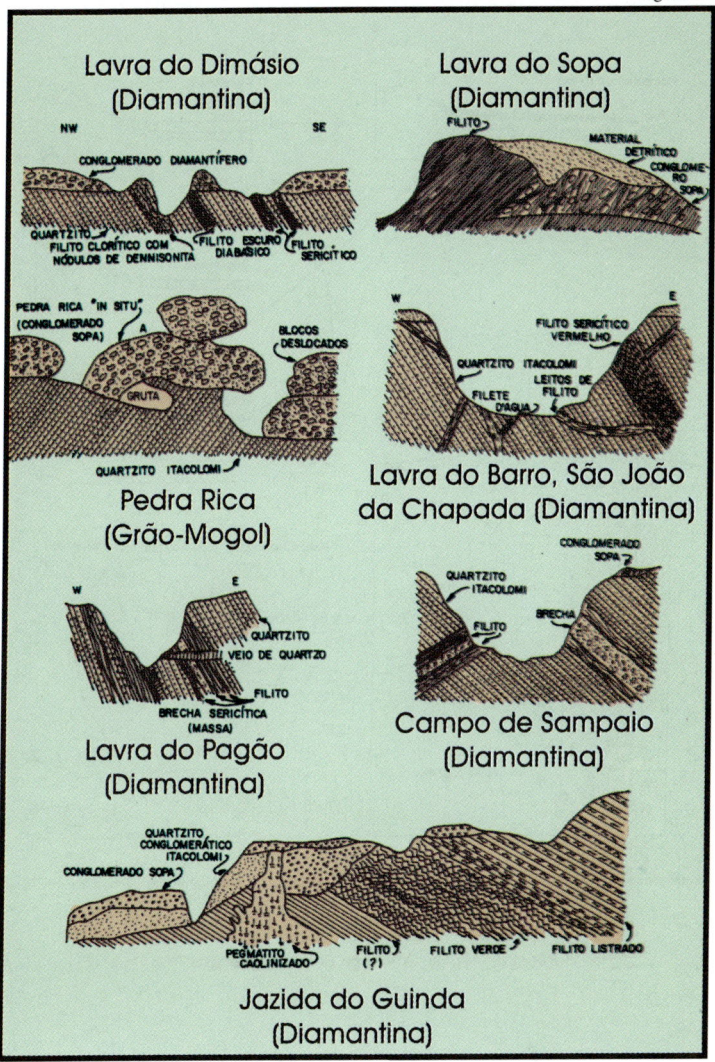

Cortes Geológicos elaborados por Sylvio Fróes Abreu (1973 - in memorian) e coloridos pelo autor.

Distribution of Espinhaço diamonds through the geologic record
(stage 1 adapted from Mitchell (1991).

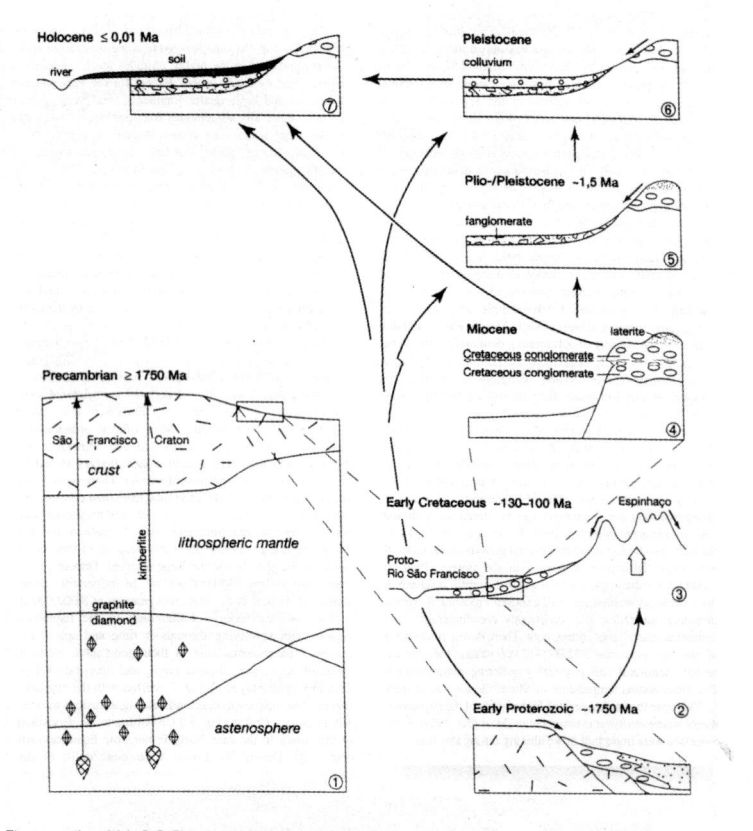

Figura gentileza: M. L. S. C. Chaves, J Karfunkel, A. Hoppe, D.B. Hoover (2001) e Journal of South American Earth Sciences

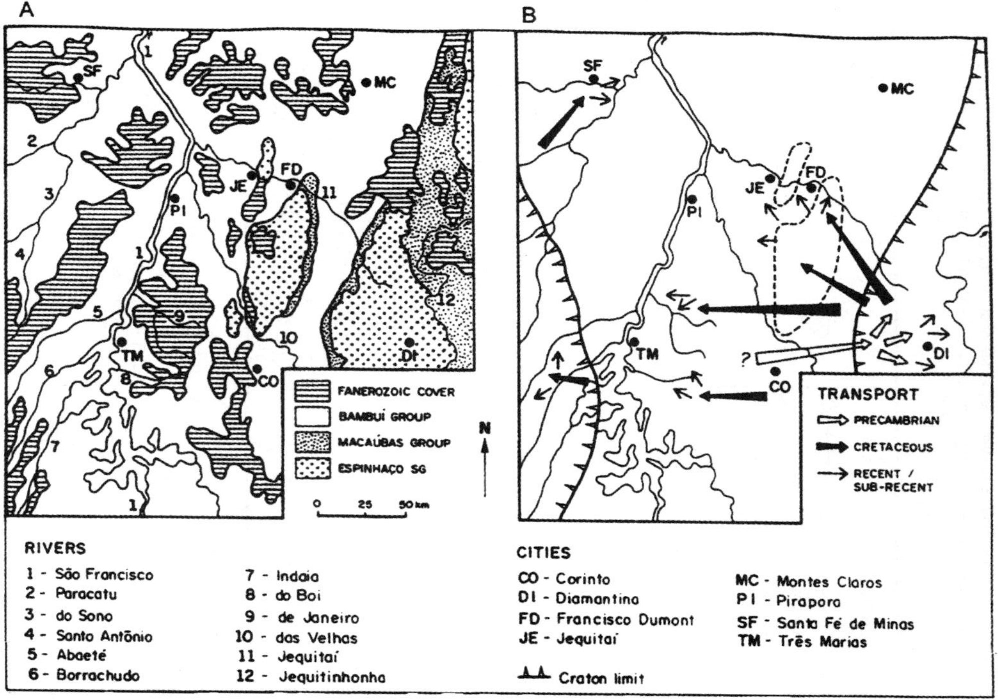
A
B
SF
MC
PI
JE
FD
TM
CO
DI
1
2
3
4
5
6
7
8
9
10
11
12
FANEROZOIC COVER
BAMBUÍ GROUP
MACAÚBAS GROUP
ESPINHAÇO SG
N
0 25 50 km
TRANSPORT
PRECAMBRIAN
CRETACEOUS
RECENT / SUB-RECENT
?
RIVERS
1 - São Francisco
2 - Paracatu
3 - do Sono
4 - Santo Antônio
5 - Abaeté
6 - Borrachudo
7 - Indaia
8 - do Boi
9 - de Janeiro
10 - das Velhas
11 - Jequitaí
12 - Jequitinhonha
CITIES
CO - Corinto
DI - Diamantina
FD - Francisco Dumont
JE - Jequitaí
MC - Montes Claros
PI - Pirapora
SF - Santa Fé de Minas
TM - Três Marias
Craton limit

Figura 155

A. Geologic setting of the Middle São Francisco Basin.

B. Redistribution of diamondiferious sediments (adapted from Karfunkel and Chaves, 1995).

Figura gentileza:
M. L. S. C. Chaves, J. Karfunkel,
A. Hoppe, D.B. Hoover (1994) e Journal of South American Earth Sciences

Figura 156 – Main diamond occurrences in the State of Minas Gerais and the position of the São Francisco craton. Legend: A= Diamantina; B= Grão-Mogol; C= Jequitinhonha River; D= Jequitaí; E= Coromandel; F= Romaria; G= Franca.

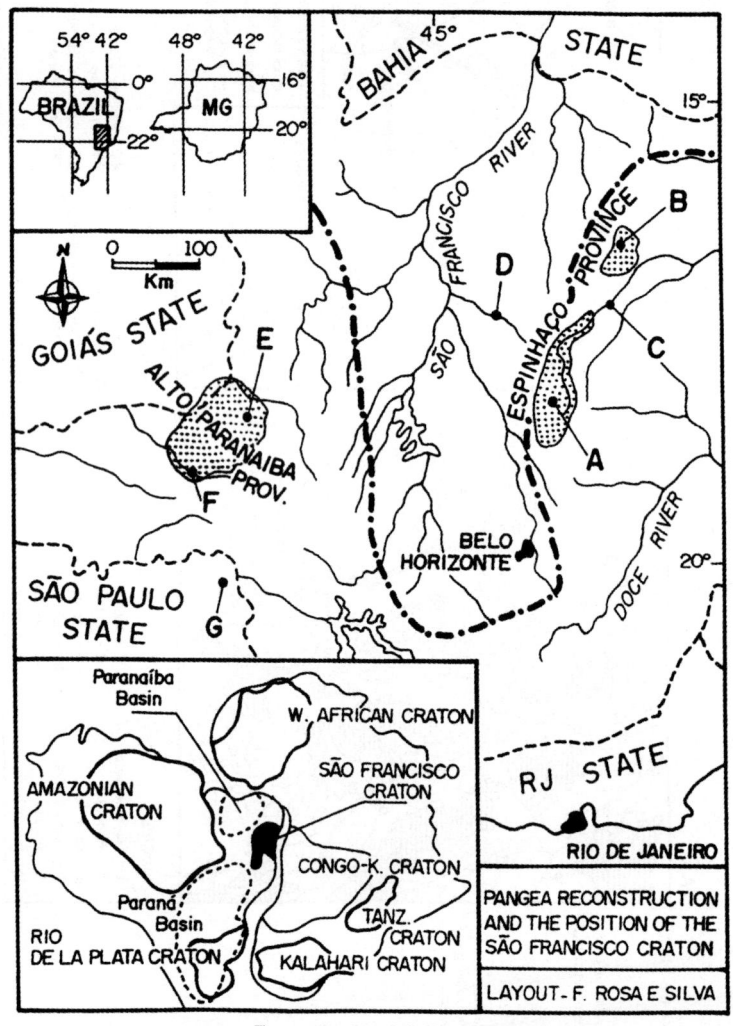

Figura gentileza: M. L. S. C. Chaves, J. Karfunkel, A. Hoppe, D.B. Hoover (1994)
e Journal of South American Earth Sciences

Conglomerados diamantíferos em Minas Gerais

Figura 157

Figura 158

Jazidas diamantíferas secundárias em Minas Gerais

Figura 159

Figura 160

Fotos gentileza: Prof. Dr. Joachim Karfunkel

121

Figura161 – Diamantes: Canastra

Foto gentileza: De Beers

Projeto Canastra - MG

Figura162

Foto gentileza: De Beers

Figura 163 – ALGUMAS ÁREAS DIAMANTÍFERAS E KIMBERLÍTICAS DO BRASIL

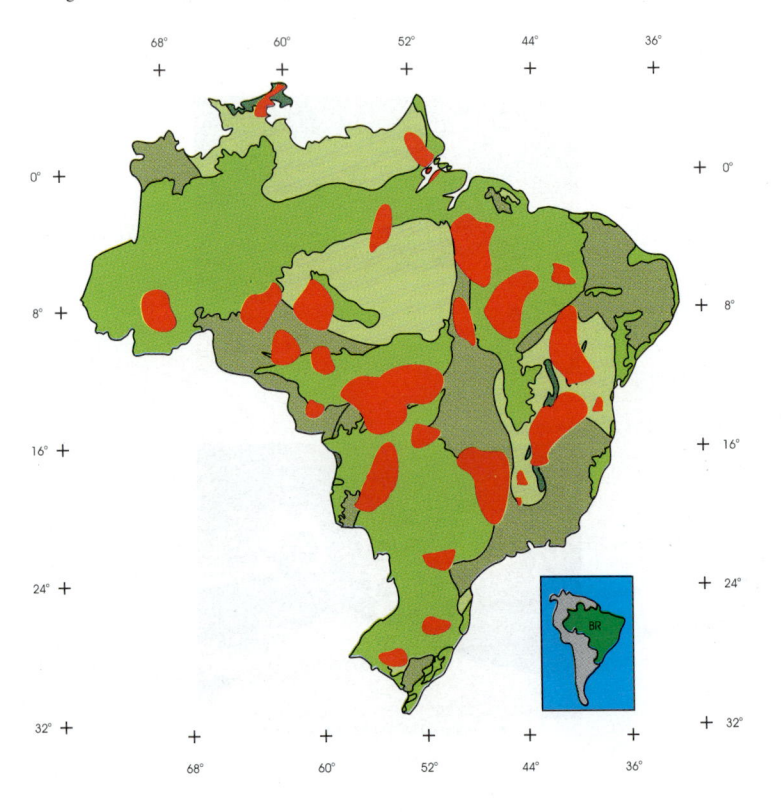

A PRODUÇÃO DIAMANTÍFERA NO MUNDO

1 – ÁFRICA DO SUL

Em 1886 foi descoberto o diamante na África do Sul (figura 164), fato que viria tirar o Brasil do posto de primeiro produtor mundial de diamantes.

Tudo começou quando um garoto chamado Erasmus Jacobs, brincando às margens do Rio Orange perto de Hopetown, encontrou, entre o cascalho, uma pedra diferente de cor amarelada e muito brilho. Chegando em casa, mostrou o achado a sua mãe que, por sua vez, entregou ao vizinho Schalk van Niekerk para saber do que se tratava e este passou a pedra para um viajante, John O' Reilly, que finalmente exibiu-a a um mineralogista da Colônia do Cabo, que, após examiná-la, constatou ser um diamante, cujo peso era de 21,30 ct. A notícia logo circulou e a procura de diamantes começou.

Figura 164 – Regiões diamantíferas do Sul da África (com os nomes das principais minas)

Em 1869 foi encontrada, perto do Rio Orange (figura 165), uma magnífica pedra de 83,25ct que o mesmo Schalk van Niekerk trocou por 500 carneiros, 10 bois e 1 cavalo, praticamente tudo o que possuía. Este diamante foi chamado depois de "Star of South África" e foi avaliado em 11,200 libras esterlinas.

Nesse mesmo ano, a 100km do Rio Orange, numa fazenda chamada Koffiefontein (na qual depois se constatou a existência de um "pipe"), foram encontrados muitos diamantes.

Seguiu-se a descoberta de mais ocorrências em diferentes locais (fazendas), incluindo a região do Rio Vaal, tributário do Rio Orange, que se apresentava muito promissor.

Em 1870 já se iniciava uma verdadeira corrida desordenada à procura do diamante com a descoberta da mina "Du Toits Pan" (atualmente, "Dutoitspan"), na atual cidade de Kimberley.

Novos "pipes" foram descobertos e a febre do mineral aumentou ainda mais. Daquela época até nossos dias mais "pipes" foram descobertos. Entre 1872 e 1908 a África do Sul manteve 97% da produção mundial de diamantes. Durante muitas dezenas de anos, até início dos anos 1930, a África do Sul foi a primeira produtora mundial de diamantes, atualmente ocupa o **5º lugar da produção mundial de diamantes por volume** (aproximadamente 10% da produção mundial) e o **3º lugar financeiramente.**

Até 1995 a produção mundial total é estimada em aproximadamente 2,67 bilhões de quilates ou cerca de 534 toneladas. Desse total a África do Sul contribuiu com 18%, ou seja, 493 milhões de quilates.

Figura165 – Imagem de radar (space shuttle Endeavour – SRI-C/XSAR) feita pela NASA. Ela mostra depósitos diamantíferos da Namíbia e África do Sul (ambos os países divididos pelo Rio Orange).

Foto: P-49624 - 26 de fevereiro de 1998, gentilmente cedida pela NASA/JPL.

Durante o ano 1995 a produção de diamantes da África do Sul foi de 9,69 milhões de quilates, dos quais mais de 93% foram das minas da De Beers: Venetia, Finsch, Premier, Namaqualand, Kimberley e Koffiefontein (figuras 166 e 167).

No ano 2000 a África do Sul produziu 10,6 milhões de quilates, principalmente pelas minas da De Beers e as operações marinhas realizadas atualmente.

A Mina Venetia (De Beers) é a que tem produzido mais diamantes (em 1995 produziu 45% de toda a produção do país). Outra mina importante é a Premier (figura 168), que em 1995 foi responsável por 18% de toda a produção sul-africana. A Mina Finsch (figura 169) produziu em 1995 um total de 1,72 milhão de quilates. Existem outras minas importantes, como o complexo Kimberley, Dutoispan, Bultfontein, Wesselton, De Beers, etc.

Figura 166 – Cada uma dessas três parcelas de diamantes está avaliada em 500.000 dólares.

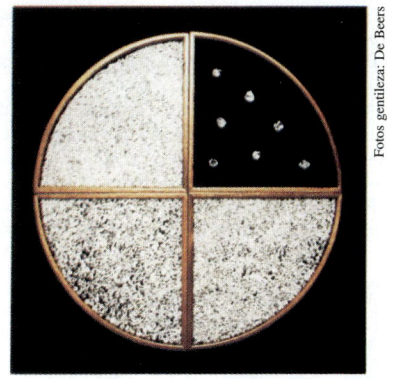

Fotos gentileza: De Beers

Figura 167 – Produção diária de uma mina sul-africana

Imagem gentileza: De Beers

Imagem gentileza: De Beers

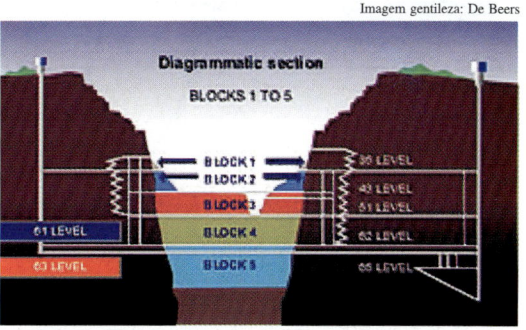

Figura168 – Esquema parcial da mina Premier

Figura 169 – Secção diagramática da mina Finsch.
A produção no bloco 4 durará 5 anos (de 2002 a 2006).

2 – NAMÍBIA

Nas costas da Namíbia (figuras 170 e 171), desde Walvis Bay até a divisa com a África do Sul, na foz do Rio Orange, em Oranjmund e Alexander Bay, numa faixa litorânea com a extensão de mais de 250 quilômetros, se situa um dos depósitos diamantíferos mais ricos e importantes do mundo. Esta orla marítima recebeu, no passado, nomes curiosos e até apavorantes, devido ao grande número de naufrágios ocorridos antigamente e cujos destroços eram arremessados pelo mar naquelas praias desoladas. Por exemplo: foi denominada "Speergebeit", território proibido, por decreto do governo alemão, em 1908, época em que a atual Namíbia era colônia alemã sob o nome de Namaqualand. Foi também denominada "costa dos esqueletos" ou dos "naufrágios".

Curiosamente, esse litoral fica do lado oposto do Atlântico em relação as nossas praias dos estados de São Paulo e Rio de Janeiro, na direção da linha do Trópico de Capricórnio.

A qualidade dos diamantes da Namíbia é excepcional, correspondendo a uma porcentagem de 95% de qualidade gema.

125

Na Namíbia a mineração é feita em sua grande maioria na praia (figura 172) ou em alto-mar.

Estima-se que as reservas marinhas da Namíbia cheguem a mais de 1,5 bilhão de quilates.

A empresa Namdeb é a maior produtora de diamantes do país, sendo uma parceria entre a De Beers e o Governo da Namíbia. No ano 2000 essa empresa produziu na mineração litorânea (nas praias) 650.000 quilates de diamantes e na mineração em alto-mar, 570.000 quilates de diamantes.

Existe outra firma, a canadense Namco, que está explorando também diamantes na Namíbia, tendo produzido, no ano 2000, 221.000 quilates.

Figura 171

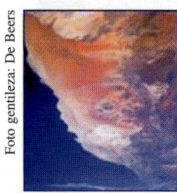

Figura 170 – A costa da Namíbia vista por satélite.

Figura 172 – Sucção a vácuo na praia, a procura de diamantes.

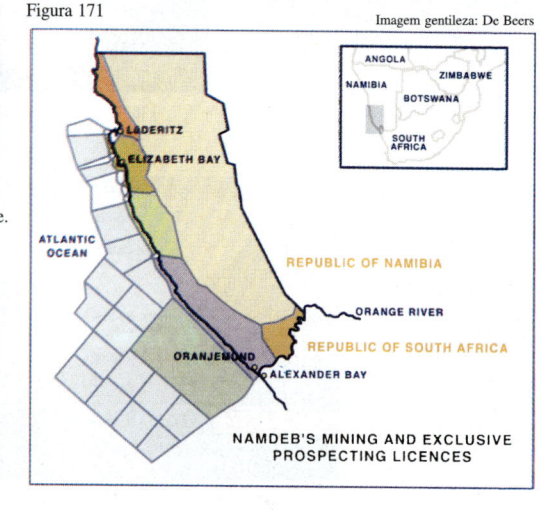

3 – BOTSWANA

Este país, que se tornou independente em 1966, era conhecido anteriormente por Bechuanalândia, protetorado inglês desde 1885, e é formado em grande parte pelo deserto de Kalahari.

Atualmente Botswana possui a mais forte economia na África, possuindo a maior renda per capita.

Figura 173 – Caminhão da mina Jwaneng.

Figura 174 – Examinando um diamante em bruto.

Figura 175 – Separando diamantes.

A mineração diamantífera tem um papel enorme na economia do país, sendo ela **a maior produtora de diamantes de qualidade gema** (produziu 24,6 milhões de quilates no ano 2000) e a **terceira mundial em quantidade geral.**

A grande mineradora em operações naquele país é a Debswana (figura 173), uma parceria entre a De Beers e o Governo de Botswana. Essa firma possui praticamente toda a produção de diamantes (figura 174) do país, através de suas três minas: Lethlhakane (900.000 ct no ano 2000), Orapa (12,2 milhões de quilates no ano 2000) e Jwaneng (11,5 milhões de quilates no ano 2000). Todos os diamantes são separados e avaliados (figura 175) pela Botswana Diamond Valuing Company, uma subsidiária da Debswana.

4 – LESOTHO

A descoberta de diamantes neste pequeno país, situado na África do Sul, ocorreu graças ao Coronel Jack Scott que, fazendo prospecção nas Montanhas Maluti, foi o primeiro a descobrir diamantes nesta inóspita região.

Em 1967 a senhora Ernestina Ramaboa encontrou, no fundo do seu quintal, um diamante pesando 601,25ct, de cor acastanhada, e que ficou conhecido por "Lesotho I". Ele foi em seguida lapidado pelo famoso joalheiro Harry Winston, de Nova York.

Posteriormente, foram descobertos vários "pipes" nas montanhas, a 3.050 metros de altitude, conhecidos por "LETSENG-la-TERRAE" (ou Lets-eng-la-Terai), MONTHAE e MATSOKU. Em 1977 foram iniciadas as operações de mineração nos pipes. A De Beers operou a mina Lets-eng-la-Terai de 1977 até 1982. Atualmente é a empresa "Let´sem Diamonds" que opera essa mina, pretendendo no ano 2002 produzir 2,1 milhões de ct.

5 – ANGOLA

Data de 1917 a descoberta de diamantes nesta antiga colônia portuguesa, hoje país independente.

Angola é o **sexto maior produtor mundial de diamantes**. As reservas diamantíferas deste país são estimadas em 180 milhões de quilates. Os depósitos de origem eluvionares se estendem por grande área de mais de 400 quilômetros de Luanda ao norte e nordeste, do centro de Angola (Luanda Norte e Luanda Sul).

Até hoje já foram encontrados aproximadamente 700 kimberlitos, sendo vários diamantíferos.

Figura 176
Prospecção em rio angolano

Angola produziu (oficialmente), em 2001, aproximadamente 5,1 milhões de quilates (sendo 70% de qualidade gema), a um preço médio de $US 133 o quilate. A maioria desta produção de jazidas aluviais e kimberlíticas das regiões de Catoca, N´Zagi e Lucapa.

Uma estimativa para os próximos anos é de uma produção de seis milhões de quilates ao ano.

A guerra civil, entre o governo e a UNITA, tem prejudicado muito as minerações e o progresso desse país.

A Endiama (Empresa Nacional de Diamantes de Angola) é a paraestatal que decide as concessões das minerações, e tem um papel ativo nas atividades mineradoras.

Grandes firmas mineradoras de Angola são a De Beers-Endiama (figuras 176 e 177), a CODIAM (De Beers e Steinmetz), a russa Alrosa, a brasileira Odebrecht, a ITM Mining, etc.

Figura 177 – Diamantes em bruto

Foto gentileza: De Beers

6 – REPÚBLICA DEMOCRÁTICA DO CONGO

Este país, ex- Congo Belga, ex-Zaire, agora chama-se Congo (Kinshasa) e é atualmente **o país africano de maior produção diamantífera, e o quarto maior produtor do mundo.**
A primeira descoberta de diamantes no Congo ocorreu em 4 de novembro de 1907, em Kasai, quando o geólogo P. Lancseert, examinando amostras de cascalho dessa região, identificou uma pequena pedra de 0,10ct como sendo diamante. Iniciada a prospecção sistemática, foi descoberto um rico depósito em Tshicapa no Rio Kasai. Em fins de 1918, a 330km a leste de Tshicapa, foi encontrado um enorme depósito diamantífero em Bakwanga, que continha a inacreditável concentração de 10,00 ct por tonelada de minério, porém de qualidade industrial no teor de mais de 90%, isto em menos de l0% para ser usado como gema. Trata-se da famosa mina de Miba perto do Rio Lubilash.
Várias companhias foram formadas para a exploração em grande escala comercial, sendo as principais: a Société Minière du Becéka e a Société Minière de Bakwanga.
Em 1974, 1975 e 1976 a produção diamantífera foi constante, produzindo 17 milhões de quilates ao ano (cerca de 3 toneladas e 400 quilos). E assim vem continuando... No ano 2000 o Congo produziu 16,5 milhões de quilates.

7 – GHANA

Data de 1920 a descoberta do diamante neste país. Foram descobertos dois importantes depósitos aluvionares perto da costa, em Akwatia e Birim, cuja qualidade é 85% do tipo industrial.
A principal empresa mineradora é a Ghana Consolidated Diamonds Ltd.
A produção diamantífera de Ghana vem caindo nos últimos anos. A Ghana Consolidated Diamonds produziu, em 1998, 235.000 ct e no ano de 1999, 207.000 ct. A produção diamantífera total, em 1999, foi da ordem de 680.000 ct.

8 – COSTA DO MARFIM

A produção anual deste país é de 150.000 quilates, sendo originária de mineração aluvial, perto de Tortiya e Seguela (localizada a 100km de Korthogo). A principal empresa de mineração neste país é a Golden Star Resources. Embora existam kimberlitos neste país, eles ainda não foram muito pesquisados.

9 – SERRA LEOA

Os diamantes foram encontrados em Serra Leoa em 1930.
Este pequeno país foi premiado com grandes diamantes. Um deles é o que foi encontrado na mina Yengema, em 1972, pesando 968,90 ct. Ele recebeu o nome de "Star of Sierra Leone" e é um dos maiores já encontrados.
Antes da guerra civil, iniciada em 1992, Serra Leoa produzia uma média de 2,5 milhões de quilates por ano. No ano 2000 sua produção foi estimada em 350.000 quilates.
A principal empresa mineradora é a DiamondWorks, que tem uma parceria com o governo local. A De Beers fez algumas explorações marinhas em Serra Leoa, mas desistiu das operações.

10 – REPÚBLICA CENTRAL AFRICANA

Localizado acima da linha do Equador, entre os meridianos 10 e 30, a este de Greenwich, encontra-se este país que fazia parte da antiga colônia da África Equatorial Francesa.

As ocorrências localizam-se perto da cidade de Berberati, distante cerca de 600 quilômetros da capital Bangui, no Rio Lobave, que possui extensas áreas diamantíferas.

A República Central Africana produz aproximadamente 450.000 quilates ao ano e a principal empresa mineradora do país é a DiamondWork´s Central African Mining SARL (SAMCO).

11 – TANZÂNIA

A descoberta dos diamantes na Tanzânia se deve à persistência do jovem geólogo canadense Dr. John Thorburn-Williamson, que descobriu um dos maiores "pipes" do mundo, o MWADUI. O fato ocorreu a 6 de março de 1940, numa região chamada Shinyanga Plains, tendo como referência uma curiosa árvore chamada "Bao-bad" (Adansônia digitata). Nesse local o Dr. Williamson encontrou o mineral ilmenita (um dos satélites do diamante) e um pequeno diamante de hábito octaédrico com o peso de 2,00ct. O descobridor depois de muitos percalços fundou a Williamson Diamonds Ltd para a exploração da mina que tem o seu nome. Lamentavelmente ele faleceu aos 55 anos, em 1958.

O "pipe" Mwadui, onde se localiza a mina, é um dos maiores do mundo, com uma área de 360,77 acres. Atualmente essa mina pertence à De Beers (com 70 %) e ao governo local. Essa mina está em operação desde 1930 e produziu 2 milhões de quilates; no ano 2000 produziu 320.000 quilates.

Já foram encontrados na Tanzânia cerca de 300 kimberlitos, sendo que 50 são diamantíferos.

12 – GUINÉ

A Guiné tem uma modesta produção diamantífera, que vem de uma localidade chamada Kankan. Existem vários kimberlitos que estão sendo pesquisados. A De Beers iniciou sua prospecção na Guiné em 1995 e obteve licença para pesquisar uma área kimberlítica de aproximadamente 40.000 quilômetros quadrados. Os reconhecimentos estão se desenvolvendo pela medição do campo geomagnético por sensores em aeronaves.

Após tratar da produção africana, que é uma das mais importantes, serão tratados alguns países de maior destaque na produção diamantífera.

No Continente Sul-Americano, fora o Brasil, produzem diamantes a Venezuela, a Guiana e o Suriname. Estes países não serão estudados por possuírem produção diamantífera pequena. Da mesma forma no continente norte-americano, os Estados Unidos e o Canadá produzem diamantes em quantidades pequenas, se bem que as prospecções no Canadá são bastantes promissoras, talvez seja um grande produtor dentro de poucos anos. Lá estão investindo grandes mineradoras da Austrália, a De Beers, etc.

13 – RÚSSIA

Na conferência realizada em 1940, o cientista Vladimir S. Sobolev falou sobre a grande semelhança entre as plataformas das regiões situadas entre os rios Ienisey e Lena na Sibéria, com as plataformas do Sul da África, onde foi encontrado o kimberlito.

A partir de 1950 várias expedições foram levadas a cabo naquela região do círculo polar ártico, nas margens do Rio Vilyuy, resultando na descoberta do primeiro diamante em 1953 no Rio Malaya Botuobiya, tributário do primeiro.

Em agosto de 1954 duas geólogas, Larisa Popugayeva e Natalya Sardatskikh, descobriram o primeiro "pipe" naquela região, chamado Zarnitsa, empregando o método de pesquisa do piropo (variedade da granada) encontrado nas rochas do tipo kimberlito.

No ano seguinte, junho de 1955, foi descoberto o 2º "pipe" chamado Mir e logo a seguir o Udachnaya.

Devido aos rigores do clima com baixa temperatura que atinge de 50 a 60 graus negativos e apenas um curtíssimo verão, onde a temperatura alcança 40ºC, torna-se muito difícil a exploração contínua dos diamantes.

A produção das minas na Sibéria vem sendo aumentada consideravelmente à medida que novos métodos de mecanização vão sendo empregados. Nos montes Urais também são produzidos diamantes. A Rússia é atualmente a **quarta produtora mundial de diamantes** (21,2 milhões de quilates em 1999) e a maioria deles vem da região de 3 milhões de quilômetros quadrados de Sakha-Yakutia (figura 178). As firmas russas ALROSA e GOKHRAN têm o controle da produção russa. A De Beers realizou pesquisas em kimberlitos na região de Lomonosov até o ano 2000. A De Beers tinha uma parceria com a firma russa Severalmaz, mas vendeu sua parte para a Alrosa. Terminou o contrato da De Beers com os russos, que agora dominam aquele mercado, liberando suas exportações. Acredita-se que as vendas anuais russas atinjam agora a quantias maiores do que 120 milhões de dólares.

A Alrosa possui um quadro de mais de 38.000 funcionários e produz 98% dos diamantes russos. A mina Inter (Internatsionalnaya) fica a uns 16 quilômetros da cidade de Mirny, a capital da região dos diamantes. Essa mina foi descoberta em 1969 e começou sua produção em 1999.

O complexo mineiro Aikhal, 500 quilômetros ao norte de Mirny, terminou sua fase de operações a céu aberto em 1997 e em 1998 iniciou suas operações subterrâneas.

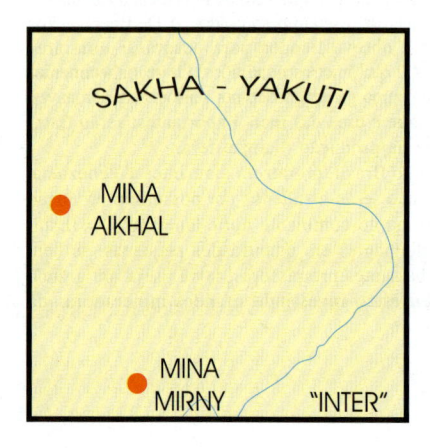

Figura 178 – Regiões diamantíferas russas

14 – AUSTRÁLIA

Data de 2 de julho de 1851 a descoberta de diamantes no Distrito de New South Wales, nas localidades de Bingara e Inverell.

Várias explorações foram feitas na Austrália, sendo que em 1969 na região noroeste, no Rio Leonard, foram encontrados por geólogos nove diamantes. Em 1972 se intensificaram as pesquisas nessa região e em 1979 foi reconhecida a potencialidade da zona diamantífera AK-1 (Argyle Kimberlite n° 1), na região de Kimberley, a 120 quilômetros da cidade de Kununurra, e 25 quilômetros do Lago Argyle (figura179). Estima-se que este "pipe" tenha 1,580 milhão de anos. É um pipe lamproítico (não kimberlítico), o **maior produtor mundial de diamantes por volume.** Em 1994 a Mina Argyle produziu 39 milhões de quilates (aproximadamente um terço de toda a produção mundial!). Contudo, quanto ao valor sua posição cai bastante, pois só 5% do total produzido são de qualidade gema, 45% são de qualidade quase gema e 50% são de qualidade industrial. Desses 45% de qualidade quase gema, a Índia tem comprado uma boa parte e lapidado como gema de qualidade inferior.

Figura 179

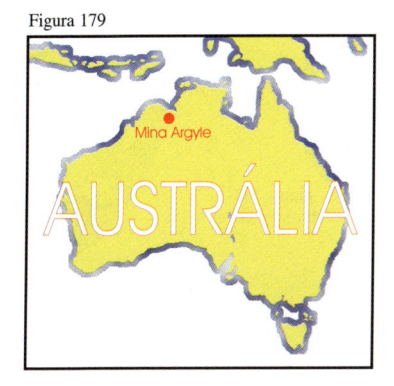

15 – CHINA

A descoberta de diamantes na China data de 1955, na província de Hunan.

Em 1977 uma jovem encontrou casualmente uma pedra na vila de Changlin, província de Shandng, com o peso de 158,78 ct. A pedra de hábito cúbico-rombododecaedro não tinha inclusões, exibia uma bela cor amarelo-acastanhado e foi oficialmente chamada pelo primeiro-ministro em exercício, Hua Kuo Feng, de "Changlin".

Esta descoberta fez com que geólogos chineses intensificassem as prospecções em várias regiões onde já foram encontrados diamantes, nas províncias de Lianoning, Kweichow, Shan-Tung e Changlin.

Em 1999 a China produziu 1,1 milhão de quilates (superando a produção brasileira) e espera-se que esse país venha a ser um dos grandes produtores mundiais deste novo milênio.

ALGUNS DIAMANTES FAMOSOS

(NO TAMANHO NATURAL)

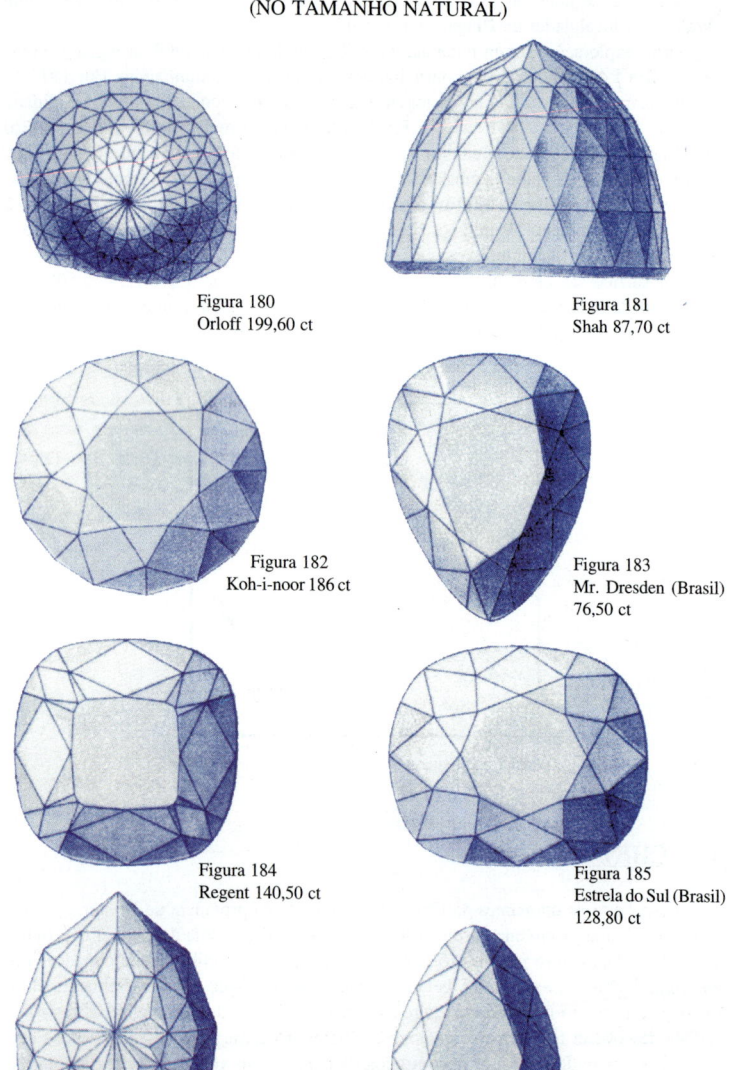

Figura 180
Orloff 199,60 ct

Figura 181
Shah 87,70 ct

Figura 182
Koh-i-noor 186 ct

Figura 183
Mr. Dresden (Brasil)
76,50 ct

Figura 184
Regent 140,50 ct

Figura 185
Estrela do Sul (Brasil)
128,80 ct

Figura 186
Florentino 137,27 ct

Figura 187
Star of South Africa
47,75 ct

Figuras: Dr. Max Bauer - "Edelsteinkunde" (1896)

132

OS DEZ MAIORES DIAMANTES EM BRUTO DO MUNDO

1– **Cullinan** com 3.106,75 ct. Encontrado em 1905, na África do Sul.

2– **Excelsior** com 995,20 ct. Encontrado em 1893, na África do Sul.

3– **Estrela de Serra Leoa** com 968, 80 ct. Encontrado em 1972, em Serra Leoa.

4– **Zale** com 890 ct. Encontrado em 1984, na África.

5– **Grão-Mogol** com 787,50 ct. Encontrado em 1650, na Índia.

6– **Rio Woyie** com 770,00 ct. Encontrado em 1945, em Serra Leoa.

7– **PRESIDENTE VARGAS** com 726,60 ct. Encontrado em 1938, no Brasil.

8– **Jonker** com 726 ct. Encontrado em 1934, na África do Sul.

9– **Reitz** com 650,80 ct. Encontrado em 1895, na África do Sul.

10– **(Sem nome)** Com 620,14 ct. Encontrado em 1984, na África do Sul.

Figura 188
Fotografia do "Carbonado do Sergio" (3.167ct)

Reproduzido do Avulso nº 19 - 1937 - DIAMANTE E CARBONADO NO ESTADO DA BAHIA - Othon Henry Leonardos - Ministério da Agricultura - D. N. P. M. - S. F. P. M.

Figura 189
Professor Dr. Rui Ribeiro Franco segurando um modelo em gesso do diamante "Presidente Vargas".

Figura 190
Desenho do diamante "Presidente Vargas" em tamanho natural. Esta pedra de 726,60 ct foi vendida ao joalheiro Harry Winston pela quantia de 600.000 dólares. Dela foram tiradas 23 pedras, tendo a maior 48,26 ct (denominada "Presidente Vargas").

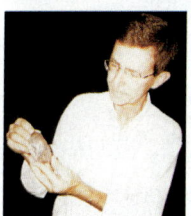

Figura191
Prof. Dr Darcy P. Svisero com modelo em resina do "Presidente Vargas" (modelo que faz parte da coleção do Museu de Geociências da USP).

OS DEZ MAIORES DIAMANTES LAPIDADOS DO MUNDO

1– **Golden Jubilee** com 545,67 ct. Encontra-se nas Jóias da Coroa da Tailândia.

2– **Cullinan I** com 530,20 ct. Encontra-se nas Jóias da Coroa Britânica.

3– **Incomparable** com 407,48 ct. Encontra-se com um comerciante de diamantes, EUA.

4– **Cullinan II** com 317,40 ct. Encontra-se nas Jóias da Coroa Britânica.

5– **Grão-Mogol** com 280 ct. Encontra-se em local desconhecido.

6– **Nizam** com 277 ct. Encontra-se numa coleção particular na Índia.

7– **Centenary** com 273,85 ct. Encontra-se nas Jóias da Coroa Britânica.

8– **Grande Mesa** com 250 ct. Encontra-se em local desconhecido.

9– **Indien** com 250 ct. Encontra-se em local desconhecido.

10– **Jubilee** com 245 ct. Encontra-se numa coleção particular na França.

Foto gentileza: De Beers

Figura192
Diamante "Centenary" - 273,85 ct

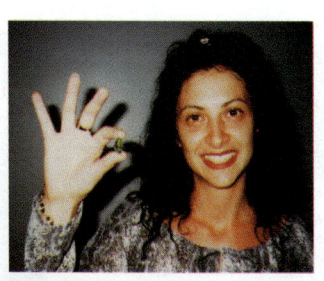

Figura193
Vanessa com reprodução do "Dresden"

Foto gentileza: Associação de Amigos do Museu de Geociências - Igc / USP

Figura 194
Museu de Geociências da USP.

É importante fazer visitas aos museus de mineralogia e gemologia nacionais, neles aprende-se a conhecer e amar mais nossas gemas. Colabore com os museus fazendo doações de peças mineralógicas e gemológicas, participando das associações de amigos dos museus e de suas atividades.

Relação parcial de alguns museus de interesse na área de gemas e diamantes:

• **Museu de Geociências – Igc/ USP e Associação de Amigos do Museu de Geociências –Igc/ USP:** Rua do Lago, 562 – Cidade Universitária – São Paulo – mugeo@edu.usp.br e www.igc.usp.br/museu

• **Museu de Gemologia e Mineralogia da ABGM – Associação Brasileira de Gemologia e Mineralogia:** Rua Barão de Itapetininga, 255, 12 °, conjs. 1.213 e 1.214 – Centro – S. Paulo, SP

• **Museu de Mineralogia Professor Djalma Guimarães:** Praça da Liberdade, 50 – Bairro Funcionários, n° 50, Belo Horizonte, Minas Gerais

• **Museu de Ciência e Técnica da Escola de Minas – Setor de Mineralogia: Museu Prof. Claude Henri Gorceix:** Ouro Preto, MG – museuct@feop.com.br

• **Museu Nacional / UFRJ e Sociedade de Amigos do Museu Nacional:** Quinta da Boa Vista – São Cristóvão, Rio de Janeiro, RJ – museu@mn.ufrj.br

• **Museu de Geociências da Universidade de Brasília :** Campus Universitário Darcy Ribeiro – Brasília – DF

• **Museu Nacional de Gemas:** Tower Gem Center – Brasília – DF – tower@sebraedf.com.br

• **Museu do Departamento Nacional de Produção Mineral – IX Distr.:** Avenida Pasteur, 404 – Rio de Janeiro – RJ

• **Museu de Mineralogia – Escola de Geologia da Universidade do Rio Grande do Sul –** Porto Alegre – RS

• **Museu de Mineralogia – Instituto de Geologia da Universidade do Recife –** Rua Corredor do Bispo, 155 – Recife – PE

• **Museu de Mineralogia – Instituto de Biologia e Pesquisas Tecnológicas do Paraná –** Curitiba – PR

• **Museu de Mineralogia – Seção de Geologia do Museu Goeldi –** Belém – PA

TERCEIRA PARTE

1) O TALHE DAS GEMAS

A lapidação, no seu início histórico, consistia exclusivamente no polimento das faces naturais das gemas e o diamante não foi exceção a isso. Posteriormente, no início de século XIV, verificou-se que a ponta do diamante de forma octaédrica podia ser gasta (rebaixada) até tomar a forma geométrica de "tronco de pirâmide" e que após o polimento o aspecto da gema tornava-se bem melhor, produzindo um certo brilho. A parte restante da pedra era ligeiramente desgastada e polida.

A seguir foram criados os talhes "mesa" (figura 195) e "rosa" (figuras 196 a 201). O talhe "mesa" recebeu esse nome por analogia ao tampo de uma mesa. O talhe apresenta um total de oito facetas, excluindo-se a faceta mesa: quatro facetas superiores e quatro facetas inferiores, motivo pelo qual também é conhecido como talhe 4/4.

O talhe rosa foi depois descoberto no século XVI e percebeu-se que as facetas aumentavam o brilho do diamante. Conforme vai-se vendo pelas demais figuras, pouco a pouco os números de facetas vai aumentando para dar mais "vida", fogo e brilho à gema.

Tem-se notícias de lapidadores de diamantes estabelecidos em Veneza, vindos provavelmente do Oriente, já em 1330. De Veneza, que durante certo tempo manteve o monopólio das mercadorias procedentes da Índia, a arte de lapidar difundiu-se para Bruges, na Bélgica (onde no século XVI passava cerca de 40% do comércio mundial da época), Paris e Nüremberg. Com a descoberta da nova rota para as Índias, pelo Cabo da Boa Esperança em 1497, por Vasco da Gama, a mercadoria chegava a Lisboa e daí seguia para Antuérpia na Bélgica. Há registros de lapidadores na Antuérpia datados de 1482, época em que esta cidade já possuía aproximadamente 40.000 habitantes.

Um grande passo na arte de lapidar foi dado ao redor de 1476 pelo famoso mestre Lodewijk van Berckem, natural de Bruges (ver site do "Diamantmuseum Brugge: http://www.diamondmuseum.be/uk/aboutinf.html), na Bélgica. Berckem introduziu a simetria nas facetas bem como o processo de polimento destas.

Posteriormente, ao redor de 1647, descobriu-se que o diamante podia ser serrado, sendo em algumas direções. Para tanto, empregava-se um fio de ferro constantemente impregnado com pó de diamante e óleo. O fio era montado num arco semelhante ao usado para tocar violino.

A primeira pessoa que descreveu o processo de serrar diamante foi Johannes de Laet de Antuérpia em seu livro *De Gemmis et Lapidibus*, em 1647. Três anos antes, em 1644 fora editada a obra de Anselmus Boetius (de Boot) em Lion: *Le Parfait Jaeallier*, que descrevia a mesma técnica para pedras preciosas menos duras, sem referência ao diamante.

Por volta da metade do século XVII (segundo alguns historiadores – 1644) foi desenvolvido um novo tipo de lapidação, que ficou conhecido como Talhe Mazarin (em homenagem ao cardeal francês Mazarin). Ver figura 205.

É atribuída ao veneziano Vincenzio Peruzzi (no final do século XVII) a invenção do talhe de 58 facetas, com o contorno da cintura no formato quadrangular, ligeiramente curvo (figura 206). Com ele estava lançada a concepção básica do talhe brilhante.

No século XIX vão dominar três variações do talhe Peruzzi. Nesta época o fornecimento de diamantes é feito em grande parte pelo Brasil, colônia de Portugal, daí os nomes: Talhe Português ou Lisboa (figura 208) e Talhe Brasil (figura 209). No final desse século surgem as novas minas da África do Sul e um novo nome: Talhe "Old Mine" (figura 210).

Daí em diante surge uma série de talhes diferentes, até se chegar ao talhe brilhante. Posteriormente surgem novidades e outros talhes continuam a aparecer até a presente data (Ver demais figuras que ilustram todos os talhes).

FORMAS DE TALHE
MODELOS ANTIGOS, MODERNOS E ESPECIAIS

TALHE "MESA" OU "TABLE CUT"
Figura 195

TALHE "ROSA" DE 3 FACETAS
Figura 196

TALHE "ROSA" DE 6 FACETAS
Figura 197

TALHE "ROSA" DA HOLANDA
Figura 198

TALHE "ROSA" DA HOLANDA TRIPLO
Figura 199

TALHE "ROSA" DE AMBERES
Figura 200

Figura 201

TALHE MEIA ROSA DA HOLANDA

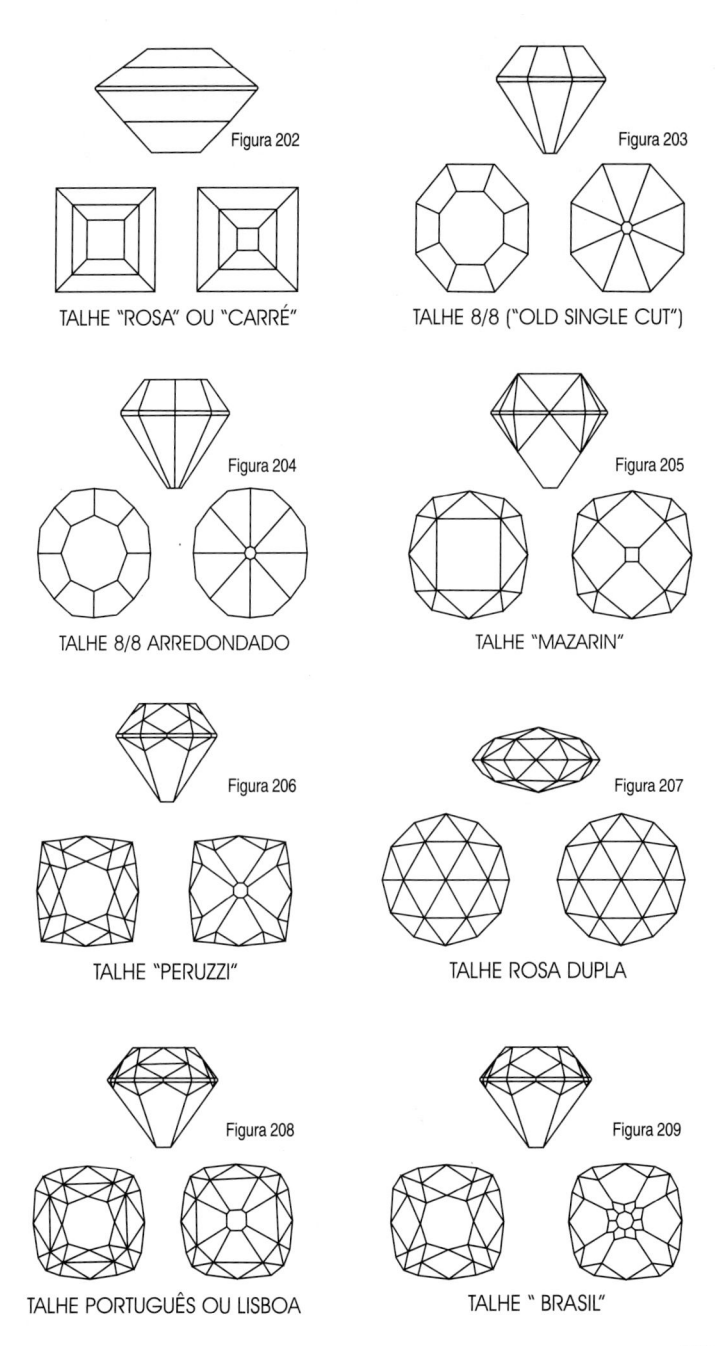

TALHE "ROSA" OU "CARRÉ"

Figura 202

TALHE 8/8 ("OLD SINGLE CUT")

Figura 203

TALHE 8/8 ARREDONDADO

Figura 204

TALHE "MAZARIN"

Figura 205

TALHE "PERUZZI"

Figura 206

TALHE ROSA DUPLA

Figura 207

TALHE PORTUGUÊS OU LISBOA

Figura 208

TALHE " BRASIL"

Figura 209

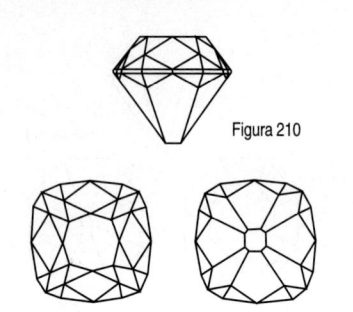

Figura 210

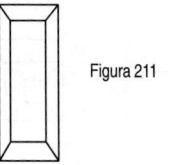
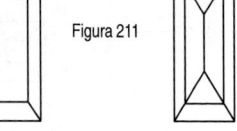

Figura 211

TALHE "OLD MINE" (MINA ANTIGA)

TALHE "BAGUETTE"

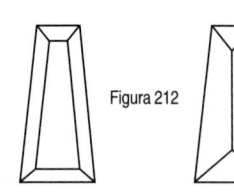

Figura 212

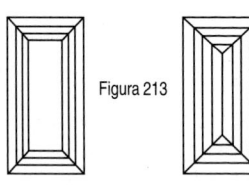

Figura 213

VARIAÇÃO DO TALHE "BAGUETTE"

"CUSHION SHAPE"

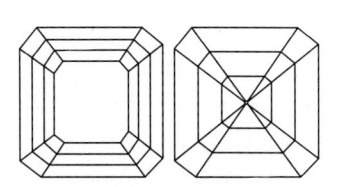
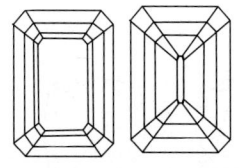

TALHE ESMERALDA QUADRADA

TALHE ESMERALDA RETANGULAR

Figura 214

Figura 215

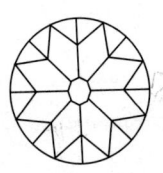

TALHE EUROPEU ANTIGO

Figura 216

  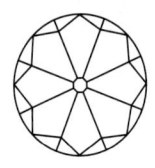

TALHE "JEFFRIES" OU INGLÊS

Figura 217

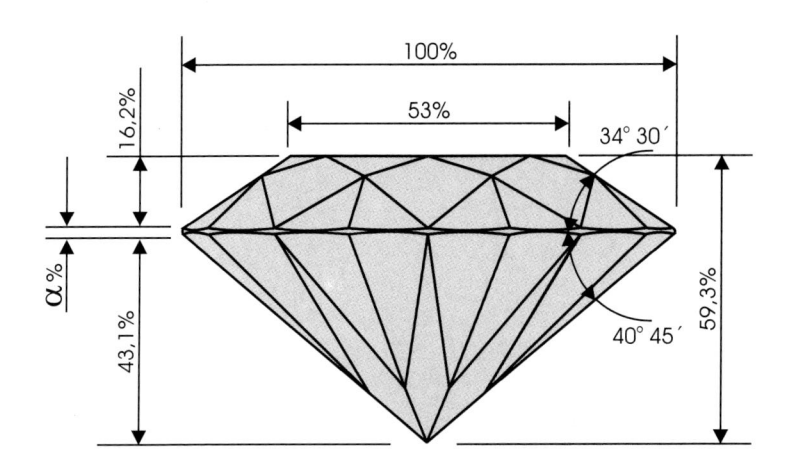

O talhe brilhante ideal, de
acordo com Tolkowsky
Figura 218

TALHE IDEAL OU AMERICANO (BRILHANTE)

Figura 219

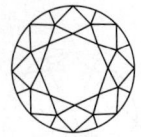  

TALHE EUROPEU (EPPLER) (BRILHANTE)
Figura 220

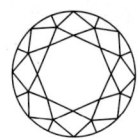  

TALHE SCAN. D. N. (BRILHANTE)
Figura 221

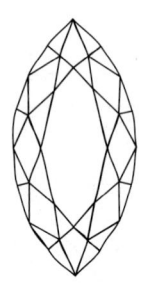 

"MARQUISE" OU "NAVETTE"
Figura 222

"ELÍPTICO" OU "OVAL"
Figura 223

"GOTA", "LÁGRIMA" OU "PÊRA"
Figura 224

"PENDELOQUE"
Figura 225

TALHE "CORAÇÃO"
Figura 226

TALHE EM FORMA
DE ESTRELA
Figura 227

 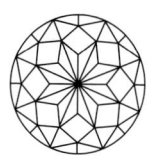 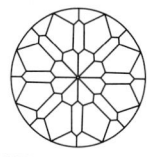

TALHE "PRINCESA"
Figura 228

TALHE "JUBILEU"
Figura 229

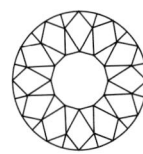 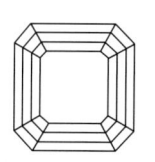

TALHE "KING"
Figura 230

TALHE "BARION"
Figura 231

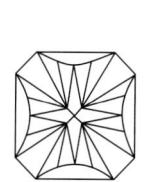 

TALHE "MAGNA"
Figura 232

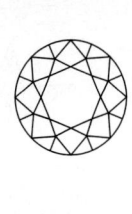  

TALHE "ROYAL"
Figura 233

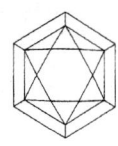 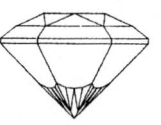 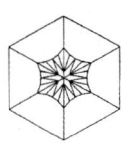

TALHE "FIRE ROSE"
Figura 234

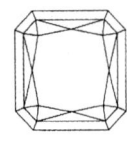 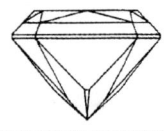 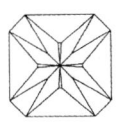

TALHE "SUNFLOWER"
Figura 235

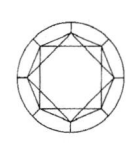  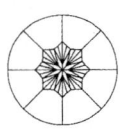

TALHE "ZINNIA"
Figura 236

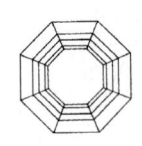  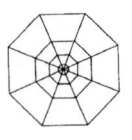

TALHE "MARIGOLD"
Figura 237

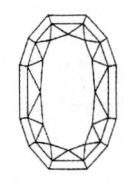  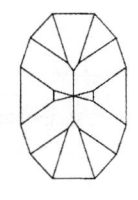

TALHE "DAHLIA"
Figura 238

O brilhante redondo é a forma mais popular de todos os diamantes lapidados.

O formato oval é uma adaptação do brilhante redondo e parece maior que uma pedra arredondada do mesmo quilate.

Navette é o nome dado ao formato do diamante que é comprido e fino em ambas as extremidades.

O formato de coração é a mais romântica das formas conhecidas como "fantasias".

O diamante de lapidação do tipo esmeralda é retangular, com facetas em cada uma das laterais e através dos cantos.

O formato de pêra é o nome inglês dado para o "pendente" francês, equivalente ao nosso formato de gota.

A lapidação quadrada, também conhecida como lapidação Princesa, é de um brilho fulguroso.

Figura 239

Fotos e texto gentileza: De Beers

Figura 240

A lapidação Flanders é uma das formas mais novas de talhe, possuindo 60 facetas.

Foto gentileza: HRD (Conselho Superior do Diamante)

2) FACETAS DO TALHE BRILHANTE E SEUS NOMES

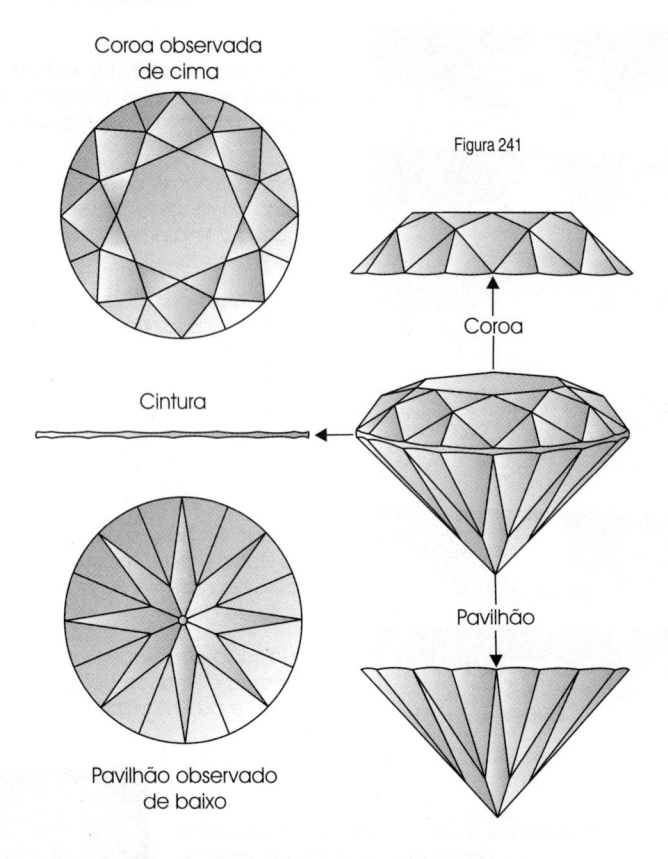

Coroa observada de cima

Figura 241

Coroa

Cintura

Pavilhão

Pavilhão observado de baixo

QUANTIDADE DE FACETAS NUM TALHE BRILHANTE

Mesa		1	Culassa		1
Papagaio ou Bezel		8	do pavilhão		8
Estrela		8	Inferior da cintura		16
Superior da cintura		16	Total do pavilhão		25
Total da coroa		33	Total de facetas (incluindo a culassa)		58

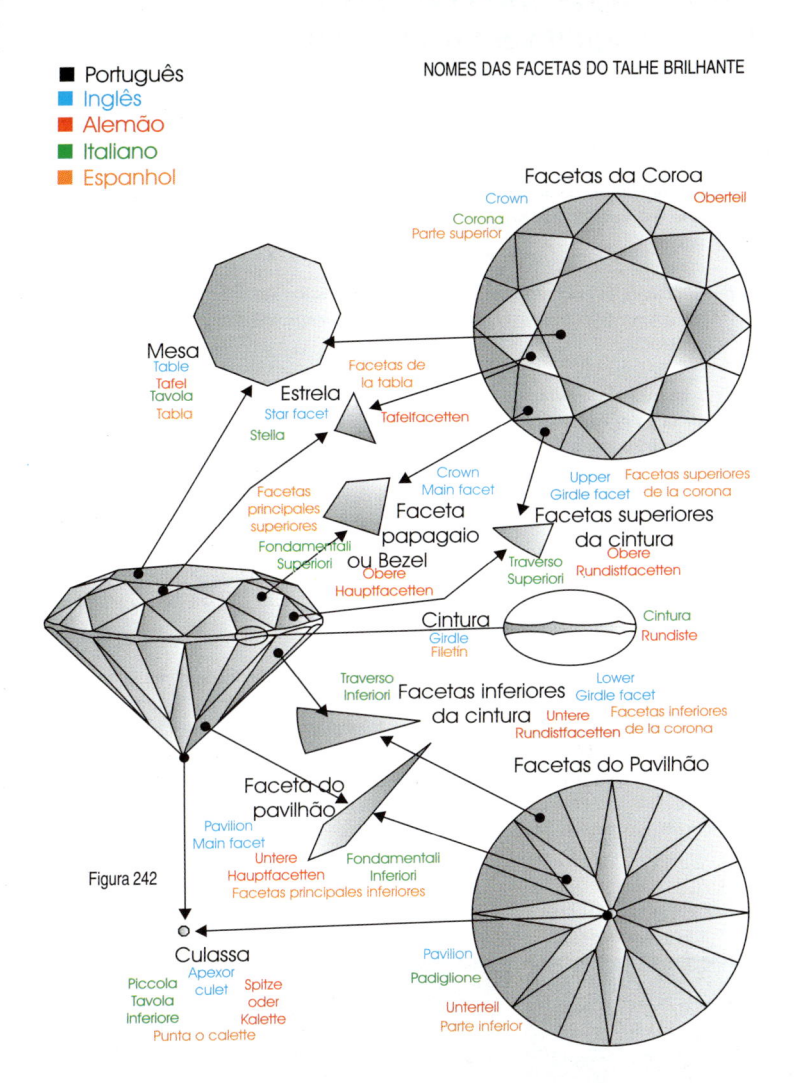

NOMES DAS FACETAS DO TALHE BRILHANTE

■ Português
■ Inglês
■ Alemão
■ Italiano
■ Espanhol

Facetas da Coroa
Crown · Oberteil
Corona
Parte superior

Mesa
Table
Tafel
Tavola
Tabla

Facetas de la tabla
Tafelfacetten

Estrela
Star facet
Stella

Crown Main facet

Faceta papagaio ou Bezel
Facetas principales superiores
Fondamentali Superiori
Obere Hauptfacetten

Facetas superiores da cintura
Upper Girdle facet · Facetas superiores de la corona
Obere Rundistfacetten
Traverso Superiori

Cintura
Girdle · Cintura
Filetin · Rundiste

Facetas inferiores da cintura
Traverso Inferiori
Lower Girdle facet
Untere Rundistfacetten · Facetas inferiores de la corona

Faceta do pavilhão
Pavilion Main facet
Untere Hauptfacetten · Fondamentali Inferiori
Facetas principales inferiores

Facetas do Pavilhão

Culassa
Piccola Tavola inferiore · Apexor culet · Spitze oder Kalette
Punta o calette

Pavilion
Padiglione
Unterteil
Parte inferior

Figura 242

147

3) TRABALHANDO O DIAMANTE
TÉCNICAS, EQUIPAMENTOS E FERRAMENTAS

Por especial gentileza do amigo, Prof. Eduardo Frank Kesselring, é reproduzido texto dele sobre este assunto, do qual ele é um profundo "connoisseur".

Primeiramente deve-se fazer um estudo atento do diamante em bruto, mediante meticuloso e detalhado exame (figuras 244 e 245), que nos leva à seguinte classificação seletiva:
I – diamante lapidável
II – diamante impróprio para lapidação; aproveitável na indústria
III – diamante não lapidável: boart, balla, carbonado, empregados exclusivamente na indústria.

Caso se trate de um diamante lapidável, conforme o valor da pedra, o estudo poderá se estender por vários dias, semanas e até meses a fio. Tratando-se de pedras grandes, são feitos vários modelos em gesso para um estudo mais acurado.
O estudo visa inicialmente os seguintes pontos de capital importância para uma segunda etapa de decisão a ser tomada posteriormente:

a) o melhor aproveitamento em peso (figura 246);
b) escolha do talhe adequado, também para melhor rendimento em peso (fig. 247);
c) localização de eventuais imperfeições e tentativa para eliminá-las ou minimizar os prejuízos que daí possam advir (figuras 248 e 249).

Para melhor localização e observação das imperfeições (inclusões) em alguns casos, abre-se uma "janela" na pedra. A abertura da "janela" consiste no polimento superficial de uma pequena porção do cristal, a fim de melhorar a penetração visual no interior da pedra, ou em outras palavras, semelhante a uma pequena faceta. A escolha do local ou porção da pedra onde será feita a janela também é importante, pois facilita a procura de possíveis defeitos internos e a sua correta localização, o que terá importantes implicações nas futuras decisões para melhor aproveitamento da pedra.

VÁRIOS TALHES DE DIAMANTES
Fotos gentileza: De Beers

DIAMANTES EM BRUTO
Fotos gentileza: De Beers

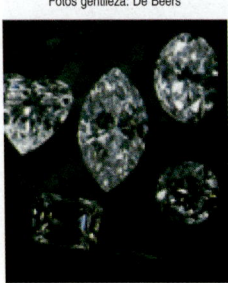  

Figura 243　　　　　　Figura 244　　　　　　Figura 245

DUAS OPÇÕES PARA O APROVEITAMENTO DO OCTAEDRO

Figura 246   Figura 247

EXCLUINDO PARTE DAS PEDRAS QUE TÊM INCLUSÕES GRANDES

Figura 248   Figura 249

Após o meticuloso exame da pedra, com ou sem janela, e detectadas as eventuais imperfeições, passa-se à seguinte etapa. Vamos admitir, como exemplo, que temos em mãos 3 diamantes dos tipos mais comuns:

1 – um octaedro bem formado sem inclusões;
2 – um diamante de forma irregular com uma grande inclusão;
3 – um diamante de tipo "fechado".

Estes três diamantes nos levam a outra classificação decisiva, que nos dá as seguintes alternativas:

I – pedras serráveis;
II – pedras cliváveis;
III – pedras fechadas – sem direção constante de lapidação.

O octaedro é sem dúvida alguma uma pedra que se enquadra no item I, ou seja, deve ser serrada (salvo raras exceções).

No caso de um diamante de forma irregular com uma grande inclusão, a pedra deverá ser clivada (salvo raras exceções).

No terceiro caso, o menos comum, a pedra é geralmente desbastada no disco.

É muito importante que se lembre sempre o seguinte: as alternativas são dadas pela própria natureza da pedra e não pela livre vontade do diamantário. Em outras palavras, quando uma pedra necessita ser dividida por este ou aquele motivo, ela somente poderá sê-lo segundo a natureza das direções ou veios de clivagem ou de serra.

Cabe aqui esclarecer que a operação de clivar é quase instantânea, não contando, é claro, os preparativos preliminares, ao passo que a operação de serrar é muito mais demorada, podendo levar horas e até muitos dias, excluindo os muitos problemas que poderão ocorrer durante a operação.

Dando seqüência ainda com o exemplo prático de primeiro caso, do octaedro, nos deparamos com a seguinte situação: se o proprietário ou joalheiro desejar um par de brincos deste octaedro, a pedra tem que ser serrada na linha da base das duas pirâmides, pois nessa direção a pedra não pode ser clivada, não importa se a operação de serrar leve mais tempo do que a clivagem.

Marcação da pedra (figura 250).

Tomada a decisão segundo a alternativa de cada caso, a pedra deve ser marcada para que o serrador ou clivador saiba qual a linha de separação ou onde a pedra deve ser serrada ou clivada. Para tanto, faz-se um traço fino com tinta nanquim preta, usando uma pena muito fina, sobre a superfície ao redor da pedra, no local em que a mesma vai ser serrada ou clivada.

Tanto a pedra como a ponta dos dedos deve ser bem desengordurada para que a tinta possa aderir bem na superfície do diamante.

Fotos gentileza: De Beers

Figura 250

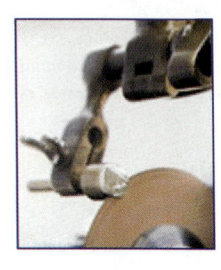
Figura 251

Figura 252

1 – PRIMEIRA ALTERNATIVA: SERRAR (figuras 251 e 252).

É o processo mais freqüentemente usado na divisão de um diamante.

Esta operação não deve ser entendida no verdadeiro sentido gramatical do verbo "serrar", isto é, como o serrote serra a madeira. Na realidade o diamante é desgastado pelo atrito com o disco metálico que gira em alta rotação, impregnado com pasta de pó de diamante.

Via de regra, a maioria das pedras são serradas e para tanto existem oficinas especializadas nesta operação, que possuem várias baterias de máquinas de serrar, cerca de 100 unidades ou mais.

Apenas um operador trabalha com dezenas de unidades ao mesmo tempo.

Equipamento: máquina de serrar acionada por motor elétrico (nas oficinas especializadas funcionam dezenas de baterias de máquinas).

Ferramentas: discos de cobre ou bronze fosforoso de várias espessuras; jogo de "plateaux" (flanges) de ferro, de vários diâmetros; rolete para aplicação do pó de diamante misturado com óleo; jogos de "chatões" e cola; ferramenta para tornear os discos (centragem); lupa para exame do trabalho.

Processo de serrar

Antes de ser iniciado o corte pela serra, são tomadas várias precauções preliminares, como veremos a seguir:

O disco de bronze, ou serra, deve girar na máquina perfeitamente centrado; para tanto, é ligeiramente torneado de tal forma que as bordas do disco fiquem em ângulo reto, isto é, cantos vivos. Os "plateaux" devem estar bem ajustados e com o maior diâmetro possível, a fim de eliminar completamente qualquer vibração. A rotação deve ser escolhida para cada caso e varia de 10.000 a 14.000 rotações por minuto. A pedra é colocada corretamente entre os chatões (suportes) e contrapeso ajustado.

Tratando-se de pedras maiores, à medida que o corte se aprofunda, os discos são trocados por outros de menor espessura.

Citaremos aqui dois dos maiores problemas que costumam surgir: a deriva ou desvio no corte e outros diamantes inclusos, que constituem o pavor dos serradores.

O serrador examina com a lupa cuidadosamente a coincidência do disco com a marca de nanquim na pedra antes de iniciar o corte. A pedra baixa lentamente sobre o disco (serra) em alta rotação. Há na máquina vários parafusos colantes para ajustar a posição correta da pedra. A mistura de pó de diamante com óleo é aplicada no disco com o rolete, quando for necessário.

Periodicamente, o serrador examina com a lupa o andamento do corte.

Em alguns casos não há necessidade da serra atravessar toda a pedra, a fração mínima que ainda resta pode ser "quebrada" depois com ligeira pressão entre os dedos da mão.

2 – SEGUNDA ALTERNATIVA: CLIVAR

A clivagem é uma propriedade que os minerais possuem de poderem ser separados segundo determinados planos cristalográficos, quando submetidos à ação de uma força nesse sentido (figuras 253 e 254).

A clivagem é sempre empregada nos casos em que a divisão da pedra, por conveniência de aproveitamento, assim favorecer. Em outras palavras, como exemplo, um pequeno defeito situa-se a 2/3 do corpo da pedra e por coincidência bem no veio de clivagem. É mais do que óbvio que a pedra terá que ser clivada nessa direção, mesmo porque aí o corte pela serra seria impraticável.

Equipamento: banco de clivagem – consiste num pequeno bloco de madeira sobre o qual há uma abertura com um recipiente metálico entre dois pequenos pinos de apoio. Projetando à frente sob o bloco, um suporte de madeira com um furo cônico central. Dos lados, pequenas gavetas para a guarda de fragmentos de diamante (lascas).

Ferramentas: Lâmina de aço apropriada; bastão de metal ou martelo apropriado; bastões de madeira; cola especial; espiriteira; lupa para exame.

Processo de clivagem (figuras 255, 256 e 257).

Basicamente, o processo consiste na abertura de um sulco na pedra a ser clivada, no qual é colocada a lâmina que sob o impacto de um golpe partirá o cristal. Como exemplo para clivagem citamos a pedra de formato irregular com um grande defeito. Procura-se o veio ou plano de clivagem para que a pedra possa ser dividida de tal modo a eliminar o defeito. Determinado o plano de clivagem, a pedra é marcada com tinta nanquim. A seguir a pedra é colocada no bastão cônico de madeira.

Uma pequena lasca ou fragmento de diamante já reservado para esse fim também é colocado noutro bastão idêntico para servir como ferramenta de corte. A abertura ou "entrada" é conseguida pelo atrito da lasca (ferramenta) contra a pedra a ser clivada. Para tanto, segura-se um bastão em cada mão, apoiando-os contra os pequenos pinos situados na parte superior da banca de clivagem, a fim de se obter maior firmeza no trabalho. Com curtos movimentos de vaivém e bastante prática, um sulco ou canal em forma de "V" vai sendo aberto. Aberta a "entrada" e verificando o seu correto ângulo, o bastão é fixado em posição vertical no furo cônico existente no suporte do banco de clivagem. O cabo dos bastões tem a mesma conicidade do furo, a fim de se adaptarem perfeitamente um no outro. Com o devido cuidado e firmeza segura-se com uma das mãos a lâmina de aço de tal modo que o "fio" se encaixe perfeitamente na "entrada".

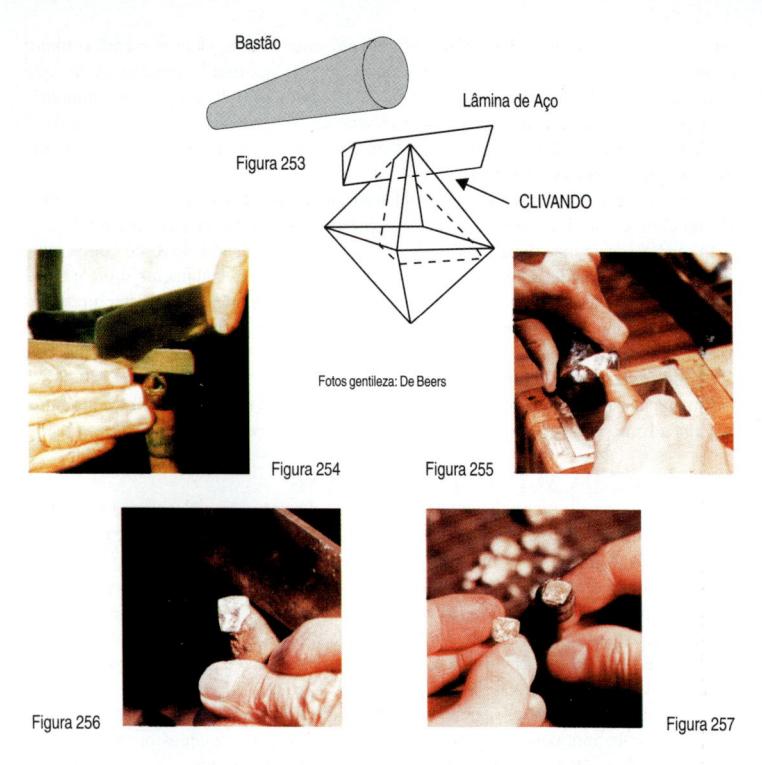

Bastão

Lâmina de Aço

Figura 253

CLIVANDO

Fotos gentileza: De Beers

Figura 254   Figura 255

Figura 256   Figura 257

Em seguida, com o bastão de metal é dado um golpe firme sobre a lâmina que, fazendo pressão sobre os lados do canal ou entrada, clivará a pedra.

O "fio" da lâmina é ligeiramente arredondado e não deverá tocar no vértice (fundo) do canal.

Durante a abertura da "entrada" os resíduos são recolhidos no recipiente metálico situado entre os dois pinos de apoio.

Os clivadores usam um grande avental de couro preso ao pescoço e na bancada, para aparar a pedra clivada e eventuais fragmentos resultantes da separação do bloco original.

3- REBAIXAMENTO

As pedras, cujo formato não comportarem uma divisão quer pela serra ou pela clivagem, terão, antes da lapidação, o rebaixamento ou desbaste da pedra até que seja formado o plano da mesa. Daí por diante procede-se ao torneamento e à lapidação, como veremos a seguir.

Torneamento

O torneamento é o processo de arredondamento do contorno da cintura da pedra, a fim de torná-la circular nos brilhantes de talhe moderno (figura 258).

Não obstante, outras formas de talhe, não totalmente circulares, também são torneadas, tais como a marquise, gota e elíptica.

Equipamento: pequeno torno de bancada com contraponta, para diamante. Assemelha-se a um torno comum para madeira, com polias escalonadas para mudança de velocidade, placa excêntrica para facilitar a centragem da pedra, contraponta e um recipiente metálico para recolher as partículas de diamante.

Ferramentas: jogos de "dops" de latão; bastão longo de madeira, em cuja extremidade é rosqueado o "dop"; bico de gás e suporte para aquecimento da pedra; cola especial; giz para marcar a centragem do diamante; pinça; lupa para exame.

Processo de tornear

• Fase preliminar

Daremos seqüência, como exemplo, a pedra (octaedro) descrita no processo de serrar. Inicialmente, rosqueia-se o "dop" de latão numa haste de ferro para aquecimento na chama do bico de gás, usando-se um suporte adequado para esse fim.

Coloca-se um pouco de cola especial na ponta do "dop" ainda quente. Ao mesmo tempo, com uma pinça leva-se a chama do diamante para aquecimento somente até quando começar a avermelhar, com todo cuidado.

Em seguida, cola-se a pedra pelo lado da mesa no "dop". A pedra é cuidadosamente comprimida e ajustada na ponta do "dop".

Depois de resfriar, o "dop" é desatarrachado da haste de ferro e rosqueado na placa do torno. Faz-se cuidadosa centragem do dop na placa.

Pelo mesmo processo acima, outro "dop" é preparado com a parte menor do octaedro ou outro pedaço de diamante imprestável para ser lapidado. Este "dop" é rosqueado no bastão longo e desempenhará o papel de uma ferramenta de desbaste.

• Torneamento ou "bruting"

O torno é posto em movimento rotativo, girando para frente.

O torneador segura firmemente com as duas mãos o bastão longo, apoiando-se num suporte próprio e ajustável, preso no barramento do torno, de tal modo que a outra extremidade fique sob o braço do operador para maior firmeza.

Aplicando a ponta do diamante do bastão contra a pedra em rotação, o torneador vai lenta e cuidadosamente desgastando por atrito os quatro cantos do octaedro serrado (figura 259). Com habilidade e prática o operador consegue obter um contorno circular perfeito. Para aproveitamento máximo em peso, às vezes a pedra não é totalmente torneada, ficando uma ou mais partes da cintura sem ser totalmente trabalhada. Estas porções são chamadas "naturais", isto é, resquícios da cintura original.

Após o torneamento a pedra adquire a forma cônica, com uma pequena base cilíndrica destinada à futura cintura do brilhante.

Em seguida, a pedra é descolada por ligeiro aquecimento, virada e colada normalmente em outro tipo de "dop" para esse fim. Após nova centragem no torno, a quina viva na base cilíndrica é ligeiramente chanfrada pelo mesmo processo de torneamento, também chamado de "quebra de canto de mesa".

As partículas de diamante que vão se desprendendo são recolhidas no recipiente metálico situado logo abaixo da placa do torno.

Após esta última operação, a pedra está pronta para a fase de lapidação propriamente dita.

As pedras de contorno circular misto, entre elas a marquise, a gota e o talhe elíptico, também são torneadas, porém com "dop" especial.

Marcação da cintura

Para orientar melhor a abertura das primeiras facetas, costuma-se fazer uma marca ao redor da cintura ou linha divisória entre a coroa e o pavilhão.

Para isso, emprega-se um pequeno instrumento feito na própria oficina de lapidação e que consiste num suporte de metal, geralmente de latão, com um parafuso em cuja extremidade é fixado um pequeno disco feito do mesmo material dos discos de serrar diamante.

Apoiando-se a pedra torneada com a mesa voltada para baixo no suporte e girando-a contra o pequeno disco fixo no parafuso cuja altura é regulável, o metal deixa um traço indelével ao redor da cintura fosca da pedra.

Em seguida a pedra é levada à chama de gás por alguns segundos para "queimar" o traço, isto é, fixá-lo bem na cintura.

Fases da lapidação

Equipamento: bancada de ferro ou madeira reforçada, onde giram os discos de ferro fundido, acionados por motor elétrico.

Os discos são montados em eixos de ferro que giram em mancais de madeira na direção anti-horária, isto é, da direita para a esquerda, com perfeito balanceamento e nivelamento.

Há equipamentos em que os eixos giram apoiados em rolamentos, tal qual a máquina "tupia" usada nas oficinas de marcenaria.

FASES DA LAPIDAÇÃO BRILHANTE

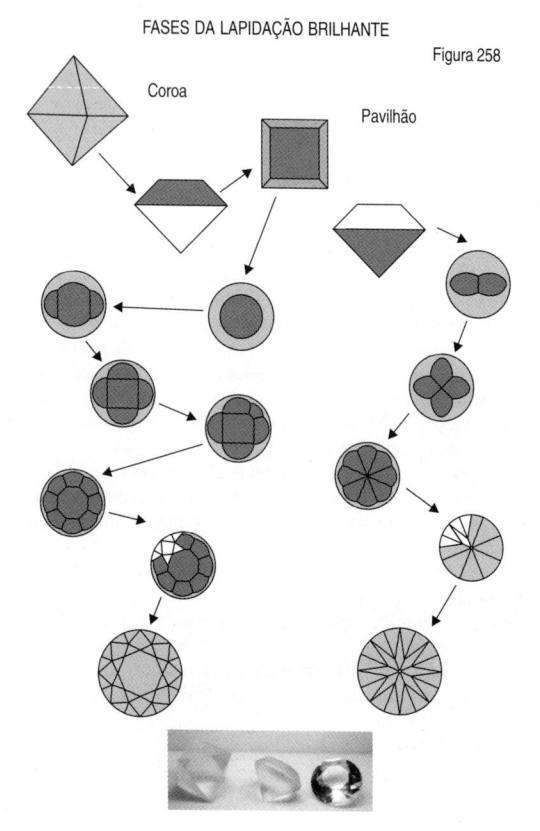

Figura 258

Coroa

Pavilhão

Ferramentas: sortimento de discos montados em eixo, de liga de ferro fundido especial; sortimento de cavaletes, suportes, jogos de "dop", de chatões e de grifas; pó de diamante misturado com óleo; lupa do tipo conta-fio, de 8x; transferidor graduado para verificação dos ângulos.

Lapidação

A pedra já torneada e com a cintura marcada é presa no "dop" adequado e este, no cavalete, através de um pedaço de arame de cobre maleável. O lapidário, na maioria dos casos, segura o cavalete com a mão esquerda, apoiando-se sobre a bancada entre o suporte móvel.

No disco ou roda (mó) ficam reservadas 3 faixas, a mais central e menor para testar a inclinação da pedra, a faixa central para lapidar e a faixa periférica para o polimento.

Fotos gentileza: De Beers

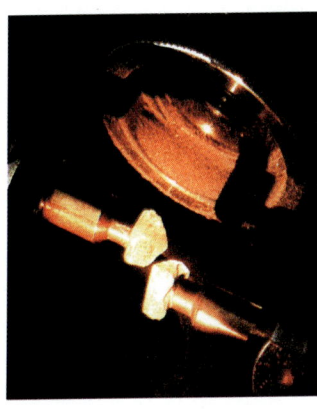

Figura 259

Figura 260

O lapidário inicia o trabalho testando cuidadosamente a posição da inclinação da pedra pela marca do pó (pasta) de diamante, deixada na pedra pelo disco em movimento (alta rotação). Para tanto, baixa lentamente o cavalete, que de um lado está apoiado sobre a bancada, sobre o disco, até que a pedra toque no mesmo, a fim de deixar a marca preta do pó. Retira o cavalete da roda e, com a mão direita, apanha a lupa e observa atentamente a posição da marca; conforme o caso, aumenta ou diminui a inclinação do "dop" para a abertura do ângulo certo na faceta.

O trabalho é iniciado na coroa, pela abertura das primeiras quatro facetas opostas entre si, formando a mesa e contorno quadrado. Em seguida vai seguindo o trabalho conforme a figura 260, até terminar com o polimento, com um pó de diamante mais fino, na faixa periférica do disco.

QUARTA PARTE

1) DIAMANTES SINTÉTICOS, SUBSTITUTOS, IMITAÇÕES, ETC.

1 – DIAMANTES SINTÉTICOS

Um dos pioneiros nas pesquisas para fazer o diamante sintético foi o químico escocês J.B. Hannay, que publicou, em 1880, num boletim da " Royal Society", um resumo de suas experiências. Outros pioneiros nos estudos e experiências para criar diamantes sintéticos foram: Henri Moissan, Charles A. Parsons, Henri Lemoine e H. Karabacek. A história moderna do início da produção em escala comercial do diamante sintético começa paralelamente em dois países: a Suécia e os Estados Unidos da América.

Os primeiros diamantes sintéticos foram fabricados pela empresa sueca ASEA – Allmänna Svenska Elektriska Aktuebikaget, em Estocolmo, em 16 de fevereiro de 1953. Contudo, com medo de que a invenção fosse roubada, os suecos nada divulgaram a respeito. Somente após ter sido divulgada a invenção dos diamantes sintéticos pela General Electric, em 16 de dezembro de 1954, é que os suecos comunicaram a sua experiência, quando a GE já tinha divulgado e publicado o seu trabalho, condição para ser reconhecida como a primeira produtora mundial de diamantes sintéticos.

Os primeiros trabalhos se desenvolveram no sentido de construir uma prensa capaz de produzir uma pressão superior a 1.000.000 psi (libras por polegada quadrada) sob alta temperatura. Após varias modificações no projeto original, foi conseguida a fantástica pressão de 3.000.000 psi e 5.000° simultaneamente.

Finalmente em 1954, H.T. Hall e sua equipe da GE conseguiram obter pequenos diamantes sintéticos, para fins industriais.

Em maio de 1970, quinze anos após o início da produção, a General Electric anunciou que havia conseguido produzir cristais de diamante sintético de qualidade gemológica. Para o crescimento de diamante de uso gemológico, o método usado é o de transporte de carbono em uma solução de um metal; o crescimento é lento, cerca de 1mm por dia, para impedir nucleação espontânea e germinação. O equipamento pode ser um "belt de Hall" ou uma prensa tetraédrica de Hall.

Hoje em dia existem vários países que produzem o diamante sintético, quer para finalidades científicas e industriais (figura 261), quer para finalidades gemológicas (figura 263): Estados Unidos da América, Japão, Rússia, China, Suécia, África do Sul, Alemanha, etc.

O Brasil não ficou alheio a esse desenvolvimento, conforme afirma o Professor Dr. Pércio de Moraes Branco: *"Cientistas do Grupo de Alta Pressão do Instituto de Física da UFRGS passaram a pesquisar a síntese do diamante através dos métodos de alta pressão e de CVD (chemical vapor deposition), figura 262. Em 1986, aquela equipe obteve os primeiros cristais de diamante, usando o método da alta pressão. Com uma prensa de 500kg e pressão de 55.000 atmosferas, transformaram grafita em diamante. Uma mistura de 5g de carbono em pó com níquel (que funciona como catalisador) foi compactada na forma de pastilhas com 1cm de diâmetro e colocada numa câmara*

Belt e aí submetida à temperatura de 1.500° C (Lopes 1990). Nessas condições, após 5 minutos a grafita se transforma em diamante, seguindo-se um banho ácido para remoção do catalisador. Essa remoção não é completa e diamantes procedentes dos Estados Unidos, obtidos com uso de níquel, mostram 0,2% deste metal, o que os torna magnéticos (Branco 1992)."

Também o Laboratório Associado de Sensores e Materiais do INPE iniciou em 1991 um projeto de crescimento de diamante-CVD. Muitas das aplicações estão voltadas para a área espacial e contam com a cooperação da Universidade São Francisco-USP, UNICAMP (chips de supercomputadores), UNESP e USP (Instituto de Física). Entre algumas utilidades deste produto ao público em geral estão: brocas e serras para perfuração e cortes de vidros e pedras, brocas para uso odontológico, etc. O grande futuro parece que vai estar na Nanotecnologia, na criação de dispositivos eletrônicos ultrapequenos, talvez na ordem de um milhão de vezes menores que um milímetro.

O diamante sintético lembra o diamante natural na maioria das suas propriedades fundamentais, conservando a dureza extrema, uma grande transparência (quando puro), alta condutividade térmica e alta resistividade elétrica, pelas quais o diamante é bastante apreciado.

Em 1990 a produção de diamantes sintéticos atingiu 385 milhões de quilates (55% da GE; 35% da De Beers e 15% dos demais produtores). No ano de 2002 uma indústria americana, a Gemesis, vai aplicar 25 milhões de dólares para abrir uma fábrica nos EUA. Calcula-se que ela vai produzir anualmente 40.000 pedras sintéticas no valor de 80 milhões de dólares.

Os russos estão vendendo muitas gemas sintéticas e através de uma firma que importa deles, a "Ultimate Created Diamond Co. (UCD), vêm introduzindo no mercado norte-americano muitos diamantes sintéticos coloridos.

Segundo o presidente da UCD, os diamantes sintéticos podem ser reconhecidos por:
• inclusões metálicas opacas que resultaram do fluxo da fabricação;
• magnetismo;
• distribuição desigual de cor e zoneamento;
• distinta reação à luz ultravioleta de onda curta (verde ou amarelo forte) e duradoura fosforescência;
• "stop sign" ou padrões de granulação octagonal típicos.

Foto gentileza: De Beers

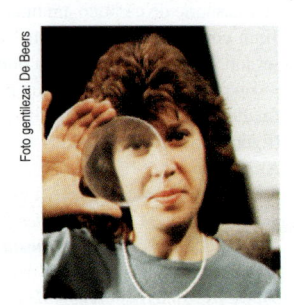

Foto gentileza: De Beers

Figura 261
Diamantes sintéticos industriais

Figura 262
Diamante CVD (Diafilm)
fabricado pela De Beers

Como informações adicionais (que obviamente podem mudar pelas novas técnicas que vão surgindo), para se reconhecer um diamante sintético pode-se acrescentar:

• o diamante sintético é inerte à luz ultravioleta de onda longa (é importante ter um aparelho que tenha as duas ondas de U.V.);

• diamantes sintéticos quase incolores apresentam uma banda característica a 693,7 nanômetros (isso pode ser facilmente visto na espectroscopia Micro-Raman);

• os diamantes sintéticos incolores, azuis e amarelos, ao contrário dos naturais, podem ser atraídos por um potente ímã, devido as suas inclusões metálicas;

• enquanto a fosforescência no diamante azul natural dura uns 15 segundos, no diamante azul sintético dura de 30 a 60 segundos;

• enquanto a fosforescência no diamante incolor ou quase incolor dura 30 segundos ou menos, no diamante incolor ou quase incolor sintético dura 60 segundos ou mais;

• no diamante amarelo natural a fosforescência pode durar 15 segundos ou menos; no diamante amarelo sintético a fosforescência dura de 30 a 60 segundos;

• diamantes vermelhos sintéticos costumam apresentar uma forte banda de absorção a 637 nm, uma mais fraca a 594 nm e outras três mais fracas, na mesma área;

• apesar do afirmado pelo presidente da UCD, muitas inclusões metálicas não são opacas, mas sim prateadas, brilhantes (com um brilho metálico).

Figura 263

Diamantes
sintéticos
gemológicos
em bruto
(peso variando
de 1 a 3 ct)

Foto gentileza:
De Beers

2 – SUBSTITUTOS DO DIAMANTE, IMITAÇÕES

Todo material que é parecido com o diamante pode ser chamado de "substituto do diamante". Esse material pode ser **natural, sintético, artificial (inventado pelo homem), composto ou imitação.** Para examinar esses substitutos do diamante é importante ter vários instrumentos gemológicos ou um bom laboratório montado (figuras 264 e 265).

A – GEMAS NATURAIS

Existem algumas gemas que, pelas suas propriedades cristalográficas e ópticas, produzem efeitos cristalográficos e ópticos semelhantes ao diamante, podendo ser confundidas com ele.

Entre essas gemas naturais pode-se citar: safira incolor, zircão, topázio, etc.

Todos eles são facilmente distinguidos do diamante pelas propriedades diferentes que possuem: índice de refração e densidades relativas muito distantes, birrefringência, inclusões peculiares, etc. Para separá-los basta fazer uma bateria de exames com os instrumentos que foram apresentados no início deste livro. Os exames mencionados abaixo não servem apenas para separar as gemas naturais do diamante, mas também servem para separar o diamante de todos os demais substitutos: sintéticos, etc.

Exames sugeridos:

1– Com lupa de 10x e microscópio (figuras 266 a 268): para verificar estado das arestas, ver birrefringência e inclusões.

2– Polariscópio.

3– Dicroscópio.

4– Balança hidrostática.

5– Líquidos pesados.

6– Refratômetro.

7– Medidor de refletividade (será explicado mais adiante).

8– Espectroscópio.

9– Aparelho de emissão de luz ultravioleta.

10– Pontas de dureza (se possível evitar este exame).

Com estes exames, que o leitor já aprendeu a realizar, dá para separar o diamante das pedras naturais, assim como dos demais substitutos que serão mencionados a seguir.

Figura 264 – O engenheiro de minas e gemólogo Luiz Antônio Gomes Silveira examinando um diamante no seu laboratório, Gem. Lab.

Foto gentileza: Gem. Lab.

Foto gentileza: IBGM

Figura 265 – A gemóloga Jane Leão Nogueira da Gama examinando uma gema no Laboratório Dr. Rui Ribeiro Franco

B – GEMAS SINTÉTICAS

A gema sintética é uma substância produzida artificialmente (em laboratório) que possui composição química, estrutura cristalina e propriedades físicas idênticas ou muito próximas às da gema natural que ela representa. Assim, por exemplo, um rubi sintético, da mesma forma que o natural, possui uma dureza 9, uma densidade relativa próxima a 4, um índice de refração de 1,76, etc.

As seguintes gemas sintéticas são usadas como substitutos do diamante: coríndon sintético, espinélio sintético, rutilo sintético e moissanita sintética.

Mais adiante é dada uma tabela com as principais características de cada uma destas gemas sintéticas. A maioria é facilmente separável do diamante, utilizando-se os instrumentos especificados acima.

Um instrumento que é muito útil e de rápida resposta para se fazer estas análises é o medidor de refletividade, que foi deixado para ser explicado nesta parte do livro, junto com a identificação das gemas sintéticas, pois ele é muito bom para estas análises.

O medidor de refletividade ou reflectômetro (figuras 269 a 271) é um instrumento gemológico que se baseia na emissão de um feixe de energia luminosa sobre a superfície polida e plana de uma gema e a medida da energia luminosa que é refletida.

Alguns desses instrumentos usam uma fonte de luz infravermelha ao invés de uma fonte de luz visível. A gema a ser examinada é colocada com a mesa para baixo sobre a abertura do reflectômetro. No caso de gemas montadas é importante que a faceta escolhida assente firmemente na abertura. A pressão sobre um botão liberta um raio de luz que, de acordo com as leis de reflexão, se reflete na superfície da gema, permitindo que sua intensidade seja medida. Essa intensidade é característica para cada gema, dependendo do seu índice de refração.

Informações importantes a respeito dos medidores de refletividade:

a) eles não se limitam às leituras de 1,81 dos refratômetros (o que é muito bom);

b) seus resultados são **bem menos precisos** que os dos refratômetros porque dependem da superfície refletora, da qualidade do polimento da gema, da limpeza da superfície e de estar com a bateria em ordem.

Figura 266

Microscópio gemológico da Gem Instruments: "GemoLite © Ultima ´B` Mark X" com iluminação incidente.

Foto gentileza: GIA © Gemological Institute of America. Reprinted by permission.

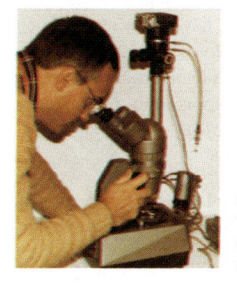

Figura 267
O autor tirando fotomicrografias de diamantes em 1980

Figura 268 – O gemólogo Walter Martins Leite, diretor e coordenador da Rede IBGM de Laboratórios Gemológicos, examinando inclusões no microscópio do seu laboratório.

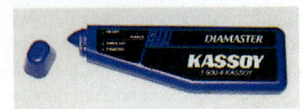

Foto gentileza: I. Kassoy, Inc. (New York)
Figura 269 – "Diamaster" da Kassoy

Existem vários modelos e marcas velhas e novas:

"The Jewler's Eye";
"The Diamond Eye";
"Lustermeter";
"Gem Analyser";
"Gemeter";
"Tatsumi Diamond Tester";
"Diamaster"
"Presidium duotester", etc.

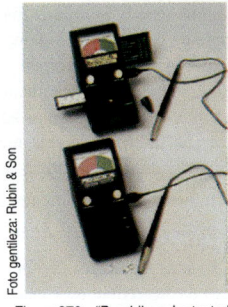

Foto gentileza: Rubin & Son

Figura 270 – "Presidium duotester", que vem com sete substitutos do diamante.

Todos esses aparelhos são ótimos, só que para a última novidade gemológica. Para a **moissanita sintética** eles não servem, ela passa como se fosse diamante. Em virtude disso novos aparelhos foram lançados no mercado, que são capazes de separar a moissanita do diamante, alguns desses aparelhos (reflectômetros) são os seguintes:

"Presidium moissanite tester";
"The Diamond Nite";
"The Moissanite Terminator";
"The Moissketeer moissanite tester", etc.

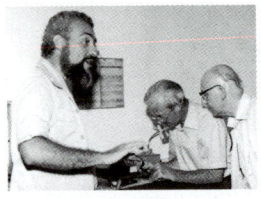

Figura 271 – Prof. José Humberto Iudice em seu laboratório gemológico.
Ao fundo o famoso gemólogo inglês Peter G. Read, analisando um diamante com reflectômetro. Ao lado de Peter G. Read está um membro da Gemmological Association of Great Britain.

De todas as gemas sintéticas, a que tem dado algum problema na identificação é a moissanita. Contudo, além dos exames com os aparelhos acima citados, com uma boa bateria de exames gemológicos, ela pode ser separada do diamante. Veja tabela na figura 272. Com um pouco de iodeto de metileno dá para separá-lo do diamante: ela flutua nesse líquido enquanto o diamante afunda. Este é talvez o melhor exame, pois estão mudando alguns componentes na sua fabricação e ela talvez não responda no futuro ao exame de birrefringência. Nas gemas fabricadas pelo método antigo, olhando-se a gema num sentido oblíquo, dá para se perceber as arestas ligeiramente duplicadas (igual ao desenho do zircão, que foi apresentado no item birrefringência). A moissanita também possui inclusões características (ver tabela – figura 272).

C – GEMAS ARTIFICIAIS

As gemas artificiais são aquelas inventadas pelo homem, no laboratório, que não têm correspondentes na natureza. Entre as gemas artificiais podemos ressaltar: a zircônia cúbica, a fabulita, o YAG e o GGG.

De todas essas gemas artificiais a mais fácil de passar como diamante é a zircônia cúbica (figura 277). Contudo, para um gemólogo ou diamantário experiente é fácil separá-la do diamante (figura 272). Para quem não tem dó de outra pedra que não seja o diamante o exame é fácil. Basta riscar a pedra com uma ponta de rubi sintético (dureza 9), se não for diamante ou moissanita sintética, todas as outras gemas serão riscadas. A zircônia tem dureza 8,5 e portanto o rubi vai riscá-la.

Outro exame rápido e fácil é com o medidor de refletividade (qualquer um vai separar a zircônia do diamante. Outros detalhes estão na figura 272).

Um exame que também pode ser feito é através dos raios-X (o diamante é transparente).

Outro ensaio que pode ser feito é o da caneta com ponta porosa com tinta especial, que é colocada na superfície do diamante ou seu substituto. No diamante a tinta forma uma linha contínua, nas outras gemas a mancha será irregular e malformada (pequenos traços). Esse tipo de caneta é fabricado nos EUA pela Gem Instruments (GIA) e no Brasil pela Casa da Ciência (São Paulo). A superfície da pedra deve estar bem limpa antes de se passar a pena sobre ela.

OUTROS EXAMES SEM APARELHOS

Tanto para as gemas naturais, como para as gemas sintéticas e artificiais existem alguns métodos que podem separá-las do diamante:

1– Na observação com prática: o diamante exibe um brilho, um fogo característico (figura 273) na cintura, um lustro ceroso e cor mate (às vezes "naturais"), arestas e vértices bem definidos e boa qualidade de acabamento. Outro detalhe: na faceta mesa do diamante a imagem refletida é de melhor qualidade.

2– O diamante colocado sobre uma superfície lisa (um papel, por exemplo), com a mesa para baixo (apoiado na faceta mesa), apresenta sempre uma imagem mais fechada do que os substitutos (figuras 274 a 276).

3– Exame de condutividade térmica (o diamante é bom condutor, logo é mais frio). Alguns diamantários fazem este exame experimentando as gemas no rosto (parte sensível para perceber a diferença de temperatura nas gemas). Existem aparelhos medidores de condutividade térmica, que separam o diamante de outras gemas. A condutividade do calor de uma substância pode ser expressa por um número que especifica a quantidade de calor que penetra em seu interior em uma certa unidade de tempo, em uma unidade de área dessa substância de um centímetro de espessura, quando a diferença de temperatura entre as duas superfícies é igual a 1° Kelvin. O "Ceres Diuamond Probe" é um dos instrumentos que mede a condutividade térmica das gemas, separando-as.

4– O diamante adere com facilidade à graxa.

5– Tensão superficial – no diamante uma gota de água permanece esférica por bastante tempo, normalmente a 70° (figuras 278 e 279).

6– Letras e desenhos não são observados através do diamante.

7– Bafejo: os substitutos do diamante ficam embaçados por mais tempo do que o diamante.

8– Qualidade da montagem: para o diamante não se usa prata ou ouro de qualidade inferior.

ATENÇÃO: Todos esses exames são muito delicados e uma pessoa inexperiente pode ser levada a uma conclusão errada. Também não se deve ater a apenas um exame, é importante se fazer "uma bateria de ensaios".

Figura 272

SEPARANDO O DIAMANTE DAS GEMAS ARTIFICIAIS E SINTÉTICAS

NOME	ÍNDICE DE REFRAÇÃO	DISPERSÃO	DENSIDADE RELATIVA	DUREZA	CARACTERÍSTICAS PARA DISTINÇÃO
Diamante	2,417 - 2,419	0,044 (0,025)	3,50 - 3,53	10	Cintura granulosa, sedosa ou fosca; às vezes com "naturais". Dispersão alta, brilho adamantino. Polimento muito bom. Arestas perfeitas.
Moissanita sintética	2,648 - 2,691	0,104 (forte)	3,22	9,75	Usar logo: Diamond tester, Mossanite tester, etc.. Densidade relativa menor (dá p/ separar em líquido pesado - flutua no iodeto de metileno). Inclusões tipo agulha ou tubo.
Zircônia cúbica	2,088 - 2,176	0,065	5,5 - 5,9	8,5	Densidade relativa alta - risca com a ponta de rubi (9). Danos nas arestas.
Rutilo sintético	2,616 - 2,903	0,280	4,20 - 4,30	6,5 - 7	Cor ligeiramente amarelada. Duplicação das facetas causadas pela birrefringência alta. Arestas riscadas.
Fabulita (titanato de estrôncio)	2,409	0,19	5,11 - 5,15	5 - 6	Arestas danificadas (é mole). Inclusões = bolas de ar. Densidade relativa alta.
G.G.G.	2,03	0,038	7,05	6,5	Baixa dureza = danos nas arestas e na culassa. Densidade relativa muito alta.
Yag	1,833	0,028	4,55 - 4,57	8	Densidade relativa alta. Inclusões = bolhas de ar diminutas. Dispersão fraca.
Coríndon sintético	1,764 - 1,778	0,018	3,97 - 4,05	9	Birrefringência. Brilho médio. Dispersão fraca.
Espinélio sintético	1,712 - 1,762	0,020	3,54 - 3,63	8	Inclusões = "bolhas de gás". Dispersão fraca. Birrefringência anômala típica.
Zircão (natural)	1,810 - 2,024	0,039	3,93 - 4,73	7,5	Duplicação de facetas. Birrefringência alta. Arestas danificadas.

Antes de se passar ao exame das gemas compostas e imitações, é dado abaixo um cronograma histórico a respeito das gemas sintéticas e artificiais.

Safira sintética (1904), pelos métodos de Verneuil, Czochralski, etc.

Espinélio sintético (1935), fabricado pelo método de Verneuil.

Titanato de estrôncio – "Fabulita" (1957), pelo método de Verneuil modificado.

YAG (1964 – 1969) – fabricado pelo método de Czochralski.

GGG (1970), fabricado pelo método de Czochralski.

Zircônia cúbica (1970 – 1976), fabricada pelo método "Skull melting".

Moissanita sintética (1980 – 1995), introduzida no mercado em 1998.

Figura 273

Diamante natural exibindo o seu característico "fogo" e brilho adamantino.

Foto gentileza: De Beers

DIAMANTES E SEUS SUBSTITUTOS

Figura 274

O diamante é o primeiro à direita (na 1a fila)

Figura 275

No diamante a imagem é mais fechada

Figura 276

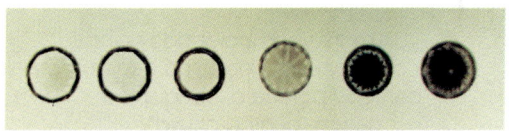

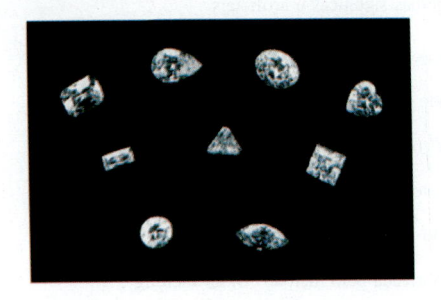

Figura 277

Fotos gentileza: Gem. Lab.

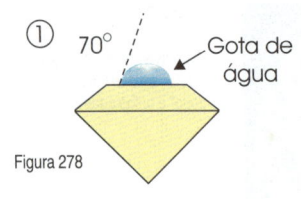

① 70° Gota de água

Figura 278

②

Figura 279

O diamante "não gosta de água", não a absorve (igual a superfície de um carro recém encerado).

Na zircônia cúbica a gota se espalha mais rapidamente.

Figura 280

Diamante bombardeado no ciclotron, na direção do eixo central. Aparece a forma típica de um "guarda-chuva".

D – GEMAS COMPOSTAS

Gemas compostas são aquelas que se obtêm pela colagem ou fusão de duas ou mais peças de certos materiais. As gemas compostas podem ser duplas ou triplas e constituídas dos mais variados materiais (figuras 281 a 285).

No caso do diamante, ele é composto normalmente com as seguintes substâncias: outro diamante (natural ou sintético), corindon sintético, espinélio sintético, topázio, quartzo incolor, vidros, etc.

Reconhece-se o diamante composto verificando-se a presença de uma linha de separação entre a coroa e o pavilhão, ao longo da cintura, ou a presença de bolhas de ar, diminutas, no plano de separação. A diferença de brilho das partes do diamante composto também pode ajudar na identificação.

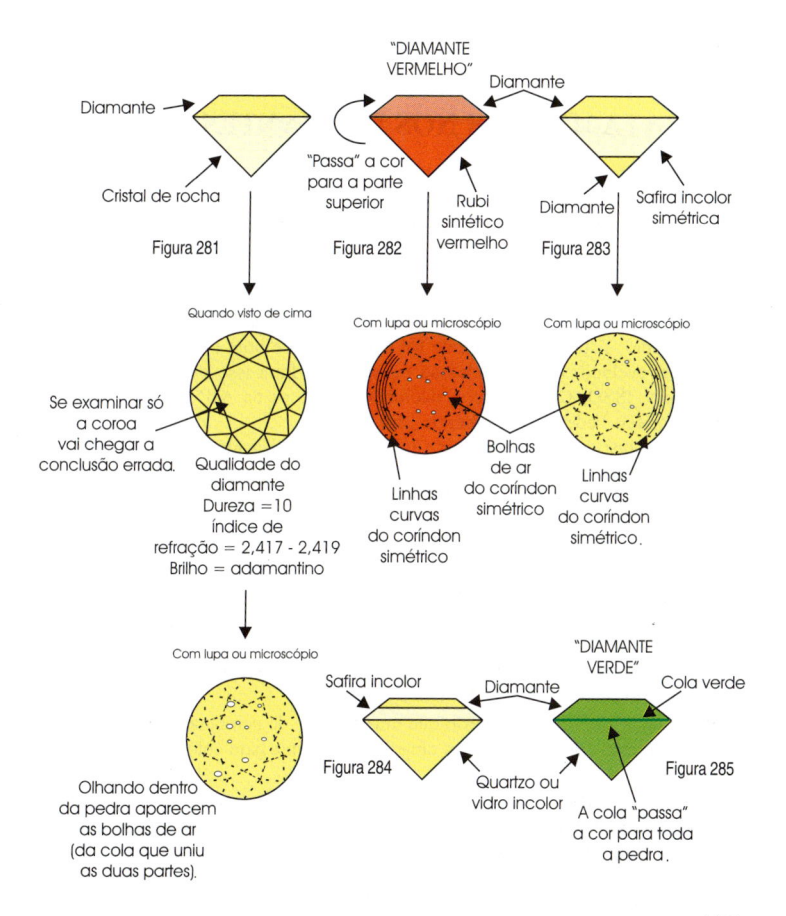

PEDRAS DUPLAS OU TRIPLAS COM DIAMANTE
(DOUBLETS OU TRIPLETS)

167

E – IMITAÇÕES

A imitação tem o efeito de reproduzir semelhança com uma determinada gema natural, de apresentar uma **falsa aparência** com a gema verdadeira.

No caso do diamante, suas imitações são vidros de várias qualidades.

Pode-se identificar os vidros de várias formas:

a) freqüentemente possuem bolhas esféricas ou alongadas dispostas em linhas;

b) por fraturas concóides (com aspecto de concha);

c) por estrias curvas devido a uma mistura incompleta dos ingredientes empregados na sua fabricação;

d) sensação de calor ao tato: os vidros são piores condutores de calor do que a maioria dos cristais, por isso ao tato dão a sensação de serem mais quentes. Pode-se usar a língua que é muito sensível para fazer o ensaio de calor ao tato. O exemplar, bem limpo, é encostado na língua através de uma pinça, para impedir que o calor da mão leve a uma conclusão errada. Efetuando-se uma comparação com uma substância cristalina, a identificação é muito fácil;

e) pelos exames normais com os instrumentos gemológicos.

2 – TRATAMENTOS NOS DIAMANTES

Diamantes tratados são aqueles que são beneficiados por algum processo de aprimoramento de sua cor ou aparência. Pode-se situar os diamantes tratados num campo não muito bem delimitado, com fronteiras entre as gemas naturais e as artificiais. Para muitos, estes tratamentos são válidos e não desmerecem as gemas, pois apenas corrigem pequenas falhas ou lhes dão maior realce de cor ou pureza. Para outros, entretanto, sob o ponto de vista ético, todos os tratamentos deveriam ser revelados e resultar num decréscimo do valor do diamante e outras gemas tratadas. Esta última corrente foi a vencedora e hoje todos os tratamentos devem ser revelados e informados ao consumidor. Para isso existem normas internacionais, ISSO, CIBJO, etc. e nacionais, como as da ABNT no Brasil e do FTC, Comissão Federal do Comércio, dos EUA.

O FTC inclusive obriga a incluir símbolos nos certificados: A, E, N, etc.

A – REVESTIMENTOS NOS DIAMANTES

A-1 – TINGIMENTO

O tingimento de azul num diamante amarelo ajuda este a parecer mais incolor (o azul anula o amarelo). É um método muito antigo, já usado na Índia, consiste em recobrir o diamante com uma película muito tênue de anilina dissolvida em álcool, na parte do pavilhão que fica parcialmente oculta sob as garras da cravação.

Por volta de 1880 foi descoberto que uma solução de permanganato de potássio, muito usado como desinfetante, era uma excelente tinta para colorir o pavilhão dos diamantes.

Após a década de 1920, surgiu um processo idêntico e mais prático: dissolvia-se o corante do papel carbono em álcool e recobria-se todo o diamante num banho muito tênue dessa solução .

Detecção do tingimento: Examinando o diamante cuidadosamente sob a lupa de 10x, principalmente na faixa da cintura, percebe-se que não há uniformidade de cor. As facetas não exibem a mesma cor uniformemente, o reflexo nas facetas também não é uniforme, pois umas facetas ficam mais impregnadas do que as outras.

O diamante deve ser lavado gradualmente por uma série de solventes cada vez mais fortes, detergentes e ácidos, até que o tingimento seja eliminado. Inicia-se com álcool, pois há muitas anilinas e corantes solúveis ao álcool. Depois, por etapas, com acetona, amoníaco, tetracloreto de carbono, éter sulfúrico, etc. Estes solventes não danificam a cravação do anel. Se o tingimento persistir emprega-se cândida, soda cáustica, ácido sulfúrico ou clorídrico. Importante: o manuseio de ácidos somente deverá ser feito por diamantário experiente.

A-2 – REVESTIMENTO COM PELÍCULA DE DIAMANTE

Este processo teve origem no anterior, só que é muito mais recente e moderno, usando-se finas películas de diamante CVD (Diafilm ou processo semelhante) para melhorar a cor ou mudá-la. O diamante natural recebe uma fina película desse diamante sintético, melhorando demais sua aparência.

Detecção: através de observações com o microscópio dá para perceber a camada superposta no diamante natural, quer através da diferença de cor da camada sintética, quer através de suas inclusões diferenciadas.

A-3 – ESPELHO

Neste caso trata-se da transmissão de cor por contato. É um processo muito simples e é usado ainda hoje, não só em diamantes, mas em outras gemas, para realçar-lhes a cor. Este método consiste na colocação de um pequeno espelho metálico colorido no pavilhão do diamante. Este método é conhecido no idioma inglês como "Foil Back Diamonds".

Em gemas montadas, também a cor é melhorada empregando-se uma cravação colorida internamente que modifica a cor natural do diamante. Trata-se porém de um processo muito grosseiro, visível num simples exame mesmo sem o auxílio da lupa.

Detecção: O "espelho" colocado disfarçadamente no pavilhão do diamante é facilmente detectável sob exame da lupa de 10x na faixa da cintura e exame no pavilhão, pois o "espelho" do lado externo tem cor diferente. Se o diamante não estiver montado no anel, o "espelho" é visível mesmo sem o auxílio da lupa.

A-4 – ESPELHAÇÃO

A partir de 1940, muitos brilhantes foram espelhados por um processo mais sofisticado, o mesmo que se usa para aluminizar os espelhos de telescópios e faróis de neblina, conhecidos por "sealed bean", e usados nos automóveis.

Este processo envolve uma câmara de vácuo onde é colocado o diamante e um filamento de alumínio, fluoreto de magnésio, óxido de zircão ou fluoreto de césio. Sob uma descarga elétrica, o filamento volatiza-se formando uma espécie de nuvens de partículas que irão se depositar sobre a gema, recobrindo-a totalmente com finíssima película, tal qual a douração ou prateação executadas em objetos de arte. No idioma inglês, este método é denominado "coating diamonds".

Detecção: A película metálica depositada pelo processo a vácuo é muito resistente e somente poderá ser removida pela fervura no ácido ou pelo mais enérgico dos ácidos, o ácido fluorídrico, que ataca o vidro.

É óbvio que somente um diamantário muito experiente deve manipular estes ácidos, principalmente o fluorídrico, que ataca as membranas da narina, pelas suas emanações vaporosas.

Entretanto, o diamante poderá ser "testado" na roda do lapidário, polindo-se uma faceta do pavilhão, que eliminará a película metálica, evidenciando, assim, o tratamento.

A-5 – TRATAMENTOS NOS DIAMANTES POR MATERIAIS RADIOATIVOS

I - Diamantes Tratados em Cíclotrons

Como ensina o Professor Dr. Rui Ribeiro Franco (1980): *"O tratamento dos diamantes em cíclotrons é realizado colocando-se o diamante, já lapidado, na câmara de vácuo do cíclotron. O calor gerado, quando as partículas se chocam contra o diamante, é intenso, necessitando mesmo ser ele resfriado por meio de água e hélio líquido. Se o resfriamento não for suficiente e controlado, a cor resultante é o castanho e não a cor verde desejada. Diamantes tratados em cíclotrons podem tornar-se de coloração castanho-dourada ou amarela por meio de aquecimento posterior, em temperaturas ao redor de 800ºC. Quando o bombardeio é de pequena duração, a coloração obtida é de natureza superficial e pode desaparecer totalmente pelo repolimento do diamante. Em geral, os diamantes bombardeados adquirem radioatividade apreciável por algumas horas depois do tratamento; depois disso eles deixam de apresentar qualquer radioatividade.*

Detecção: Brilhantes que foram tratados em cíclotrons exibem, às vezes, determinados efeitos de reflexão que lembram a figura de um guarda-chuva aberto, circundando a parte pontiaguda do pavilhão."

Detecção: Isso era devido ao fato dos diamantes serem fixados pela culassa durante o processo de bombardeamento e por esse motivo essa parte não recebia irradiação, ficando com uma pequena mancha que lembra um guarda-chuva aberto (figura 280).

Contudo, esse problema foi resolvido e os diamantes não exibem mais a figura de guarda-chuva. Num exame cuidadoso de fluorescência, pode-se determinar se o diamante foi ou não tratado. Em acurados exames verifica-se que as cores foram superpostas, pois a cor original nunca desaparece completamente. Outro exame que dá para indicar se o diamante foi tratado ou não é o da espectroscopia.

II – Tratamentos por Reatores Nucleares (Pilha Atômica)

Em 1950 descobriu-se que os diamantes podiam ser coloridos sob a ação de reatores nucleares ou pilha atômica, que emitem partículas denominadas nêutrons.

O efeito do tratamento pelo reator é similar ao do cíclotron, porém , com as seguintes diferenças: no reator os diamantes ficam menos brilhantes, a radioatividade gerada pelo reator desaparece em pouco tempo, a mudança de cor é total e não superficial.

Por esse motivo, muitos diamantes brutos tratados pelo reator são fraudulentamente vendidos como naturais.

Este processo é o mais usado atualmente porque os diamantes podem ser tratados em grandes lotes sem um suporte especial para cada gema.

Detecção: A detecção de gemas tratadas pelo reator é mais complexa. Os diamantes devem ser submetidos ao exame espectroscópico, que é o melhor meio de descobrir este tratamento.

III – Tratamento pelo gerador 'Van der Graf '

Por volta de 1953, R.A Dugdale de Harweel, Inglaterra, empregou o gerador Van der Graf, também conhecido por acelerador de elétrons, para o tratamento de diamantes, a fim de colori-los artificialmente.

Dugdale obteve êxito, conseguindo diamantes de cor azulada, nas tonalidades da água-marinha pálida ao azul intenso da safira.

A penetração da cor é de apenas meio milímetro e não deixa nenhuma radiação residual.

Posteriormente as pedras foram tratadas termicamente e o resultado foi a modificação da cor para amarelo-canário, rosa, lilás e outras cores produzidas pelo cíclotron.

Detecção: Primeiro, os diamantes azuis naturais são do tipo IIB e ocorrem em determinados locais apenas. Segundo, os azuis naturais são eletricamente condutivos. Terceiro, todos os diamantes azuis coloridos artificialmente são eletricamente não condutivos.

IV – Tratamento pelo "GEPOL"

A General Electric Co. e a Lazare Kaplan Int. lançaram, em 1999, um tratamento através de alta pressão e alta temperatura (HPHT), que tem melhorado a cor de diamantes – ou mudando-a.

Detecção: Através de centros de defeitos, traços de impurezas, distorção estrutural, fissuras diferenciadas, cores de interferência fortes, tipo "tatami",etc. Por outro lado os produtores estão colocando na cintura das pedras uma inscrição a laser: "GEPOL".

B – DIAMANTES COM FRATURAS PREENCHIDAS

Em 1982, o israelense Zvi Yehuda desenvolveu uma técnica de preenchimento de fraturas de diamantes. Abaixo vai ser reproduzido um texto da gemóloga Ângela C. de Andrade (do IBGM-Rio de Janeiro), que trata do assunto:

"O preenchimento de fraturas consiste em fazer penetrar na gema uma substância vítrea,cujo índice de refração se assemelhe ao do diamante e que se solidifica em todas as cavidades e fissuras que se estendam da superfície até o interior da pedra.

A substância é constituída de um vidro com alto teor de chumbo e é aquecida até o ponto de fusão. As temperaturas necessárias para atingir esse ponto de fusão não constituem nenhum perigo para o diamante. O material é então introduzido para dentro das inclusões e se solidifica quando do resfriamento da gema, mascarando assim as imperfeições, antes visíveis com facilidade devido à eliminação da grande diferença de refringência entre o diamante e as inclusões que continham ar."

Detecção: o efeito "flash" (interferência ou mudança de cor), possíveis bolhas de gás, textura "craquelada", etc.

C – TRATAMENTO COM LASER

Neste caso o raio laser penetra o diamante, atingindo a inclusão que se quer eliminar. Após o tratamento fica um vazio onde estava a inclusão, e um fio (ou caminho) por onde o laser penetrou. Esses vazios são posteriormente preenchidos por líquidos, resinas ou vidro, para selar o buraco do laser e também para não deixar o vazio marcando demais as diferenças de índices de refração.

Detecção: observando-se com a lupa de 10x ou com o microscópio, pode-se perceber os canais feitos pelo laser e o efeito "flash" que muitas vezes aparece (figura 286).

Figura 286

Desenho mostrando como é uma perfuração a laser num diamante (depois do furo estar preenchido). Note o vazio deixado pela inclusão (parte inferior) e o efeito "flash" de cores.

QUINTA PARTE

1) CARACTERÍSTICAS DE QUALIDADE E A AVALIAÇÃO DOS DIAMANTES

A classificação dos diamantes para efeito de avaliação e respectiva cotação de preços se prende a quatro fatores predominantes (**Norma Técnica da ABNT NBR 12254 – Diamante Lapidado**):

> 1 – A LAPIDAÇÃO (O TALHE)
> 2 – A COR
> 3 – A PUREZA
> 4 – O PESO

No idioma inglês, o nome destes quatro fatores se inicia com a letra **"C"**, que deu origem à expressão internacional: **"The four Cs"** ou "Os 4 Cs" (em português):

> 1 – CUT – LAPIDAÇÃO (TALHE)
> 2 – COLOR (ou COLOUR) – COR
> 3 – CLARITY – PUREZA
> 4 – CARAT – PESO

Alguns joalheiros, gemólogos e escritores norte-americanos estão ultimamente acrescentando **mais um C**, como fator adicional à qualidade do diamante: **C** de **CONFIDENCE (CONFIANÇA)**.

A – LAPIDAÇÃO ou TALHE (CUT)

Dos **"4 Cs"** o talhe (cut) é o fator mais importante para o diamante exibir suas qualidades de beleza, brilho e "fogo".

Freqüentemente ouve-se anúncios de roupa, onde o termo "talhe" é empregado corretamente: "Vista uma roupa de talhe impecável" ou ainda "Esta roupa está com um bom talhe". Por definição, talhe é a forma pela qual a gema é lapidada. É a expressão mais correta, porém não é muito empregada, preferindo-se a expressão "lapidação".

Quanto às alternativas na escolha da "lapidação", a tendência geral é a preferência para o brilhante (redondo) sobre qualquer outro tipo de lapidação, por várias razões importantes: menor custo na mão-de-obra, maior facilidade para ser trabalhado em relação aos demais talhes, e principalmente porque tem maior procura no mercado consumidor. Somente quando o diamante bruto não favorecer o aproveitamento para o talhe redondo, isto é, quando o estudo revelar que este talhe não é aconselhável, emprega-se outro tipo que dê melhor aproveitamento em peso.

Existem dois estudos muito importantes com relação à **lapidação:**
a) um meticuloso exame das **proporções** do diamante; e
b) um exame acurado do **grau de acabamento** realizado.

1- A PROPORÇÃO

A importância das proporções na lapidação é explicada nas figuras 287 a 289.

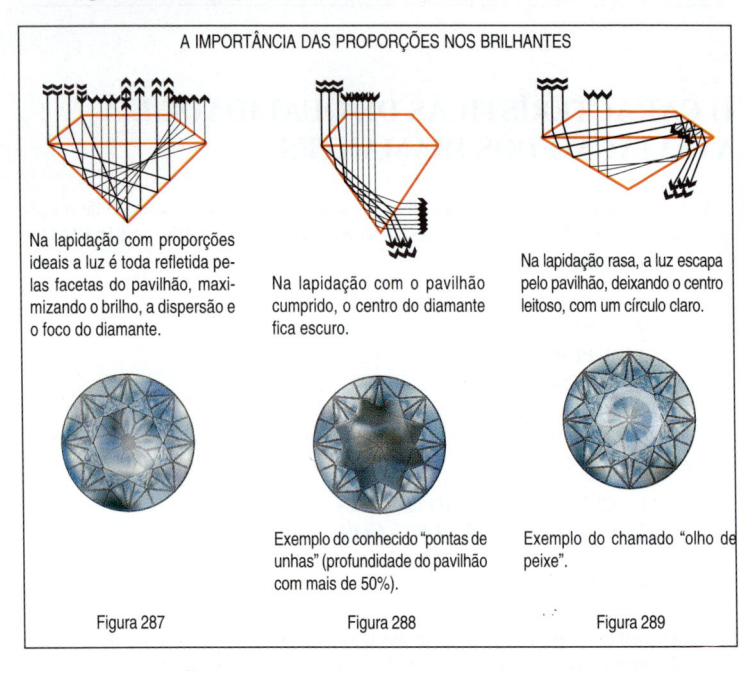

A IMPORTÂNCIA DAS PROPORÇÕES NOS BRILHANTES

Na lapidação com proporções ideais a luz é toda refletida pelas facetas do pavilhão, maximizando o brilho, a dispersão e o foco do diamante.

Na lapidação com o pavilhão cumprido, o centro do diamante fica escuro.

Na lapidação rasa, a luz escapa pelo pavilhão, deixando o centro leitoso, com um círculo claro.

Exemplo do conhecido "pontas de unhas" (profundidade do pavilhão com mais de 50%).

Exemplo do chamado "olho de peixe".

Figura 287   Figura 288   Figura 289

Existem graus de tolerância para as proporções básicas do talhe brilhante. O modelo mais difundido e aceito é o chamado **Talhe Brilhante Ideal ou TOLKOWSKY** (figura 290). Outros modelos bastante aceitos são os padrões da **SCAN DN (Scandinavian Diamond Nomenclature)** e os de **EPPLER ou TALHE EUROPEU** (figuras 291 e 292).

PROPORÇÕES DO TALHE BRILHANTE

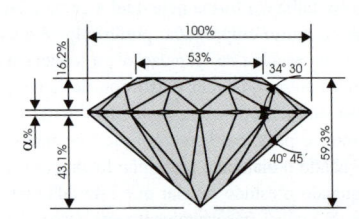

Figura 290
O talhe brilhante ideal, de acordo com Tolkowsky.

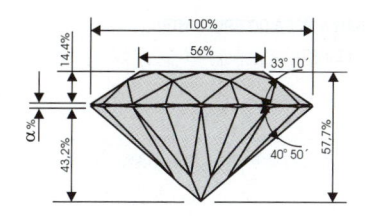
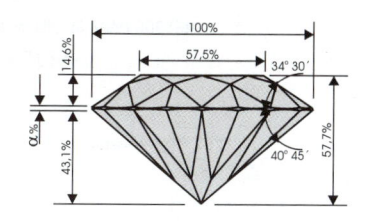

Figura 291
As proporções de Eppler
ou Talhe Europeu.

Figura 292
Ângulos e proporções de
acordo com o padrão
escandinavo, "Scan.D.N."

ANÁLISE DAS PROPORÇÕES

1 – Medição do diâmetro do brilhante

O diâmetro do brilhante é baseado na cintura, parte do diamante que corresponde a 100 % nos cálculos das proporções. Para se saber quanto mede o diâmetro da pedra, mede-se a mesma com um calibrador (de leitura de 1 a 100 mm) em quatro pontos diferentes, depois soma-se as 4 medidas e divide-se por quatro, obtendo-se assim uma medida média do diâmetro da pedra (figuras 293 e 294).

A MEDIÇÃO DO DIÂMETRO DO BRILHANTE

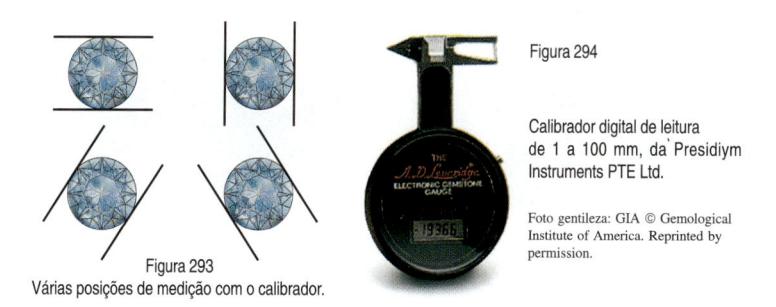

Figura 293
Várias posições de medição com o calibrador.

Figura 294

Calibrador digital de leitura de 1 a 100 mm, da Presidiym Instruments PTE Ltd.

Foto gentileza: GIA © Gemological Institute of America. Reprinted by permission.

2 – Porcentagem da mesa

Existem vários métodos para se dimensionar a faceta mesa do brilhante:

• Primeiro método: por medição direta

O diâmetro da mesa é medido sempre pela distância entre os vértices opostos da mesma (figura 295). É marcada sempre a maior medida. Para a medição usa-se o "medidor de mesa" (figura 296), que é uma pequena régua que é dividida em milímetros e décimos de milímetros (0,1mm), o que permite se estender, se dividirmos mentalmente em 10 até centésimos de milímetros (0,01mm).

1º MÉTODO PARA SE DIMENSIONAR A MESA DO BRILHANTE:
POR MEDIÇÃO DIRETA

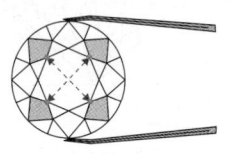

Figura 295
Usa-se uma lupa de 10X
e uma régua milimetrada
(em décimos de milímetros).

Figura 296
Calibrador da Gem Instruments
em décimos de milímetros.

Foto gentileza: GIA © Gemological Institute of America. Reprinted by permission.

• **Segundo método: com microscópio com lente milimetrada**

O procedimento é igual ao do primeiro método, só que agora em vez de uma lupa de 10x, utiliza-se um microscópio (figura 297). Existem acessórios que são vendidos, que possuem uma pequena régua milimetrada, próprios para serem utilizados no microscópio (figura 298).

2º MÉTODO PARA SE DIMENSIONAR A MESA DO BRILHANTE:
MÉTODO DO MICROSCÓPIO COM LENTE MILIMETRADA

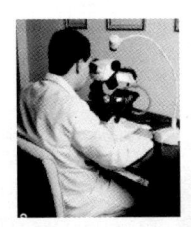

Figura 297
O Eng. de Minas e gemólogo Luiz A. G. Silveira medindo a faceta mesa de um brilhante com um microscópio.

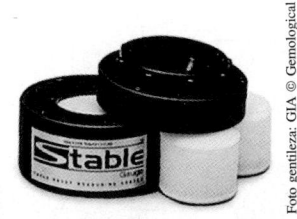

Figura 298
"Table Facet Measuring System" (GIA) para medir a faceta mesa com o microscópio.

Foto gentileza: GIA © Gemological Institute of America. Reprinted by permission.

• **Terceiro método: com o proporcionoscópio ou " Proportion Scope" da Gem Instruments (Gemological Institute of América).**

Veja as figuras 299 e 300. Na figura 300 estão as explicações do desenho que aparece na tela do proporcionoscópio. Para se lidar com este instrumento é fundamental treinar com um. Isso pode ser feito nos EUA no Gemological Institute of América (endereços dados mais adiante) ou no Brasil, onde um instituto, escola ou laboratório possuírem esse aparelho (figura 301). No livro da Verena Pagel-Theisen, "Diamond Grading ABC" (vide bibliografia) e no curso em disquetes do IBGM, "Manual Técnico – Classificação e Avaliação do Diamante Lapidado", elaborado por Valter Martins Leite e Ângela Carvalho de Andrade, existem inúmeras fotos ensinando como utilizar este excelente aparelho.

3º MÉTODO PARA SE DIMENSIONAR A MESA DO BRILHANTE:

O MÉTODO DO PROPORCIONOSCÓPIO

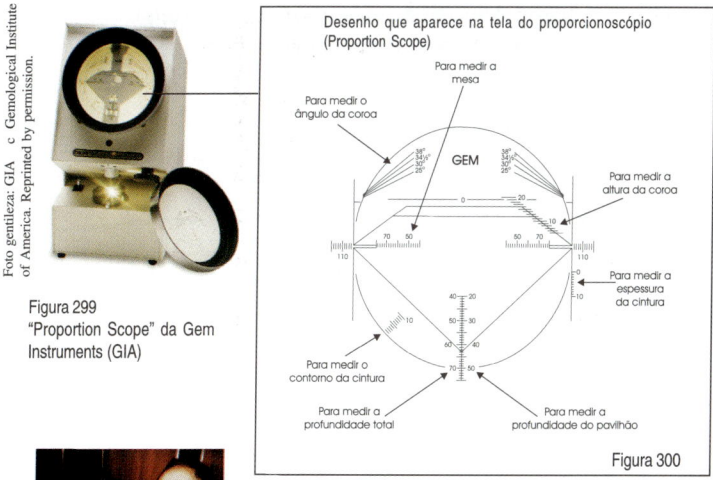

Figura 299
"Proportion Scope" da Gem Instruments (GIA)

Figura 300

Figura 301
O Prof. Jozo Nishimura, proprietário da Joalheria Itakolor e membro do Conselho Fiscal da Associação de Amigos do Museu de Geociências da USP, utilizando o "Proportion Scope" da Gem Instruments (GIA)

• Quarto método: o da proporção X

Por este método visual, pode-se calcular a porcentagem da mesa, calculando-se a área da beirada da pedra (cintura) até o centro da pedra (100 %) e depois calculando-se a porcentagem com referência a esta medida: 1– medida da cintura até a junção das arestas da faceta "papagaio" ou bezel; 2– dessa junção até o centro da pedra. As figuras 302 a 304 elucidam o uso deste método.

4º MÉTODO PARA SE DIMENSIONAR A MESA DO BRILHANTE:
O MÉTODO DA PROPORÇÃO X

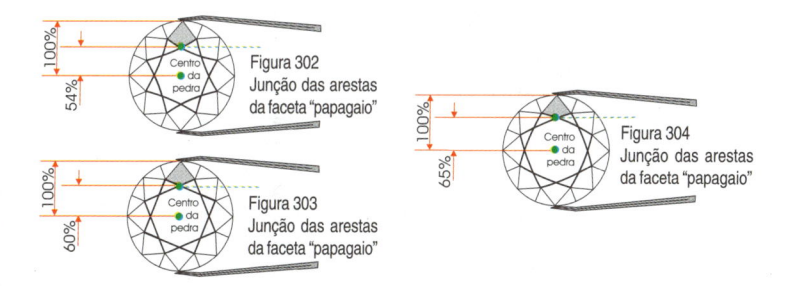

Figura 302
Junção das arestas da faceta "papagaio"

Figura 303
Junção das arestas da faceta "papagaio"

Figura 304
Junção das arestas da faceta "papagaio"

• Quinto método: dos arcos ou do arqueamento

Por este método chega-se à porcentagem da mesa, através da curvaturas das arestas mostradas nas figuras 305 a 307.

5º MÉTODO PARA SE DIMENSIONAR A MESA DO BRILHANTE:
MÉTODO DOS ARCOS OU DO ARQUEAMENTO

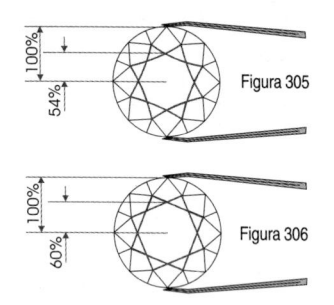

Figura 305

Figura 306

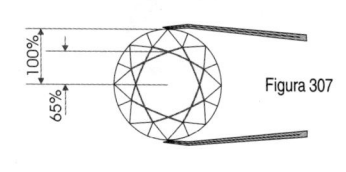

Figura 307

3 – *Medição do Ângulo da Coroa*

a) MEDIÇÃO ATRAVÉS DO PERFIL

Ao se utilizar este método precisa-se utilizar dois modelos de ângulos fáceis de serem concebidos (figuras 308 e 309). Baseando-se nestes dois ângulos, com a ajuda de um alfinete, agulha ou outro objeto que sirva de referência, pode-se com bastante prática se chegar a calcular os ângulos da coroa (figura 310).

MEDIÇÃO DO ÂNGULO DA COROA ATRAVÉS DO SEU PERFIL
Modelos que ajudam na medição:

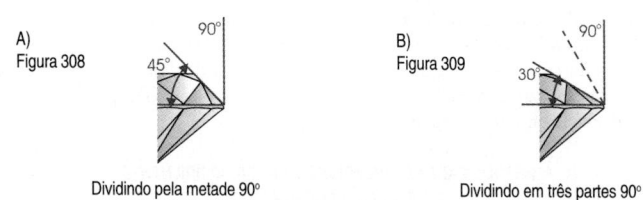

A)
Figura 308

B)
Figura 309

Dividindo pela metade 90º

Dividindo em três partes 90º

Na prática utiliza-se a pinça e um alfinete (ou a lâmina de um canivete) no seu lado fino.

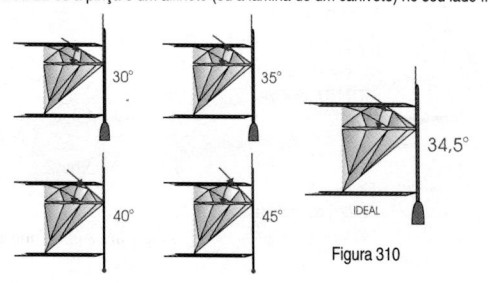

Figura 310

b) MEDIÇÃO ATRAVÉS DA COROA DO BRILHANTE, ANALISANDO A FACETA DO PAVILHÃO

Conforme é mostrado nas figuras 311 a 313, a imagem que se vê das facetas do pavilhão, através da coroa, varia conforme o grau do ângulo da coroa. Aqui são mostrados três exemplos básicos para o leitor poder se desenvolver nesta técnica. Caso haja interesse em maior número de exemplos, eles poderão ser encontrados no livro da **Verena Pagel-Theisen** e no **curso em disquetes do IBGM**. É claro que o ideal é fazer um curso ao vivo sobre esta técnica, ou na **GIA (Gemological Institute of América)** ou curso nacional capacitado para isso.

MEDIÇÃO VISUAL DO ÂNGULO DA COROA
(através da coroa do brilhante, estuda-se a faceta do pavilhão)

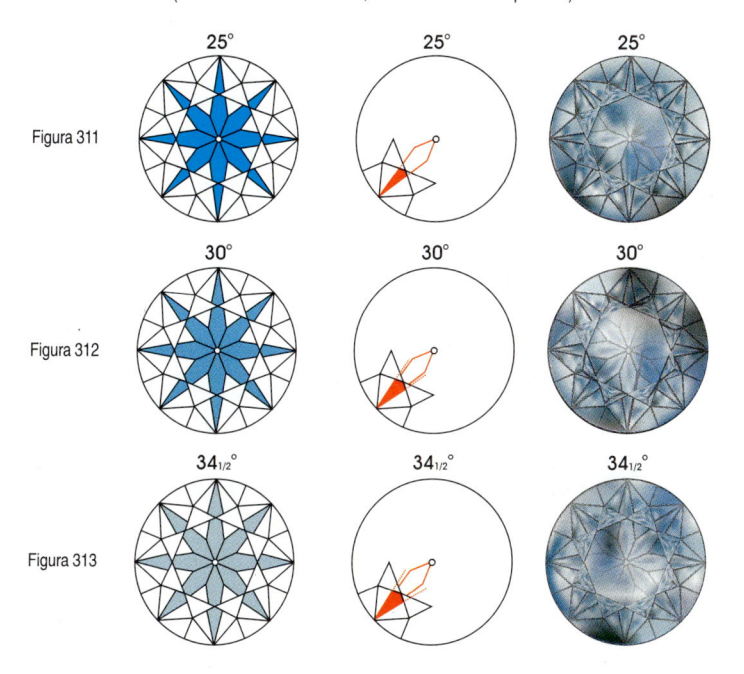

Figura 311 — 25° / 25° / 25°

Figura 312 — 30° / 30° / 30°

Figura 313 — 34½° / 34½° / 34½°

4 – Medição da Altura da Coroa

A medição da altura da coroa pode ser feita diretamente (o melhor método), através de uma régua milimetrada (a do medidor de mesa, por exemplo), com o auxílio da lupa de 10x ou através do microscópio com lente milimetrada. Existe uma tabela para se saber a porcentagem da altura da coroa que se baseia no ângulo da coroa e porcentagem da mesa. Essa tabela faz parte do curso sobre diamantes do **Gemological Institute of América**, mas pode ser encontrada no livro da **Verena Pagel-Theisen** e nos **disquetes do IBGM.**

5 – Medição da Espessura da Cintura

A espessura da cintura deve ser somente suficiente para evitar que a mesma se lasque durante o uso normal do brilhante ou na sua cravação.

179

Extremamente fina
(visível só com lupa)

Muito fina (muito difícil
de ser vista a olho nu)

Fina (difícil de ser
vista a olho nu)

Média (uma linha
fina a olho nu)

Ligeiramente grossa
(visível a olho nu)

Grossa (facilmente
visível a olho nu)

Muito grossa (muito
facilmente visível a olho nu)

Extremamente grossa
(extremamente fácil de ser
vista a olho nu)

Nos desenhos da figura 314 são mostrados os locais da cintura que deverão ser examinados, através de uma seta vermelha. Existem 16 áreas mais finas da cintura que deverão ser examinadas.

Pode-se medir a espessura de três formas:

• **Primeiro Método: Estimativa Visual**

a – CINTURA FINA E EXTREMAMENTE FINA: parece com o fio de uma faca quando vista com uma lupa de 10x.

b – CINTURA MÉDIA: só ligeiramente visível à vista desarmada, como uma linha branca fina.

c – CINTURA GROSSA: é duas vezes mais espessa que a cintura média.

O resultado da espessura deverá ser a média entre as espessuras máximas e mínimas conseguidas.

• **Segundo Método: Medição Direta da Espessura da Cintura**

É feita com o "medidor de mesa" ou lente milimetrada para microscópio. O cálculo é feito dividindo-se a medida obtida para a espessura da cintura pela do diâmetro do brilhante.

Após se fazer o cálculo, compara-se com uma das **7 categorias:**

    1 – espessura extremamente grossa: 5,51 % ou mais;
    2 – muito grossa: 5,50 % a 4,01 %;
    3 – grossa: 2,76 % a 4,00 %;
    4 – ligeiramente grossa: 1,71 % a 2,75 %;
    5 – média: 1,21 % a 1,70 % ;
    6 – fina: 0,70 % a 1,20 %;
    7 – extremamente fina ou muito fina: 0,69 % ou menor.

• *Terceiro Método: Medição pelo Proportion Scope*

Utilizando as informações da GIA e das demais fontes já citadas.

6 – Porcentagem da Profundidade do Pavilhão

• *Primeiro Método: Medição Direta*

Medindo com o "medidor de mesa" ou outra medida milimetrada (com a lupa ou o microscópio). Medir nos oito pontos entre a culassa e onde a faceta principal do pavilhão encontra-se com a cintura. Depois dividir por oito para se ter a média.

• *Segundo Método: Através dos Reflexos Vistos na Faceta Mesa*

Através das figuras 315 a 318 são mostradas as imagens que são vistas através da faceta mesa e as respectivas porcentagens que correspondem a cada imagem vista.

MEDIÇÃO DA PROFUNDIDADE DO PAVILHÃO ATRAVÉS DOS REFLEXOS VISTOS NA FACETA MESA.

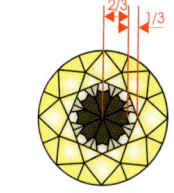
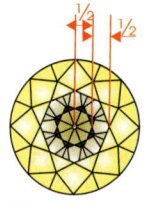
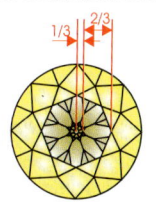

Figura 315   Figura 316   Figura 317

CALCULANDO A PROFUNDIDADE DO PAVILHÃO

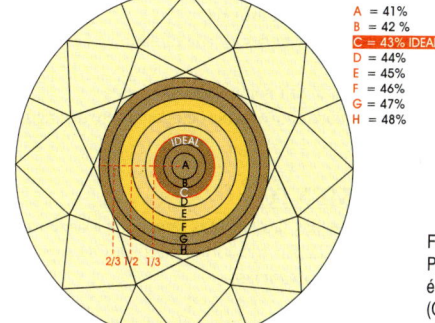

A = 41%
B = 42 %
C = 43% IDEAL
D = 44%
E = 45%
F = 46%
G = 47%
H = 48%

Figura 318
Para dominar bem este método, o ideal é fazer o curso de diamantes da GIA (Gemological Institute of America) ou algum curso prático no Brasil.

• **Terceiro Método: Medindo a Profundidade do Pavilhão através do "Proportion Scope"**
Neste caso específico é apresentada uma medição prática com o "Proportion Scope", para que o leitor tenha uma idéia de como funciona esse aparelho (figura 319).

MEDIÇÃO DA PROFUNDIDADE DO PAVILHÃO ATRAVÉS DO
PROPORTION SCOPE, DA GEM INSTRUMENTS (GIA).

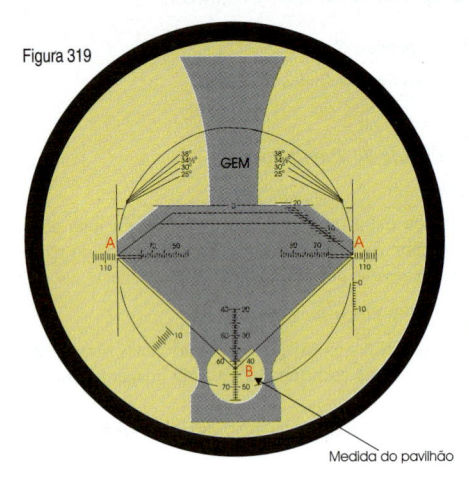

Figura 319

A compra deste aparelho é muito importante para um laboratório gemológico.

Medindo a profundidade do pavilhão:

Encosta na medida A a cintura da pedra e no ponto B encontra-se a medida procurada.

Medida do pavilhão

7 – O Tamanho da Culassa

A culassa deve ter o tamanho suficiente para evitar a sua quebra.
Para se calcular o tamanho da culassa deve ser utilizada a lupa de 10x (ou microscópio com 10x) e observar através da faceta mesa.

Classificação dos tamanhos da culassa:

a – **pequena**: escassamente distinguível a 10x;
b – **média**: pode ser vista a 10x e é invisível à vista desarmada;
c – **ligeiramente grande**: escassamente visível à vista desarmada e muito aparente a 10x;
d – **grande**: visível à vista desarmada;
e – **muito grande**: óbvia à vista desarmada como um ponto negro na mesa;
f – **extremamente grande**: óbvia à vista desarmada com a forma octogonal bem distinguível.

2 – GRADUAÇÃO DO ACABAMENTO

Não importam apenas as proporções e ângulos das facetas, mas também a excelência do polimento, a superfície da cintura e a exatidão da simetria e irregularidades da superfície.
A graduação do acabamento é feita em **duas categorias:**
1) **polimento; e**
2) **simetria.**

1 – POLIMENTO

Verifica-se na cintura se existem "barbas" e trígonos; se tem facetas "queimadas", linhas de polimento, etc.

As condições da cintura podem ser descritas como:
Ligeiramente bruta; bruta e muito bruta.
Ligeiramente com barba; com barba e severamente com barba macia (lisa).
Facetada ou polida e parcialmente facetada ou polida.

2 – SIMETRIA

Os erros de simetria (figuras 320 e 328)

Os principais erros de simetria podem ser divididos em erros maiores e menores:

Maiores erros de simetria:
• mesa ou culassa fora do centro;
• cintura não é redonda (oval, quadrada);
• a mesa não está paralela à cintura ou esta é ondeada.

Menores erros de simetria:
• algumas facetas não coincidem nas pontas;
• algumas facetas distorcidas;
• facetas extras, etc.

NA FIGURA 329 É APRESENTADO UM QUADRO RESUMIDO PARA A AVALIAÇÃO DA QUALIDADE DO TALHE BRILHANTE.
A qualidade pode ser dividida em **MUITO BOA, BOA, MÉDIA E INFERIOR.**

ERROS DE SIMETRIA

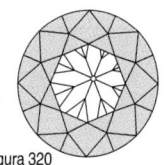

Figura 320
Culassa fora do centro.

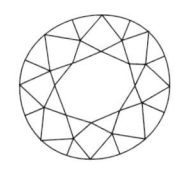

Figura 321
Cintura um pouco fora do diâmetro.

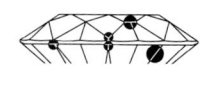

Figura 322
Pontas das facetas incorretas.

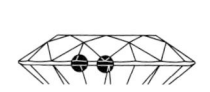

Figura 323
Coroa e pavilhão não alinhados.

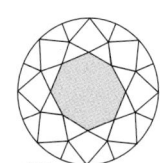

Figura 324
A mesa não é um octógono regular.

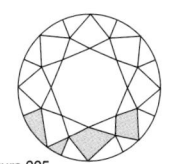

Figura 325
Facetas desiguais.

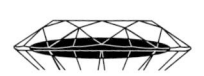

Figura 326
Cintura ondulada

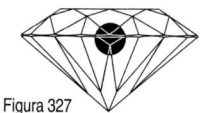

Figura 327
Faceta extra

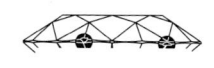

Figura 328
Naturais na coroa
(diamantes sem polir – em bruto)

Figura 329

	PADRÃO		QUALIDADE			
DETALHES	DIMENSÕES	TOLERÂNCIA	MUITO BOA	BOA	MÉDIA	INFERIOR
I - ÂNGULOS Ângulo " " do pavilhão Ângulo " " da coroa	40° 45' 34° 30'		Dentro das tolerâncias	Ligeiro desvio das tolerâncias até o máximo de 5%	Pequeno desvio das tolerâncias até o máximo de 10%	Grande desvio das tolerâncias acima de 10%
II - PROPORÇÕES Diâmetro da cintura Diâmetro da mesa Altura da coroa Espessura da cintura "c" Profundidade do pavilhão Altura total Coeficiente entre a coroa e o pavilhão (ratio)	100% 57,5% 14,6% 1 a 2% 43,1% 57,7% + "c" 1 : 2,95	52% a 64% 12% a 18% menos de 3% 41% a 45% 1 : 3,42 a 1 : 2,50				
III - SIMETRIA: Coroa Mesa Cintura Pavilhão Culassa (opcional)	Mesa centrada. Linhas do canto da mesa paralelas. Paralelismo da mesa com o plano da cintura. Proporção das facetas da mesa (estrelas) com as facetas da cintura (bezéis e alifes) = 50 : 50 Coincidência das facetas da coroa com as do pavilhão (pontas dos bezéis com as pontas da estrela do pavilhão) Coincidência das facetas da coroa com as do pavilhão (pontas dos bezéis com as pontas da estrela do pavilhão) Proporção das facetas da cintura (alifes) com a estrela = de 75 : 25 a 80 : 20 Culassa centrada		Perfeita simetria e excelente brilhança	Ligeira distorção da simetria Boa brilhança	Simetria distorcida diminuição do brilho	Grande distorção da simetria. Considerável diminuição do brilho.
	REDUÇÃO DO VALOR, cerca de:		Até 2%	De 3 a 8%	De 9 a 15%	De 16 a 25%
IV - ACABAMENTO EXTERNO Coroa e pavilhão Facetas extras Facetas afastadas ou remontadas Falsas facetas Lascas ou fraturas Polimento Cintura Torneamento Espessura "Naturais" Franjas Culassa (opcional)	Ausente Ausente Ausente Ausentes Perfeito, ausência de marcas de polimento, de queimadura, de geminação (natural), riscos, batidas, etc. Perfeito, circular Regular, fina Ausente Ausente Ausente		Ausente Ausente Ausente Perfeito, ausência de quaisquer marca Regular Regular 1 "Natural" não mais espesso do que a cintura Mínimas Mínima	Mínimas Mínimas Mínimas Marcas mínimas Ligeiramente excêntrico. Ligeiramente irregular. 2 "Naturais" ligeiramente mais espessas que a cintura Diminutas Diminuta	Pequenas Pequenas Pequenas Pequenas marcas Excêntrico irregular 3 "Naturais" mais espessas que a cintura Pequenas Pequena	Grandes Grandes Grandes Marcas grandes Bastante excêntrico Bastante irregular 4 "Naturais" mais espessas que a cintura Grandes Grande

B – COR (COLOR OU COLOUR)

O diamante ocorre em todas as cores, conforme já foi visto. O que vai ser estudado aqui é a classificação dos diamantes que estão na faixa dos "incolores" (série amarela), que não fazem parte da classificação dos diamantes de cor de fantasia (que já foi examinada).

184

Freqüentemente costuma-se chamar incorretamente de "branco" o diamante incolor. Tal denominação é incorreta, conforme pode-se perceber com um exemplo bem claro: o leite é branco, porém a água é incolor. A classificação dos diamantes incolores compreende uma vasta gama de tonalidades ou "nuances", partindo do absolutamente incolor, seguindo-se ao incolor perceptível, ligeiramente amarelado, etc.

Somente a vista bem treinada de um "expert", **sob iluminação adequada,** pode perceber as mais sutis diferenças entre os diamantes incolores.

Para se classificar os diamantes incolores são necessárias algumas técnicas.

Deve-se ter primeiramente um fundo branco bem puro. Colando-se as gemas deitadas com a mesa para baixo, faz-se um exame nas zonas onde existem resíduos de cor (figuras 330 e 331).

As pedras que estão sendo examinadas devem ser comparadas com **pedras-padrão** já analisadas e definidas. Comparando-se os diamantes analisados com um jogo padrão de gemas já calibradas, pode-se chegar à conclusão de qual é a classificação dos diamantes. É claro que o jogo de pedras já calibradas pode variar muito, de acordo com as limitações de cada analisador (diamantes maiores, maior variedade, etc.).

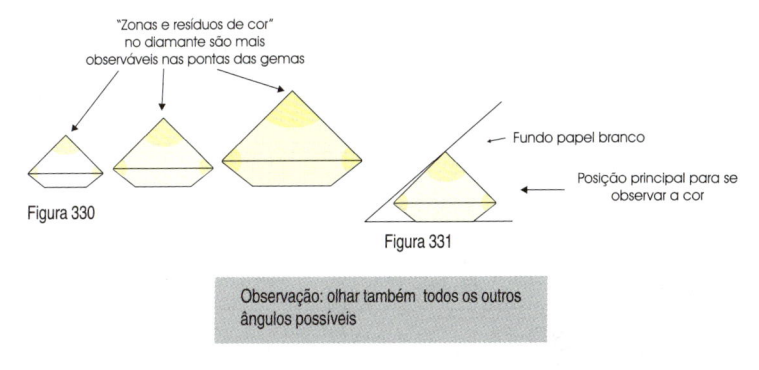

"Zonas e resíduos de cor" no diamante são mais observáveis nas pontas das gemas

Figura 330

Fundo papel branco

Posição principal para se observar a cor

Figura 331

Observação: olhar também todos os outros ângulos possíveis

Na figura 332 o leitor encontra as classificações dos diamantes incolores, segundo o Gemological Institute of América (GIA), a ABNT / IBGM, o IDC (International Diamond Council), a CIBJO (Confederação Internacional de Bijuteria, Joalheria, Ourivesaria, Diamante, Pérola e Pedras), da RAL 560 A5E, da Alemanha e do SCAN. D. N.

Nas figuras 333 e 334 nota-se a pequena diferença que existe entre um diamante classificado como de cor H, com outro classificado como de cor L (é claro que numa reprodução fotográfica não é possível se chegar à cor exata do objeto real, é apenas para se dar uma noção da diferença de cor).

Nas figuras 335 a 338 são mostrados os equipamentos de iluminação necessários para se fazer um exame correto da cor (eles são necessários para se evitar certos requisitos, ao se utilizar a luz natural: de que direção ela vem , qual o horário que pode ser feito o exame, etc. Por considerar este método natural obsoleto, o autor não vai entrar em detalhes a respeito dele.

O que importa mencionar ainda é que existem aparelhos que fazem essa análise de cor automaticamente e com grande perfeição. Entre os vários aparelhos que existem no mercado pode-se ressaltar: o GTS-4000X, da Gem Technology Systems, Inc., o DC3000 Gran Diamond Colorimeter, fabricado pela Gran Computer Industries, em Israel, o DC2000 (da mesma firma), o Digital Diamond Colorimeter da Austron Corp., etc.

DETERMINAÇÃO DAS CORES DOS DIAMANTES LAPIDADOS

PEDRAS	GIA	ABNT/IBGM (BRASIL)	IDC (International Diamond Council)	CIBJO	RAL 560 A5E (ALEMANHA)	SCAN.D.N. (TRADICIONAL)	AGS
◇	D	Excepcionalmente incolor extra	Exceptional white +	Blanc exceptionnel +	Blauweiss	River	0
◇	E	Excepcionalmente incolor	Exceptional white	Blanc exceptionnel	Blauweiss	River	0,5
◇	F	Perfeitamente incolor	Rare white +	Extra blanc +	Feines weiss	Top wesselton	1,0
◇	G	Nitidamente incolor	Rare white	Extra blanc	Feines weiss	Top wesselton	1,5
◇	H	Incolor	White	Blanc	Weiss	Wesselton	2,0
◇	I	Cor levemente perceptível	Slightly tinted white	Blanc nuancé	Schwach getöntes weiss	Top crystal	2,5
◇	J	Cor perceptível	Slightly tinted white	Blanc nuancé	Schwach getöntes weiss	Crystal	3,0
◇	K	Cor levemente visível	Tinted white	Blanc légèrement teinté	Getöntes weiss	Top cape	3,5
◇	L	Cor visível	Tinted white	Blanc légèrement teinté	Getöntes weiss	Top cape	4,0
◇	M	Cor levemente acentuada	Tinted colour 1	Teinté	Schwach gelblich	Cape	4,5
◇	N	Cor levemente acentuada	Tinted colour 2	Teinté	Schwach gelblich	Cape	5,0
◇	O	Cor acentuada	Tinted colour 2	Teinté	Gelblich	Light yellow	5,5
◇	P	Cor acentuada	Tinted colour 3	Teinté	Gelblich	Light yellow	6,0
◇	Q	Cor acentuada	Tinted colour 3	Teinté	Schwach gelb	Light yellow	6,5
◇	R	Cor acentuada	Tinted colour 4	Teinté	Schwach gelb	Light yellow	7,0
◇	S-Z	Cor incomum ou extraordinária	Fancy color	Couleur fantaisie	Gelb	Yellow	S/W 7,5/9,5
◇	Acima de Z	Cor incomum ou extraordinária	Fancy color	Couleur fantaisie		Fancy color	

Figura 332

Fotos gentileza Gem. Lab.

Figura 333
Diamante cor H e pureza I_2

Figura 334
Diamante cor L e pureza I F

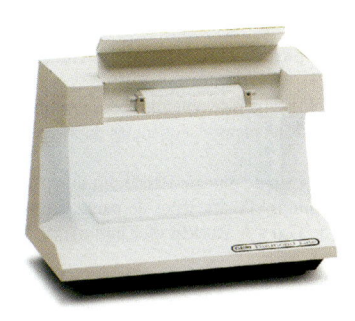

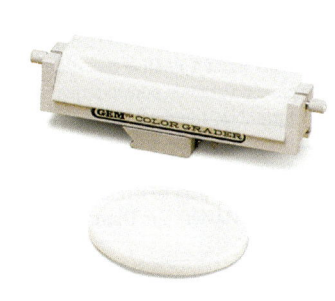

Fotos gentileza: GIA © Gemological Institute of America. Reprinted by permission.

Figura 335
GEM Diamond Lite

Figura 336
GEM Color Grader

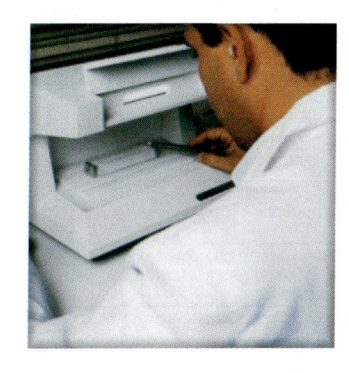

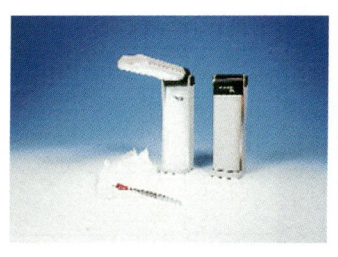

Foto gentileza: Rubin & Son

Figura 337
O gemólogo Luiz A. G. Silveira utilizando o Diamond Lite.

Figura 338
"Compact Dialite"

C – A PUREZA (CLARITY)

A pureza indica o grau de presença ou ausência de inclusões no diamante, assim como algumas características externas, como riscos, cavidades, naturais, etc.

No caso do estudo das inclusões é muito importante a posição delas no diamante (figura 339), o tamanho, a quantidade de inclusões, a sua natureza e cor.

IMPORTÂNCIA DA LOCALIZAÇÃO DA INCLUSÃO

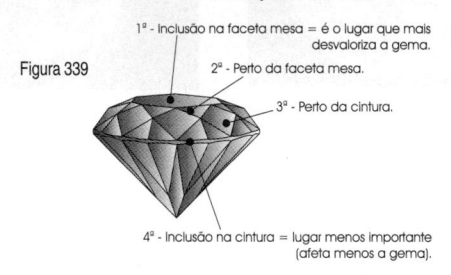

Figura 339

1ª - Inclusão na faceta mesa = é o lugar que mais desvaloriza a gema.

2ª - Perto da faceta mesa.

3ª - Perto da cintura.

4ª - Inclusão na cintura = lugar menos importante (afeta menos a gema).

Nas figuras 340 e 341 é apresentada a **escala de pureza, com todas as informações necessárias para a análise dos diamantes.**

O exame do grau de pureza requer uma metodologia para se obter um bom resultado nos exames. Nas figuras 342 a 345 são mostradas as técnicas e seqüências para serem seguidas no exame do brilhante.

Nas figuras 346 a 351 são dados exemplos de escala de pureza. Existe um livro que é imprescindível para se comparar as inclusões com as classificações de pureza: trata-se do **Photo Masters for Diamonds Grading**, de **Gary A Roskin** (ver bibliografia).

ESCALA DE PUREZA DOS DIAMANTES LAPIDADOS

Figura 340

Visão da coroa	GIA	CIBJO	DNPM/IBGM	Visão do pavilhão
	Flawless	Puro à lupa	Internamente e externamente puro.	
	I F	Puro à lupa	Internamente livre de inclusões.	
	VVS₁ VVS₂	V V S inclusões muito, muito pequenas	Inclusão ou inclusões pequeníssimas, muito difíceis de serem visualizadas com a lupa de 10x.	
	VS₁ VS₂	VS₁ VS₂	Inclusões muito pequenas, difíceis de serem visualizadas com a lupa de 10x1.	
	SI₁ SI₂	SI₁ SI₂	Inclusões pequenas, fáceis de serem visualizadas com a lupa de 10x.	
	I₁	P₁	Inclusões evidentes com a lupa de 10x.	
	I₂	P₂	Uma inclusão grande ou inúmeras inclusões menores, fáceis de serem visualizadas à vista desarmada.	
	I₃	P₃	Uma inclusão grande ou inúmeras inclusões menores, muito fáceis de serem visualizadas à vista desarmada.	

De acordo com a CIBJO, é permitido subdividir os graus de pureza V V S, V S e S I em dois subgrupos cada um, para pedras de tamanho acima de 0,47 ct. As definições requerem um trabalho profissional e condições especiais para a observação.

Figura 341

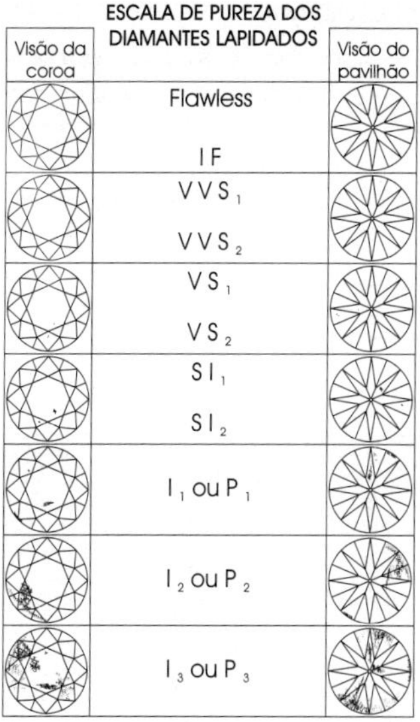

	ESCALA DE PUREZA DOS DIAMANTES LAPIDADOS	
Visão da coroa		Visão do pavilhão
	Flawless	
	I F	
	VVS_1	
	VVS_2	
	VS_1	
	VS_2	
	SI_1	
	SI_2	
	I_1 ou P_1	
	I_2 ou P_2	
	I_3 ou P_3	

EXAME DE GRAU DE PUREZA DO DIAMANTE
(com aumento de 10 x)
O brilhante deve ser examinado no sentido horário.

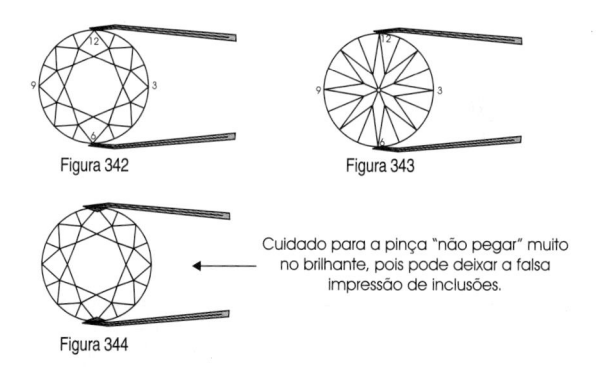

Figura 342   Figura 343

Cuidado para a pinça "não pegar" muito no brilhante, pois pode deixar a falsa impressão de inclusões.

Figura 344

SEQÜÊNCIA A SER SEGUIDA DURANTE O EXAME DO BRILHANTE
(da faceta mais escura para a mais clara)

Figura 345

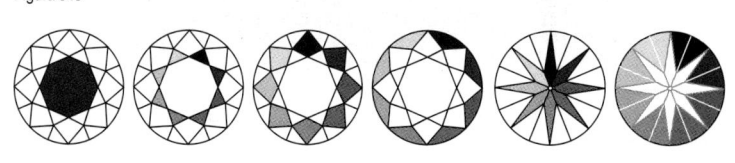

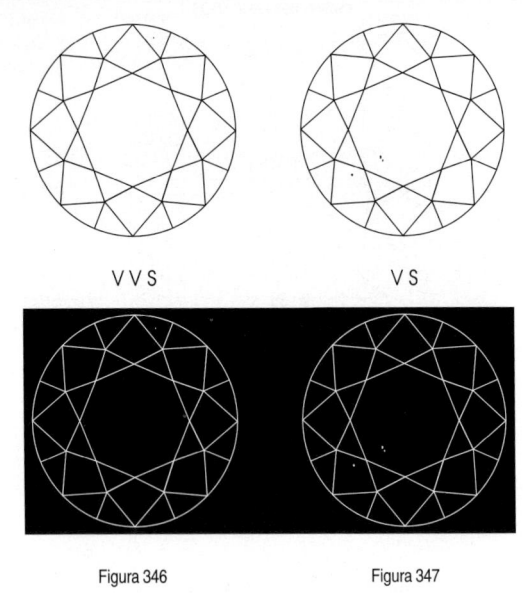

VVS · VS

Figura 346 · Figura 347

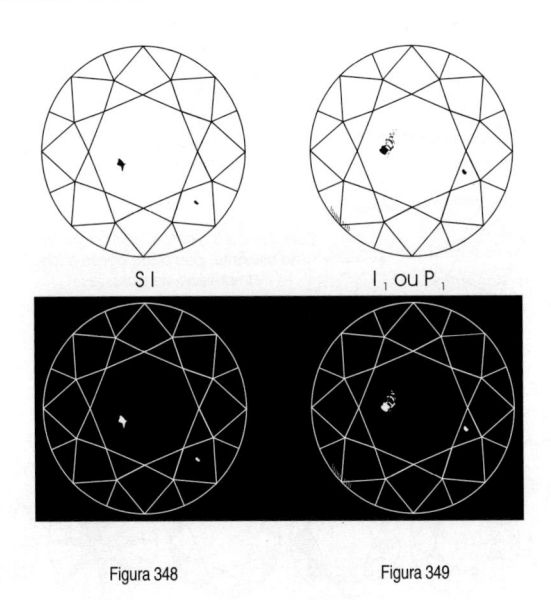

S I · I_1 ou P_1

Figura 348 · Figura 349

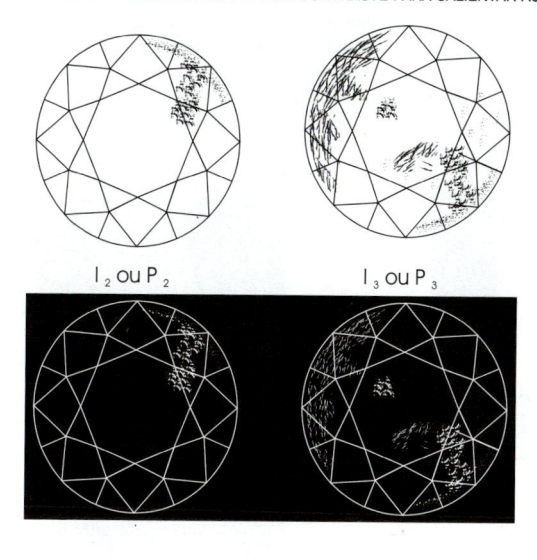

I_2 ou P_2 I_3 ou P_3

Figura 350   Figura 351

O exame do diamante

Para se fazer o exame de pureza nos diamantes é primordial que a pedra esteja absolutamente limpa. Para essa finalidade existem materiais especiais (figura 352), como camurças, sedas ou flanelas antiestáticas. Uma boa limpeza inicial com detergentes e outros líquidos especiais também é necessária. Após a limpeza só pegue a pedra com uma pinça. No exame com lupa, só utilize lupas de boa qualidade, como as da **I. Kassoy** ou **da Rubin & Son**. Detalhe importante: **a lupa deve ser de 10x e aplanática e acromática,** para evitar distorções durante os exames. Durante os exames, mantenha os dois olhos abertos, para evitar fadiga ocular (figuras 353 e 354). Outra forma de se examinar a pureza com maior conforto e precisão é utilizando-se um microscópio com 10x, com o diamante sobre um campo escuro (mais confortável seria o exame se uma câmera fosse acoplada ao microscópio, figura 355).

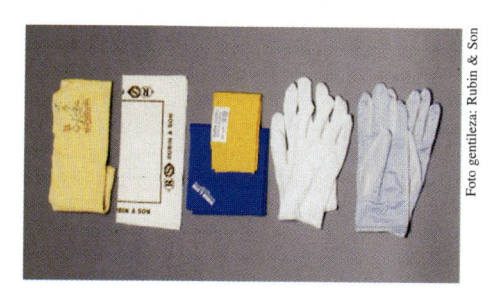

Foto gentileza: Rubin & Son

Figura 352 – Materiais especiais da Rubin & Son, para o manuseio das gemas.

Tanto as características externas (como os riscos, cavidades, naturais, etc.), quanto as características internas, as inclusões (cristais inclusos, fratura, nuvem, etc.), devem ser anotadas nas **fichas de trabalho** do gemólogo que está fazendo a análise. Posteriormente essas anotações podem ser transferidas para um **certificado** de qualidade. Para cada tipo de característica, existe um símbolo especial e uma cor correspondente (verde ou vermelha). Ver as figuras de 356 a 359, que deixam bem esclarecido como funcionam esses exames.

Figura 353
O Prof. Dr. Rui Ribeiro Franco utilizando a lupa de 10X.
Observe que ele mantém os dois olhos abertos durante o exame, para evitar a fadiga ocular.

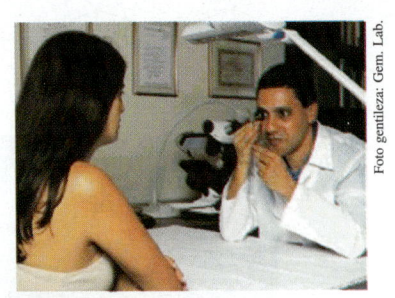

Foto gentileza: Gem. Lab.

Figura 354
Exame com lupa de 10X.

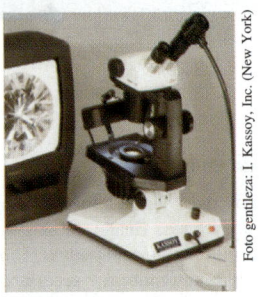

Foto gentileza: I. Kassoy, Inc. (New York)

Figura 355
"Kassoy`s Flex Cam"

SIMBOLOGIA INTERNACIONAL UTILIZADA PARA
REPRESENTAR AS IMPERFEIÇÕES DO DIAMANTE

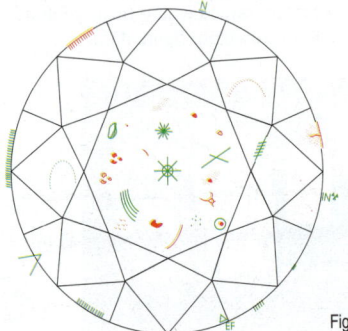

Figura 356

SIMBOLOGIA INTERNACIONAL UTILIZADA PARA REPRESENTAR AS IMPERFEIÇÕES DO DIAMANTE

A - CARACTERÍSTICAS EXTERNAS

Todos os símbolos são desenhados com tinta verde.

Figura 357

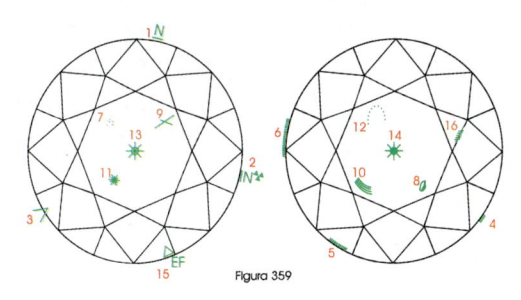

Figura 359

1 - Natural (ou natura)	9 - Risco ou ranhura
2 - Natural com trígonos	10 - Linhas de polimento
3 - Incisão ou entalhe na cintura	11 - Marcas de percussão
4 - Pequeno pedaço da cintura em bruto	12 - Linha de crescimento
5 - Franjas da cintura	13 - Culassa em bruto
6 - Cintura em bruto	14 - Culassa danificada
7 - Grupo de buraquinhos	15 - Faceta extra
8 - Buraco ou cavidade	16 - Aresta danificada

B - CARACTERÍSTICAS INTERNAS

Todos os símbolos são desenhados com tinta vermelha (exceção símbolo de perfuração a laser = círculo verde e ponto vermelho ⊙).

Figura 358

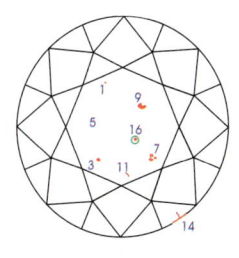

1 - Pequeno ponto (ponta de alfinete)	10 - Inclusão escura cercada por nuvem
2 - Grupo de pequenos pontos	11 - Pequena clivagem
3 - Ponto escuro	12 - Clivagem grande
4 - Grupo de pontos escuros	13 - Franjas ou barba da cintura
5 - Nuvem de finíssimos pontinhos	14 - Clivagem na cintura cercada por nuvem
6 - Cristal incolor	15 - Linha de crescimento ou geminação
7 - Grupo de cristais incolores	16 - Perfuração a laser
8 - Cristal com clivagem ao redor (cristal incolor)	
9 - Inclusão escura	

193

Figura 359

O que é visto com
aumento de 10x.

A simbologia que
é usada.

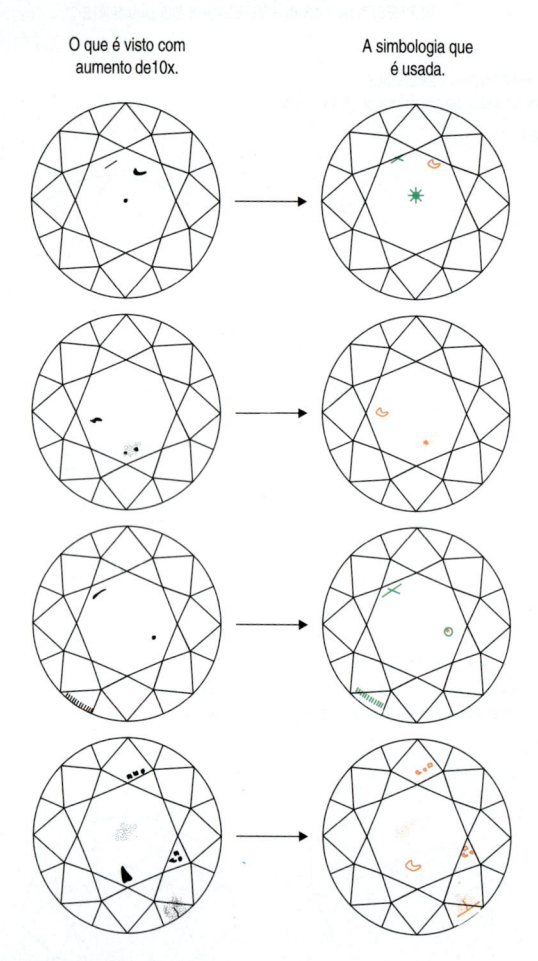

D – O PESO (CARAT)

O peso, além da lapidação (talhe), cor e pureza, fornece uma base adicional para a avaliação de um diamante.

Mede-se e calcula-se o peso em quilates. O termo **QUILATE,** apesar de fundamental no vocabulário e trabalho do gemólogo, joalheiro, ourives, artista-joalheiro ou industrial do ramo, é utilizado muitas vezes de forma controvertida e inadequada.

O público de uma maneira geral não compreende o seu significado exato, pois às vezes esse termo é utilizado para designar medida de peso para gemas e em outras ocasiões para indicar a qualidade do ouro. Por outro lado, os símbolos ou siglas utilizados como sinal convencional para representar o quilate nem sempre correspondem aos aprovados internacionalmente.

Preliminarmente deve-se alertar os leitores para o fato de que não obstante a homonímia, o quilate das gemas não possui nenhuma relação com o quilate do ouro. O quilate do ouro (abreviação **K**) representa uma relação do ouro em liga com outros metais; é a proporção de um vinte e quatro avos (1/24) ou 41,66 milésimos, em peso, de ouro contido numa liga.

O quilate das gemas é uma unidade de peso equivalente a um quinto (1/5) do grama, ou seja, 200 miligramas. Mede-se e calcula-se, portanto, o peso de todas as gemas em quilates, comercialmente abreviado por **"ct"**. De acordo com as normas brasileiras e internacionais: **o peso de um diamante deve ser indicado até a segunda casa decimal e a abreviação é ct.**

Foi somente a partir do início deste século que o quilate peso se adaptou ao sistema métrico e agora é usado internacionalmente. O quilate, hoje, está padronizado, do mesmo modo que o aumento de dez vezes e o uso de pedras de comparação para a determinação da cor dos diamantes.

Antigamente usava-se os símbolos C.M., M. ct, C e Ca como sinais convencionais para representar o quilate das gemas. Hoje, como já foi mencionado, usa-se o símbolo "ct", que deve ser **empregado para indicar o termo quilate, tanto no singular como no plural**. Assim, deve-se escrever, por exemplo: um diamante de 1,00 ct e um diamante de 3,40 ct (atenção: ct sempre em letras minúsculas e sem ponto!).

Comerciantes e joalheiros do passado subdividiam o quilate em metades, quartos, oitavos, etc. Um quarto de quilate era chamado grão e 144 quilates formavam a onça de gemas.

Atualmente as frações se contam por centésimos, de modo que:

500 quilates equivalem a 100g	**1 quilate equivale a 0,200g**
250 quilates equivalem a 50g	
100 quilates equivalem a 20g	0,50 quilate equivale a 0,100g
50 quilates equivalem a 10g	0,25 quilate equivale a 0,050g
25 quilates equivalem a 5g	0,10 quilate equivale a 0,020g
10 quilates equivalem a 2g	0,05 quilate equivale a 0,010g
5 quilates equivalem a 1g	0,01 quilate equivale a 0,002g

Os pesos em quilates são escritos internacionalmente com dois decimais, mesmo se o segundo for zero.

Nas balanças de precisão (figura 361) pode-se obter uma leitura até três decimais, porém isso só é útil para melhor identificação da gema, não tendo qualquer influência do ponto de vista comercial; assim não é costume escrever por exemplo 1,6003ct, mas sim 1,60ct.

Na prática comercial, para peso inferior ou complementar ao quilate usa-se uma unidade denominada **ponto (point em inglês)**, que equivale a 1/100 (um centésimo) do quilate. Assim, por exemplo, um diamante de meio quilate de peso pode ser expresso como tendo 50 pontos; para um diamante de 1,30ct pode se dizer um diamante de 1 quilate e 30 pontos. Portanto:

1 ponto	....	0,01 ct
2 pontos	....	0,02 ct
10 pontos	....	0,10 ct
50 pontos	....	0,50 ct
100 pontos	....	1,00 ct

Cem diamantes de 0,01ct (um ponto) pesam um quilate e pode-se, para designar esses diamantes, usar a expressão "cem por quilate".

Assim, pode-se exprimir:

0,02 ct como "cinqüenta por quilate" 0,20 ct como "cinco por quilate"
0,05 ct como "vinte por quilate" 0,25 ct como "quatro por quilate", etc.

No que se refere à terminologia relativa ao peso das gemas, deve-se dizer que a expressão "Mele", que provém do francês e significa " misturado", é utilizada para designar um determinado grupo de peso de pequenos brilhantes (compreende diamantes com pesos entre 0,06 ct e 0,15ct). Os maiores, entre 0,12 e 0,15 ct, também são designados como " meles grossos".

Comercialmente os diamantes de um grupo de peso são avaliados diferentemente: um brilhante de 0,99 ct é, aproximadamente, 10 a 15 % mais barato que um brilhante de 1, 01 ct, da mesma qualidade! Esta é a razão por que diamantes são lapidados de forma pesada ou grossa, para atingir o peso máximo com perda da qualidade da lapidação. O técnico experimentado leva em conta a proporção de uma pedra, especialmente nos casos em que o peso dela fica na região limite; especificamente, a cintura deve ser observada atentamente, porque uma cintura grossa pode aumentar o peso de uma pedra de alguns pontos.

O preço por quilate não é uniforme para todos os tamanhos de uma certa qualidade, mas aumenta progressivamente com o tamanho da gema. Assim , a raridade das pedras maiores também tem influência na formação do preço.

Determina-se o peso de um diamante por meio de uma balança (figuras 360 e 361). Também existem alguns esquemas (fórmulas) que dão o peso através de algumas medidas padrão (figura 362).

Figura 360
Pesando diamante com uma
balança rudimentar.

Figura 361
Balanças da Mettler para medição em quilates.

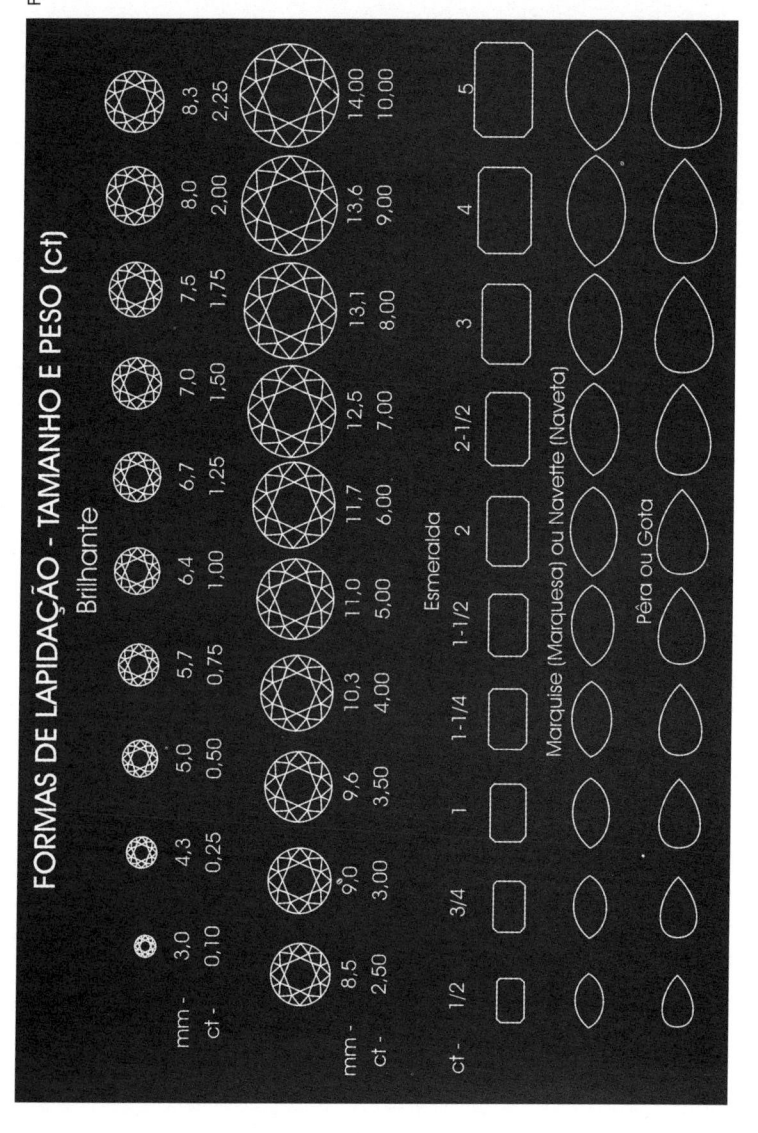

FORMAS DE LAPIDAÇÃO - TAMANHO E PESO (ct)

Brilhante

| mm - | 3,0 | 4,3 | 5,0 | 5,7 | 6,4 | 6,7 | 7,0 | 7,5 | 8,0 | 8,3 |
| ct - | 0,10 | 0,25 | 0,50 | 0,75 | 1,00 | 1,25 | 1,50 | 1,75 | 2,00 | 2,25 |

| mm - | 8,5 | 9,0 | 9,6 | 10,3 | 11,0 | 11,7 | 12,5 | 13,1 | 13,6 | 14,00 |
| ct - | 2,50 | 3,00 | 3,50 | 4,00 | 5,00 | 6,00 | 7,00 | 8,00 | 9,00 | 10,00 |

Esmeralda

| ct - | 1/2 | 3/4 | 1 | 1-1/4 | 1-1/2 | 2 | 2-1/2 | 3 | 4 | 5 |

Marquise (Marquesa) ou Navette (Navete)

Pêra ou Gota

Figura 362

SEXTA PARTE

CERTIFICADOS DE IDENTIFICAÇÃO, AVALIAÇÃO, ETC.
O COMÉRCIO MUNDIAL DE DIAMANTES
COMPRANDO E VENDENDO DIAMANTES

1) O GEMÓLOGO E O AVALIADOR DE DIAMANTES

Com o que está aprendendo neste livro, o leitor terá conhecimentos suficientes para comprar e vender diamantes, que é o objetivo desta obra; porém não será um gemólogo ou avaliador de diamantes. Para isso terá que freqüentar cursos "ao vivo" de instituições e professores que o habilitem para tal finalidade. Contudo, como é importante que se tenha conhecimentos destes trabalhos, abaixo são fornecidas informações sobre esta área.

Além dos conhecimentos específicos, o perito profissional deverá seguir normas técnicas nacionais e internacionais e ter rígidos princípios éticos e morais. Ele não pode ter interesse nos objetos analisados e avaliados e tem que ser imparcial nas suas análises. Os exames deverão ser feitos num laboratório gemológico, devidamente equipado, e cumpridas as normas exigidas pela ABNT–NBR 10630, ABNT–NTR 12254, ISSO–TR 11122, Blue Book da CIBJO, regras aplicadas pelo HRD – Conselho Superior do Diamante, etc .

2) OS CERTIFICADOS

O Laboratório Gemológico Dr. Rui Ribeiro Franco (AJESP – IBGM) apresenta uma lista de serviços, que serve de modelo para qualquer outro laboratório:

Consulta de avaliação: *a consulta verbal, essência deste serviço, objetiva a verificação da autenticidade da gema com uma referência de preço, para que o cliente possa iniciar uma futura negociação da peça ou fazer uma partilha.*

Certificado de diamante: *este documento, utilizando a metodologia do Gemological Institute of América – GIA, tem a função de certificar as quatro classificações do diamante – cor, pureza, peso e lapidação.*

Certificado de identificação: *documento utilizado para certificar a identidade da gema.*

Parecer gemológico: *uma descrição técnica da jóia com a identificação de suas gemas.*

Consultoria técnica: *seu objetivo é o esclarecimento de dúvidas pontuais na área de gemologia.*

Laudo de avaliação / Avaliação patrimonial: *trata-se de um serviço prestado a seguradoras, a bancos e em processos litigiosos.*

Perícia judicial: *serviço prestado para respaldar a convicção de juízes nos processos litigiosos.*

Nos Estados Unidos da América, na Europa e em muitos países, normalmente os diamantes vendidos vão acompanhados, no mínimo, de um certificado de autenticidade. Aqui no Brasil, ainda não existe este costume. Os consumidores não o exigem por desconhecimento e muitos vendedores não assumiram ainda a sua importância para dar maior credibilidade e facilidade nos negócios. O certificado deve ser a referência para que o comprador esteja seguro do que compra e do que pode revender com segurança.

O primeiro passo a ser seguido, em qualquer certificado, é a identificação do material gemológico (figura 363), se é diamante, se é tratado, etc. Este exame é feito através de uma bateria de pesquisas com instrumentos gemológicos (apresentados neste livro). No laboratório deve ser conservada toda a documentação referente ao exame:

1 – guia de entrada da gema (com cópia assinada pelo cliente);
2 – caracterização e individualização da peça;
3 – exames realizados (citando os instrumentos gemológicos utilizados);
4 – preenchimento do certificado (com uma cópia para o laboratório);
5 – entrega da gema, do certificado e guia de saída (com cópia assinada pelo cliente).

Se houver avaliação, deverá conter, além dos dados acima:

1 – exame de qualidade: os "4 Cs" (deve-se resssaltar que está entrando no mercado analisadores digitais que não só fornecem a classificação das cores dos diamantes, mas também analisam suas proporções: o aparelho de análise digital mais moderno atualmente é o "Dia Mension 2000", da firma israelense SARIN TECHNOLOGIES LTD.
2 – utilização de guias, tabelas e boletins de preços;
3 – conclusão quanto ao valor do diamante;
4 – entrega da avaliação (com recibo de entrega, assinado pelo cliente).

A seguir, são apresentados alguns certificados que podem servir de modelo:

Figura 364: O Professor José Humberto Iudice (Rio de Janeiro) tem vários modelos de certificados, o que é aqui apresentado é um modelo mais simplificado, mais rápido de ser feito.

A figura 365 mostra uma folha de trabalho para a classificação do diamante lapidado (modelo do IBGM).

Figura 366: Aqui é mostrado um certificado emitido pelo laboratório particular do Professor Walter Martins Leite (Laboratório Realgems – Rio de Janeiro).

Figura 367: Certificado de Diamante emitido pelo Laboratório Gemológico Dr. Rui Ribeiro Franco (da Rede IBGM de laboratórios gemológicos).

Figuras 368 e 369: Frente e verso do Certificado de Graduação de Diamante do Gem Lab, de Belo Horizonte (Eng. Minas, gemólogo Luiz ª G. Silveira).

No trabalho de certificação de diamantes e gemas, os gemólogos e laboratórios devem se prevenir quanto ao mal uso de seu certificado ou a possíveis atitudes fraudulentas. Por isso é que toda gema recebida ou devolvida ao cliente deve, "ad cautelam", ser bem caracterizada e assinada cópia, para que não seja posteriormente alegada uma "troca de pedra". Nos certificados devem constar certas restrições ou advertências cautelares (veja figura 370). Outra garantia para o gemólogo, para o cliente e para as seguradoras é tirar fotos e fotomicrografias dos diamantes e gemas examinados, isso resolve qualquer dúvida a respeito da identificação dos mesmos.

No caso da avaliação todas as medidas cautelares devem ser mantidas. Gemas com certificados de avaliação podem servir (conforme a legislação brasileira vigente):

1 – como caução judicial;

2 – garantir abertura de carta de crédito;

3 – liquidação de tributos fiscais;

4 – garantir parcelamentos bancários ou tributos fiscais;

5 – como penhora, para garantir ação judicial ou execução fiscal;

6 – substituição de penhora já feita pelo devedor;

7 – dação em pagamento.

As avaliações ainda servem para o seguro da pedra, em testamentos, doações, divórcios, garantia de recompra, etc.

Na figura 371 é apresentada uma parte de um certificado de avaliação, que era emitido pelo autor na década de 80, para gemas que eram vendidas ao exterior (daí ser o certificado escrito em sua maioria em inglês). Este modelo foi feito baseando-se no certificado sugerido, na época, pela "National Association of Jewelry Appraisers".

Não se pode esquecer que um mesmo diamante pode ter valores diferentes, dependendo de que escalão do mercado está situada a avaliação.

Figura 363

O autor examinando inclusões num diamante.

Figura 364

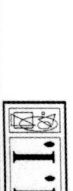

J.H.I.

- Gemologia -
- Consultoria -
- Assessoria Técnica -

GEMA:
(Gemstone)

EMITIDO PARA:
(Issued to)

ENDEREÇO:
(Address)

CARACTERÍSTICAS DA GEMA:
(Gemstone Characteristics)

FORMA E LAPIDAÇÃO:
(Shape and Cut)

PESO:
(Weight)

DIMENSÕES:
(Measurements)

COR:
(Color)

COR SUPLEMENTAR:
(Overtone)

PUREZA:
(Clarity)

COMENTÁRIOS:
(Comment)

GRADUAÇÃO DA GEMA:
(Gemstone Gradation)
AAA – PURA / INCLUSÕES RARAS / LAPIDAÇÃO BOA / BRILHO / TRANSPARÊNCIA
(Clean / Rare Inclusions / Fine Cutting / Lustre / Transparency)
AA – POUCAS INCLUSÕES / LAPIDAÇÃO BOA / BRILHO / TRANSPARÊNCIA.
(Light Inclusions / Fine Cutting / Lustre / Transparency).
A – INCLUSÕES ACEITÁVEIS / LAPIDAÇÃO BOA / BRILHO / TRANSPARÊNCIA.
(Acceptable Inclusions / Fine Cutting / Lustre / Transparency).

JOIA:
(Jewel)

EMITIDO PARA:
(Issued to)

ENDEREÇO:
(Address)

DESCRIÇÃO:
(Description)

COMENTÁRIOS:
(Comment)

GEMÓLOGO:
(Gemologist)

LOCAL E DATA:
(Place and Date)

Rua Raul Pompéia n°36 / 202
Copacabana - Rio de Janeiro
RJ - Brasil - CEP 22080-000
Email: jhigems@zipmail.com.br
Cel.: (+55) (21) 9863-0218
TelFax.: (+55) (21) 2287-6962

Prof. Josué José Humberto Iudice
Reg. Fi F 2242 GB-MEC

CERTIFICADO

Figura 365

A FOLHA DE TRABALHO PARA A CLASSIFICAÇÃO DO DIAMANTE
LAPIDADO

NOME: _____

PEDRA Nº : _____

TIPO DE LAPIDAÇÃO: _____

MEDIDAS E PESO: _____

Dîametro _____ _____ Média _____
        Largura   Comprimento   só p/redondas
PESO: _____
PROPORÇÕES:

aparência visual _____
ângulo da coroa _____

mesa

medida em mm	%

rondízio

mínimo	máximo	média

profundidade ou altura total % _____

profundidade ou altura do pavilhão % _____
culaça _____
LAPIDAÇÃO E ACABAMENTO
polimento _____
simetria _____
GRAU DE PUREZA
aparência visual _____
                graduação

GRAU DE COR
aparência visual _____
                graduação
fluorescência _____
            intensidade   cor

COMENTÁRIOS:

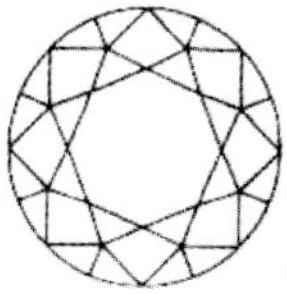

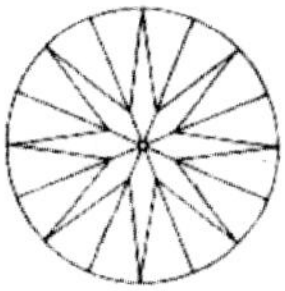

SÍMBOLOS

INSTRUMENTOS
DISPONÍVEIS

- Microscópio Binocular
- Lupa de 10x
- Pedras-Padrão
- Diamond Lite
- Lâmpada Ultra-violeta
Outros _____

203

Figura 366

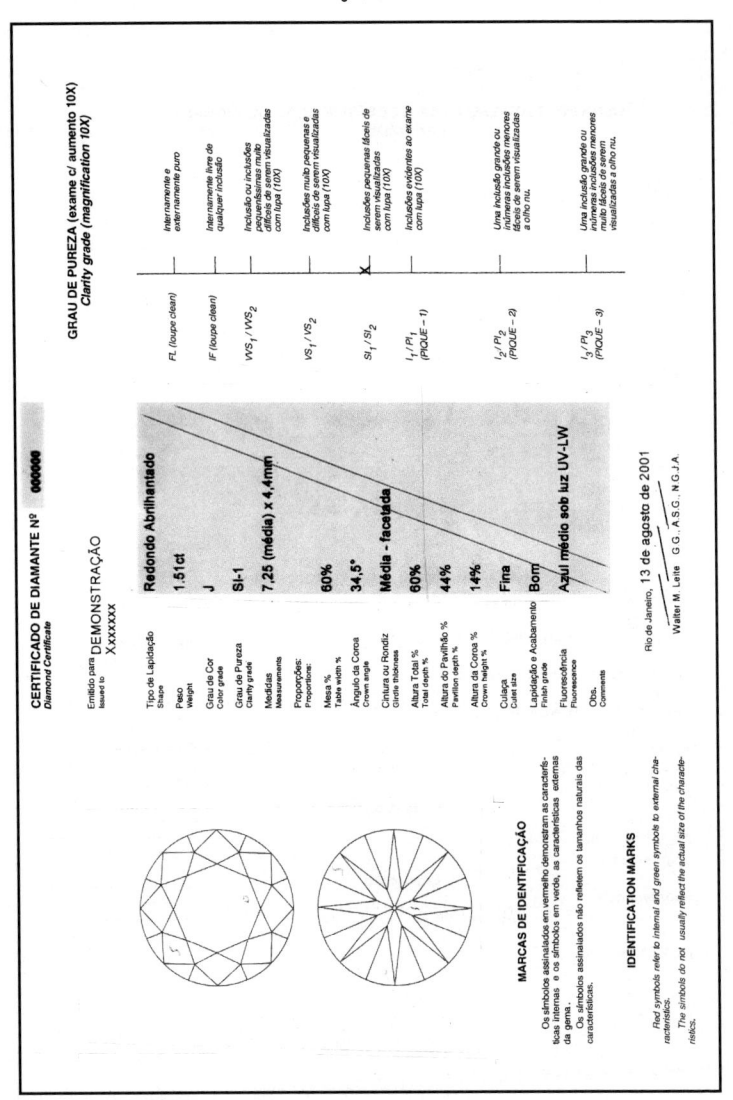

Figura gentileza: Walter M. Leite

Figura 367

Figura gentileza: IBMG

Figura 368

GEM LAB®

GEMOLOGIA E
ENGENHARIA MINERAL

CERTIFICADO DE GRADUAÇÃO DE DIAMANTE
DIAMOND GRADING CERTIFICATE

Estilo de lapidação e forma / Shape and cut... **Brilhante; redonda.**

Dimensões / Measurements .... **7.38-7.44/4.28 mm.**

Peso / Weight ....**1,46 ct.**

Nº de registro ....**D-059-AT.**

Nº do cliente............**170.**

Data ....**01/03/2002.**

Grau de pureza / Clarity grade .... SI_1.

Grau de cor / Colour grade ....**J.**

Fluorescência / Fluorescence ....**Forte.**

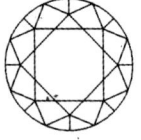 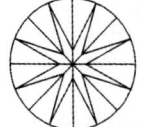

Proporções / Proportions ....**Muito Bom.**

Diâmetro da mesa / Table diameter .... **62,0 %.**

Profundidade do pavilhão / Pavilion depth....**43,0 %.**

Altura da coroa / Crown height .... **12,0 %.**

Rondizio / Girdle .... **Fino; facetado.**

Culaça / Culet .... **Pontuda.**

Acabamento / Finish

Polimento / Polish .... **Muito Bom.**

Simetria / Symmetry .... **Muito Bom.**

Simbologia / Simbology

  ➷ **Inclusão escura.**
  . **Inclusão pontual.**

Os símbolos de cor vermelha representam características internas, enquanto os de cor verde se referem às características externas. Os mencionados símbolos indicam a natureza e a posição das características, mas não necessariamente seu tamanho.

Red symbols denote internal characteristics; green external. Symbols indicate nature and position of characteristics, not necessarily their size.

Comentários / Comments:
O presente certificado foi elaborado empregando-se lupa aplanática e acromática de 10 aumentos,microscópio gemológico com ocular de proporções, fonte de luz ultravioleta de ondas longas, calibre milimétrico(Leveridge) e balança eletrônica de precisão. A graduação de cor foi realizada com auxílio de jogo de zircônias cúbicas padrão e fonte de luz diurna artificial (Diamondlite).

Observação: Restrições e terminologia de graduação no verso
Note: Restrictions and grading terminology on reverse

Luiz A. G. Silveira
Gemólogo(F.G.G. 337/89)
Eng.Minas(CREA 41700/MG)

Av. Afonso Pena, 3355 / 404 - Serra - Belo Horizonte - MG - 30130-008
Tel: (31)3225-9138 - Fax: (31)3227-3734 - E-mail: gem@gold.com.br - www.gold.com.br/~gem

Figura gentileza: Gem. Lab.

Figura 369

TERMINOLOGIA DE GRADUAÇÃO
GRADING TERMINOLOGY

Escala de Pureza
Clarity Scale

ABNT	CIBJO - HRD	GIA
Interna e externamente puro ao exame com equipamento ótico a 10 aumentos.	LC (Loupe Clean ou Puro à Lupa)	FL (Flawless)
Absolutamente transparente e livre de qualquer inclusão ao exame com equipamento ótico a 10 aumentos.		IF (Internally Flawless)
Inclusões pequeníssimas e muito difíceis de serem visualizadas ao exame com equip. ótico a 10 aumentos.	VVS₁ / VVS₂ [Very Very Small Inclusion(s)]	VVS₁ / VVS₂ [Very Very Small Inclusion(s)]
Inclusões muito pequenas e difíceis de serem visualizadas ao exame com equipamento ótico a 10 aumentos	VS₁ / VS₂ [Very Small Inclusion(s)]	VS₁ / VS₂ [Very Small Inclusion(s)]
Inclusões pequenas fáceis de serem visualizadas ao exame com equipamento ótico e, geralmente, não visíveis a olho nu, através da coroa	SI₁ / SI₂ [Small Inclusion(s)]	SI₁ / SI₂ [Small Inclusion(s)]
Inclusões evidentes ao exame com equipamento ótico e difíceis de serem visualizadas a olho nu, através da coroa, não diminuindo a transparência do diamante	P₁ (Piqué 1)	I₁
Uma inclusão grande e/ou algumas inclusões menores, fáceis de serem visualizadas a olho nu através da coroa, diminuindo um pouco a transparência do diamante	P₂ (Piqué 2)	I₂
Uma inclusão grande e / ou numerosas inclusões menores, muito fáceis de serem visualizadas a olho nu através da coroa, diminuindo sensivelmente a transparência do diamante	P₃ (Piqué 3)	I₃

Nota: As subdivisões encontradas em algumas das categorias da tabela acima são definidas em função do número, posição, tamanho, cor, forma e natureza das inclusões

Escala de Cor
Colour Scale

ABNT	CIBJO - HRD	GIA
Excepcionalmente incolor extra	Exceptional white +	D
Excepcionalmente incolor	Exceptional white	E
Perfeitamente incolor	Rare white +	F
Nitidamente incolor	Rare white	G
Incolor	White	H
Cor levemente perceptível	Slightly tinted white	I
Cor perceptível		J
Cor levemente visível	Tinted white	K
Cor visível		L
Cor levemente acentuada	Tinted color (*)	M a Z
Cor incomum ou extraordinária	Fancy diamonds	Z +

* Subdivisão opcional: Tinted colour 1, 2, 3, 4

ABNT — Associação Brasileira de Normas Técnicas
CIBJO — International Confederation of Jewellery, Silverware, Diamonds, Pearls and Gemstones
HRD — Hoge Raad Voor Diamant
GIA — Gemological Institute of America

Figura gentileza: Gem. Lab.

Figura 370

Texto gentileza:IBGM

Advertências cautelares importantes para se evitar problemas futuros

CONDIÇÕES IMPORTANTES	IMPORTANT RESTRICTIONS

O portador deste certificado declara estar ciente, manifestando sua plena concordância, de que a REDE IBGM DE LABORATÓRIOS GEMO-LÓGICOS, as Entidades de Classe patrocinadoras e os gemólogos que assinam este certificado se eximem de toda e qualquer responsabilidade por possíveis discrepâncias e diferenças que poderão surgir de outros exames ou de outros métodos aplicados.

O certificado não é uma garantia de valor e/ou avaliação dos artigos descritos, sendo emitido para o próprio uso e benefício do cliente, não podendo a REDE IBGM DE LABORATÓRIOS GEMOLÓGICOS e relacionados serem responsabilizados por qualquer reclamação baseada no uso deste documento, do(s) artigo(s) por ele descrito(s) ou de qualquer inscrição(ões) nele contida.

The client declares and accepts that a certificate, drawn up in accordance with the scientific methods applied by the REDE IBGM DE LABORATÓRIOS, cannot as such be disputed before the REDE IBGM DE LABORATÓRIOS and that the REDE IBGM DE LABORATÓRIOS are on no account responsible for possible dissimilarities and/or differences that could appear from repeated examinations or as a result of other methods applied.

This certificate is not a guarantee, evaluation or appraisal, and REDE IBGM DE LABORATÓRIOS has made no representation or warranty regarding this certificate, the article(s) described herein or any inscription described in this certificate.

This certificate is given to the client for his own use and benefit and on his own request without the REDE IBGM DE LABORATÓRIOS or its appointees being able to be held responsible for any claim whatsoever which may be made on the basis of this document.

INSTITUTO BRASILEIRO DE GEMAS E METAIS PRECIOSOS

SCN Centro Empresarial Encol, Torre A, conjunto 1105 70710-500 Brasília, DF Telefone (fax) (061) 223.0586 e Fax: (061) 226-6720
E-mail ibgm@cnn.br.op.br www.ibgm.com.br

RESTRIÇÕES
RESTRICTIONS

- O presente certificado foi elaborado empregando-se instrumentos gemológicos e técnicas de graduação apropriados, sendo que sua interpretação pode variar, em função do caráter subjetivo de uma análise de diamante.
- Somente o certificado original assinado é válido como registro de graduação, não podendo, em nenhuma circunstância, ser utilizado como documento comprobatório em ações de qualquer natureza.
- O certificado não faz qualquer menção ao valor monetário do diamante.
- O GEM LAB e seu pessoal técnico se eximem de toda e qualquer responsabilidade quanto ao uso indevido ou adulteração deste certificado.
- Este certificado e o nome do GEM LAB não podem ser reproduzidos total ou parcialmente sem a prévia autorização por escrito do mesmo.
- This report was prepared employing the appropriate gemmological instruments and grading techniques.
- Conclusions may vary due to the subjective nature of diamond analysis.
- Only the original report with signature is a valid grading document , which shall not be used in any action.
- This report does not make any statement with respect to the monetary value of the diamond.
- GEM LAB, so as its technical staff exempt from any liability for the misuse of this report.
- This document or the name of GEM LAB may not be reproduced in whole or in part without the prior written authorization from GEM LAB.

Texto gentileza:Gem. Lab.

O Professor Wolf Kuehn, diretor do Instituto Gemológico Canadense, apresenta cinco possibilidades:

1 – Average Retail Value (Preço médio ao público): deve ser usado quando se solicita uma avaliação para um seguro e o avaliador não está envolvido na sua venda ou reposição. Usa-se o preço médio no varejo.)

2 – Replacement value (Valor de reposição): Preço igual ao do preço médio ao público, só que o avaliador pode ser um joalheiro, distribuidor ou fabricante, que sob demanda recoloque o objeto por outro similar.

3 – Fair Market Value (F.M.V.) (Preço de mercado justo): É o preço que pode ser vendido no mercado varejista.

4 – Liquidation Value (Valor de liquidação): É o valor de leilão, valor em dinheiro. Este tipo de avaliação não deve ser oferecido sem um conhecimento do valor de liquidez das gemas e jóias.

5 – Retail Mark – UPS – (Preço de venda ao público.)

Para o Professor Manuel Llopis (Valencia, Espanha), a avaliação "é sempre" o preço de venda ao público, com especial especificação se leva incluído os impostos correspondentes ou não. Nunca o preço de custo.

Para se ter uma base do valor dos diamantes deve-se pesquisar os valores nas tabelas que existem no mercado, ou com os comerciantes do ramo.

No Brasil é publicado o Boletim Referencial de Preços de Diamantes e Gemas de Cor, publicado em convênio entre o DNPM (Departamento Nacional de Produção Mineral) e o IBGM (Instituto Brasileiro de Gemas e Metais Preciosos).

No exterior, entre outros boletins pode-se citar:

"Rapaport Diamond Report" – EUA;

"The Guide" – EUA (tem um guia de preços só para diamantes e outro para as demais gemas);

"Gemstone Price Report" – Bélgica (diamantes e outras gemas).

3) O COMÉRCIO MUNDIAL DE DIAMANTES

A "De Beers Consolidated Mines"

No início da exploração dos "pipes" diamantíferos da África do Sul, as minas eram divididas entre vários mineradores, cada um tendo direito a um espaço de aproximadamente 10m por 10m. A partir de 1876 as proibições de uniões de mineradores e mineradoras foram abolidas e isso deu origem a maiores investidores no local. Entre estes estavam Barney Barnato (figura 372) e Cecil John Rhodes (figura 373). Em 1881, Rhodes, com alguns sócios, comprou a mineração de um tal De Beers, e formaram a De Beers Mining Co. Ltd. Por outro lado, Barney Barnato fundou a Barnato Diamond Mining Co., que depois virou a Kimberley Central Mining Co, tornando-se a maior firma na mina Kimberley (sem contudo manter o controle total daquela mina). Finalmente, após lutar para manter o controle da mina Kimberley, Barnato vendeu a sua parte para Rhodes (pelo valor na época de 25 milhões de dólares).

Em 1888 Rhodes mudou o nome da Kimberley Central para De Beers Consolidated Mines Ltd., que ele controlava. O domínio das minas de Kimberley deu à De Beers, na época, o controle da produção africana de diamantes.

Rhodes morreu em 1902, ano em que a mina Premier foi descoberta por Thomas Cullinan, que depois se tornou diretor da Premier Diamond Mining Company. Pouco tempo depois essa mina produzia o comparável com toda a produção das minas da De Beers. Em 1917 a De Beers conseguiu o controle da mina Premier. Depois foram surgindo as demais minas e aí a De Beers ficou fazendo parte de uma firma maior, a "Anglo American Corporation", dirigida por Ernest Oppenheimer (figura 374). Daí em diante o mercado mundial de diamante ficou controlado pela família Oppenheimer (atualmente dirigida por Nicky F. Oppenheimer, figura 375). Após a reestruturação da De Beers, em janeiro de 2002, ela ficou dividida, conforme mostrado na figura 380. Não vão ser dados aqui os detalhes desse novo esquema da De Beers, mas quem estiver interessado pode acessar o site dessa companhia (www.debeersgroup.com), onde encontrará todas as informações a respeito.

A importância da De Beers pode ser demonstrada pelo total da sua produção mundial de diamantes no ano 2000: 7,8 bilhões de dólares (figura 379). E isso porque ela, que chegou a controlar 90% da produção mundial de diamante, controla atualmente quase 60% da produção mundial (essa perda deve-se às minas, fora de controle, da Rússia e da Austrália, que hoje são responsáveis por boa parte da produção mundial de diamantes).

Hoje a De Beers procura praticar melhores princípios morais nos negócios com diamantes (Best Practice Principles), excluindo por exemplo o comércio diamantífero em áreas de conflito e responsáveis por sofrimento humano, países que usam o trabalho de crianças ou utilizam práticas que podem prejudicar a saúde das pessoas, etc. Por outro lado ela está desenvolvendo uma campanha de esclarecimento a respeito dos diamantes. Em alguns países, como a China, ela está divulgando o uso do diamante em anéis de noivado e casamento, o uso de anéis por homens, etc. A "Diamond Trading Company" (DTC) é o braço de "marketing" da De Beers. As duas maiores firmas da De Beers são: a "De Beers Consolidated Mines Limited", com a matriz na África do Sul, e a "De Beers Centenary AG", com sede na Suíça.

Com relação à De Beers, fora as suas atividades de mineração no mundo (que já foram vistas noutra parte do livro), é importante se falar da Central Selling Organization (agora DTC), a firma que é responsável pela distribuição e vendas dos diamantes da De Beers.

A "Organização Central de Vendas", conhecida também com CSO, foi criada pela De Beers e seus associados nos anos 30, para criar um sistema seguro e duradouro de equilíbrio entre a oferta e a procura de diamantes e para impedir flutuações desenfreadas no mercado. Este sistema de marketing de canal único continua a ser, hoje em dia, fundamental para a estabilidade e prosperidade da indústria diamantífera. Contudo, com as grandes produções independentes australianas e russas, esse mercado controlado pela De Beers está cada vez mais difícil de controlar os preços dos diamantes, num mercado que afeta aproximadamente dois milhões de pessoas envolvidas nele. O comércio mundial anual de jóias com diamante excede o valor de 50 bilhões de dólares.

A sucessora da CSO, a Diamond Trading Company, emprega atualmente centenas de peritos nas seleções de diamantes brutos (em mais de 16.000 categorias individuais, dependendo do tamanho, forma, qualidade e cor), em várias partes do mundo: em Londres (na Inglaterra), em Kimberley (na África do Sul), em Windhoek (na Namíbia) e em Lucerna (na Suíça). Ver figuras 376, 377 e 378.

Após a rigorosa classificação, os diamantes em bruto são avaliados pelos "experts", a fim de serem formados os "sights", grandes lotes que variavam há um tempo de 25 mil dólares a 6 milhões de dólares e eram oferecidos a cerca de 300 compradores tradicionais, os "Sightholders" de vários países, cerca de 10 vezes ao ano. Atualmente, devido às produções independentes e outros problemas, o número de "Sightholders" é de cerca de 120. É claro que com este número reduzido o valor de cada "sight" aumentou.

Figura 371

CERTIFICADO DE AVALIAÇÃO

MARIO DEL REY
SENIOR MEMBER OF THE
NATIONAL ASSOCIATION
OF JEWELRY APPRAISERS

Date
Client
Adress

Appraisal Type

Precious Metal
Base Price

CERTIFICATE OF APPRAISAL

NOTE: I have personally examined the following describe article(s) and have found (it) them in good condition unless otherwise noted and it (they) does (do) not require any repairs at this time with the values and description as listed in this appraisal being correct to the best of our knowledge and belief based on present day market values and accepted appraisal procedures in accordance with the standards and ethics of the National Association of Jewelry Appraisers. In that mountings prohibit full and accurate observation of gem quality an weight, it must be understood that all data pertaining to mounted gems can only be considered as provisional. Additionally, because jewelry appraisal and evaluation is not a pure science but rather a subjective professional viewpoint,

estimates of value and quality may vary from one appraiser to another with such variances not necessarily constituting error on the part of the appraiser. Therefore, due to the very subjective nature of appraisals and evaluation, statements and data contained herein cannot be construed as a guarantee or warranty. We assume no liability with respect to any action which may be taken on the basis of this appraisal or for any error in or omission from this report (except for fraud, willful misconduct or gross negligence). Unless specifically noted otherwise, this report does not represent an offer to buy and shall be for the exclusive use of the above mentioned client.

In accordance with the request for an estimate of value by _____, I have attached herewith a report consisting of _____ pages.

DESCRIÇÃO - DESCRIPTION

	Estimate of Value
	Valor Estimado

Modelo usado na década de 80
pelo autor (para avaliação $$$)

Prepared by _____

MARIO DEL REY

Figura 372

Figura 373

Fotos gentileza: De Beers

Figura 374

Figura 375

Figura 376
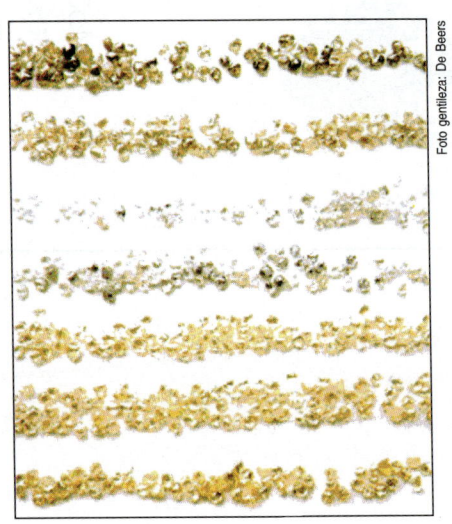

Figura 377

Fotos gentileza:
De Beers

Figura 378

A mercadoria dos "sights" não pode ser trocada ou regateado o valor estipulado, apenas pode ser recusada, caso o comprador não esteja interessado naquele lote, ficando a oportunidade de compra para a próxima data prefixada.

Os 'SIGHTS" não podem ser revendidos pelos compradores, pois as pedras se destinam à indústria da lapidação, salvo no caso de alguns poucos atacadistas, "diamonds brokers", expressamente autorizados. A não observância desta política implica na suspensão de futura oferta.

A FEDERAÇÃO MUNDIAL DE BOLSAS DE DIAMANTES

É através de bolsas ou clubes de diamantes que as indústrias de lapidação dos grandes centros procuram colocar no mercado consumidor grande parte da sua produção. Por outro lado, as joalherias, que constituem a indústria de fabricação de jóias, adquirem a mercadoria diretamente das lapidações ou também de corretores das Bolsas ou Clubes, segundo a conveniência de preço e da qualidade dos diamantes. No comércio das pedras lapidadas, "o elemento-chave" das negociações é o preço. E aqui vai uma regra de ouro para comprar e vender diamantes: sabendo comprar, pagando um preço bem em conta nos diamantes, nunca haverá problemas para revendê-los.

A Federação Mundial de Bolsas de Diamantes (em inglês: World Federation of Diamond Bourses, em francês: Federation Mondiale dês Bourses de Diamants) é composta atualmente de 27 bolsas de diamantes:

    1 – Antwerpsche Diamantkring CV
    2 – Bangkok Diamonds and precious stones exchange
    3 – Beurs voor Diamanthandel CV
    4 – Bharat Diamond Bourse
    5 – Borsa Diamanti d'Italia
    6 – Diamant und Edelsteinborse Idar-Oberstein
    7 – Diamant Club Wien
    8 – Diamant Club van Antwerpen CVBA
    9 – Diamond Bourse of Southeast United States Inc
    10 – Diamond Chamber of Russia (Main Branch)
    11 – Diamond Chamber of Russia (Yakutsk Branch)
    12 – Diamond Chamber of Russia (Baltic Branch)
    13 – Diamond Chamber of Russia (Ural Branch)

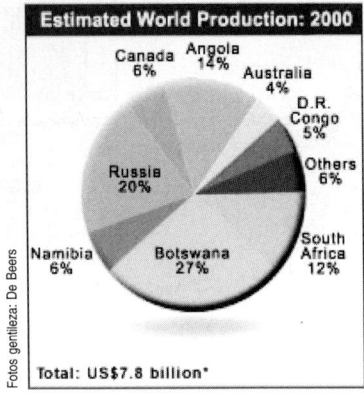

Fotos gentileza: De Beers

Figura 379

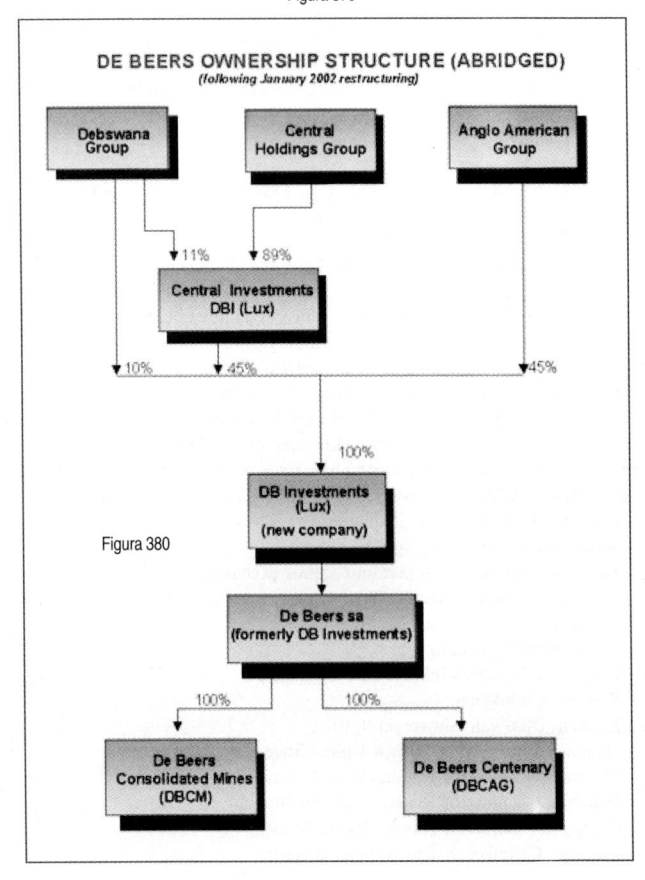

Figura 380

14 – Diamond Club West Coast, inc.
15 – Diamond Dealers Club
16 – Diamond Exchange of Singapore
17 – Diamond Merchants Association of Southern Africa
18 – Diamond Trade & Precious Stone Association of America, Inc.
19 – Hong kong Diamond Bourse Limited
20 – The Diamond Club of South Africa
21 – The Israel Diamond Exchange Ltd.
22 – The Israel Precious Stones & Diamonds Exchange Ltd
23 – The London Diamond Bourse and Club
24 – The New Israel Club for Commerce in Diamonds Ltd
25 – Tokyo Diamond Exchange Inc.
26 – Vereniging Beurs voor den Diamanthandel
27 – Vrije Diamanthandel NV

No Brasil

Os diamantes negociados no Brasil têm origens diversas:
a) são pedras de procedência nacional ou
b) pedras que chegam do exterior.

Os diamantes que chegam do exterior são da produção da De Beers, da Rússia e da Austrália. Eles chegam por diversos representantes e importadores e são adquiridos nos principais centros distribuidores do mundo, como por exemplo Ramat Gan, em Israel.

Quanto às pedras de procedência nacional, a grande maioria vem dos garimpos. O diamante é minerado (garimpado) por milhares de garimpeiros e por algumas companhias compradoras. As pedras encontradas pelos garimpeiros são logo adquiridas por um primeiro comprador de pequeno porte, conhecido por "capangueiro", que vai quase diariamente de garimpo em garimpo, a fim de comprar de imediato diamantes que foram encontrados naqueles últimos dias. O "capangueiro" procura assim formar pequenos lotes e passa a oferecer a um comprador estabelecido em cidades que por tradição se tornaram centros de comercialização de diamantes. Os negociantes estabelecidos, fixos nas cidades, passam a formar lotes maiores que permitam selecionar vários tipos de mercadoria, em cor, perfeição, tamanho, etc. Destes negociantes ou compradores autorizados, o diamante é oferecido às indústrias de lapidação ou de ferramentas diamantadas.

Comprando e vendendo diamantes

Agora que o leitor adquiriu meios para identificar um diamante e classificá-lo, poderá comprar e revender diamantes. O negócio pode ser feito com diamantes em bruto ou lapidados. O autor acredita que, devido a complexidade das compras de diamantes em bruto, seria mais adequado começar a negociar com diamantes lapidados, que são mais acessíveis e fáceis de serem analisados.

Fora o conhecimento técnico a respeito do diamante, aprendido neste livro, o negociante de diamantes tem que conhecer a legislação a respeito da produção, comércio e industrialização das gemas e das jóias. É importante para isso ter contato e orientação do Departamento Nacional de Produção Mineral, do Instituto Brasileiro de Gemas e Metais Preciosos e das associações de joalheiros.

No DNPM, Departamento Nacional de Produção Mineral, o interessado encontrará a atualização de toda a legislação mineral, disponibilidade dos Projetos de Lei que estão tramitando no Congresso Nacional com referência ao setor, disponibilização de todos os textos dos alvarás de pesquisa e das portarias de lavra, requerimentos (autorização de pesquisa, regime de extração, permissão de lavra garimpeira e regime de licença), etc. O leitor, entrando no site do DNPM (http://www.dnpm.gov.br), encontrará um grande número de informações a respeito desta área. A Administração Central fica em Brasília, mas existem distritos em todos os estados brasileiros.

O IBGM, Instituto Brasileiro de Gemas e Metais, funciona como uma verdadeira Confederação (são associados ao Instituto cerca de 50 das mais representativas empresas do setor), prestando apoio técnico e institucional às empresas e às associações estaduais, propugnando pelo cumprimento da legislação e pela ética dos negócios. É o representante do Brasil na CIBJO – Confederação Internacional da Bijuteria, Joalheria, Ourivesaria, Diamante, Pérolas e Pedras.

O IBGM é um centro de documentação e informações técnico-econômicas do setor, inclusive a legislação do seu interesse. Ele promove eventos, possui uma rede de laboratórios gemológicos, etc. Maiores informações o leitor encontrará no site do IBGM, www.ibgm.com.br .

Entre as entidades de classe que poderão dar suporte ao interessado nas gemas e metais preciosos podem ser destacadas a AJOMIG – Associação dos Joalheiros, Empresários de Pedras Preciosas e Relógios de Minas Gerais (www.ajomig.com.br); SINDIJÓIAS GEMAS / MG – Sindicato das Indústrias de Joalheria, Ourivesaria, Lapidação de Pedras Preciosas e Relojoaria de Minas Gerais (www.ajomig.com.br); AJORIO – Associação dos Joalheiros e Relojoeiros do Rio de Janeiro (www.ajorio.com.br); SINDIJÓIAS/ RJ – Sindicato das Indústrias de Joalheria e Lapidação de Pedras Preciosas do Estado do Rio de Janeiro (www.ajorio.com.br); AJESP – Associação dos Joalheiros de São Paulo (www.ajesp.com.br); SINDIJÓIAS/ SP – Sindicato da Indústria de Joalheria, Ourivesaria, Bijuteria e Lapidação de Gemas do Estado de São Paulo; SINDICOM/ SP – Sindicato do Comércio Varejista de Jóias, Bijuterias, Gemas, Pedras Semipreciosas, Presentes, Adornos e Relógios de São Paulo. As demais entidades brasileiras podem ser encontradas, para maiores informações, no site do IBGM.

Além de se adquirir o diamante como meio de negócio, o leitor poderá apenas adquirir o diamante para si, como prazer ou investimento. Com os conhecimentos adquiridos, com informações sobre os preços do mercado (Boletim Referencial de Preços de Diamantes e Gemas de Cor, etc.), poderá escolher uma pedra valiosa a um bom preço. As vantagens que o diamante oferece neste caso seriam: a possibilidade de desfrutar a sua inversão como jóia, a facilidade de transporte, a liquidez quase imediata, etc.

INFORMAÇÕES ADICIONAIS

1) ONDE COMPRAR APARELHOS GEMOLÓGICOS

A) CASA DA CIÊNCIA – Rua Thomás de Lima, 131-A, Liberdade, São Paulo – SP CEP 01513-010 – fone: 011 – 3107-7362.

B) GIA – GEM INSTRUMENTS & BOOKS – http://www.gia.org/geminstrument/ index.cfm. **Gemological Institute of America** – The Robert Mouawad Campus – 5345 Armada Drive, Carlsbad, CA 92008 – USA – Fax (760) 603-4199 – ou em Nova York: 580 Fifth Avenue, Suite 300, New York, New York 10036 – E-mail: **nyedu@gia.edu**.

C) I. KASSOY – Showroom em Nova York: 28 West 47 th Street, New York, NY 10036 – Telephone: 212-719-2291. USA – **http://www.kassoy.com/**

D) RUBIN & SON:
Na Bélgica: Pelikaanstraat 96 – B- 2018 Antwerp – Belgium
http://www.rubin-and-son.com/
Na Alemanha: Schützenstrasse 1 – 55743 Idar-Oberstein – Deutschland
Na China: Flat A, 6/F., Kimley Commercial Building, 142-146 Queen's Road, Central, Hong Kong – Chine

2) ASSOCIAÇÕES E INSTITUTOS GEMOLÓGICOS

A) ABGM – ASSOCIAÇÃO BRASILEIRA DE GEMOLOGIA E MINERALO-GIA – Rua Barão de Itapetininga, 255 – 12º andar, salas 1.213 e 1.214, Centro, São Paulo – SP – CEP 01055-900 – tels.: 3259-9801 e 3259-6902.

B) IBGM – INSTITUTO BRASILEIRO DE GEMAS E METAIS PRECIOSOS – SCN – Centro Empresarial Encol – Torre "A" – Conjunto 1.107 – CEP 70712-903 – Brasília – DF – fone: (61) 326-3926 – **www.ibgm.com.br**.

C) ASSOCIAÇÃO AMIGOS DO MUSEU DE GEOCIÊNCIAS USP – Rua do Lago, 562 – Cidade Universitária – São Paulo – SP – CEP 05508-900 – fone: (11) 3091-3952 – **http://www.igc.usp.br/museu**.

D) GEMOLOGICAL INSTITUTE OF AMERICA – The Robert Mouawad Campus – 5345 Armada Drive, Carlsbad, CA 92008 – USA – Fax (760) 603-4199 – ou em Nova York: 580 Fifth Avenue, Suite 300, New York, 10036 – E-mail: **nyedu@gia.edu**.
http://www.gia.org/about/index.cfm.

E) GEMMOLOGICAL ASSOCIATION OF GREAT BRITAIN – 27 Greville Street (Saffron Hill Entrance) – London EC1N 8SU England. **http://www.uce.ac.uk/ study-ops/biad/courses/gemmpost.htm**.

F) INSTITUTO GEMOLÓGICO ESPAÑOL – Victor Hugo, 1 28004 Madrid – tel. 91 532 6267 – info@ige.org – **http://www.ige.org/**

G) ISTITUTO GEMOLÓGICO ITALIANO – **http://www.brianzanet.it./igi/**

H) DEUTSCHE GEMMOLOGISCHE GESELLSCHAFT – Prof. Schlossmacher Str. 1, 55743 Idar-Oberstein – tel.: 06781-43011 – **www.dgemg.com.**

I) AMERICAN GEM SOCIETY
Robert M. Shipley Building, 8881 West Sahara Avenue, Las Vegas, NV 89117 – USA.

J) THE DIAMOND INSTITUTE, INC.
3966 Summerville Way, Box 495, Chester, N.Y. 10918 – USA.
www.gemstoneindex.com

K) CANADIAN GEMMOLOGICAL ASSOCIATION
1767 Avenue Road – North York, Ontario – Toronto M5M 3Y8, Canada
http://www.canadiangemmological.com/

L) GEMMOLOGICAL ASSOCIATION OF AUSTRALIA (GAA)
Gemmology House, 24 – Wentworth Avenue – Sidney, NSW 2010 –
http://www.gem.org.au

M) ASSOCIATION FRANÇAISE DE GEMMOLOGIE
Rue Cadet 7 – F- 75009 – Paris – tel.: 33 1 42 46 78 46 – France

N) GEMOLOGICAL ASSOCIATION OF ALL JAPAN
Zenhokyo Ltd. Tokyo Biho Kaikan, 4 th Floor, 1-24 Ueno-ku, Tokyo 104-0044 –
Japan

O) TOKYO – GIA JAPAN – Okachimachi, CY Building, 5 –15- 14 Ueno,
Taito-ku (110) – 03-3835-7045 – **www.giapn.gr.jp**

P) SEOUL – GIA KOREA – Kangnamaku Sinsadong 639-3, Keuk Dong
Bldg. 5 th Floor; (822) 540-7637 – **www.gialkorea.co.kr**

Q) TAIPEI – GIA TAIWAN – 15F-2, n° 85 , Chung Hsiao, E. Rd., Section 1;
886-2-39-3114.

R) THE NATIONAL ASSOCIATION OF JEWELRY APPRAISERS
P.O.Box 6558, Annapolis, Maryland 21401-0558

S) ACCREDITED GEMOLOGIST ASSOCIATION
3309 Juanita Street – San Diego, CA 92105 – **aga@polygon.net**

T) AMERICAN SOCIETY OF APPRAISERS
555 Herndon Parkway, Suite 125 – Herndon, VA 20170 – USA
http://www.appraisers.org/about

3) BOLETIM DE PREÇOS

A) BOLETIM REFERENCIAL DE PREÇOS DE DIAMANTES E GEMAS DE COR – Convênio DNPM/ IBGM – **www.ibgm.com.br**

B) RAPAPORT DIAMOND REPORT
15 West 47 th Street, New York, NY 10036 – **www.diamonds.net**

C) THE MICHELSEN GEMSTONE INDEX – hard copy edition and Internet Edition – The Michelsen Gemstone Index – P.O.Box 495 – Chester, NY 10918 – U.S.A. – **www.gemstoneindex.com**

D) THE GUIDE – DIAMONDS – Gemworld International, Inc. – 650 Dundee Road, Suite 465 – Northbrook, IL 60062 – **www.gemguide.com**

4) REVISTAS GEMOLÓGICAS

A) GEMS AND GEMOLOGY – do Gemological Institute of America

B) THE JOURNAL OF GEMMOLOGY – da Gemmological Association of Great Britain

C) ZEITSCHRIFT DER DEUTSCHEN GEMMOLOGISCHEN GESELLSCHAFT – da Associação Gemológica da Alemanha

D) LA GEMMOLOGIA – do Instituto Gemológico Italiano

E) GEMOLOGIA – da Asociacion Española de Gemologia

F) THE AUSTRALIAN GEMMOLOGIST – da The Gemmological Association of Australia

E-MAIL DO AUTOR: mdelrey@uol.com.br

PARA TODOS OS LEITORES: MAZAL U-BRACHÁ – SORTE E BENÇÃO.
(Expressão usada no fechamento de negócios com diamantes)

BIBLIOGRAFIA

ABREU, s. f. ,1973. *Recursos Minerais do Brasil*. Editora da Universidade de São Paulo, SP,Brasil.

ANDERSON, B. W. , 1993. *A Identificação das Gemas*. Ao Livro Técnico, Rio de Janeiro, Brasil.

BARBOSA, O, 1991. *Diamante no Brasil*. CPRM – Brasília, Brasil.

BAUER, M., 1968, *Precious Stones*. Dover Publications, Inc., New York, USA.

BRUTON, E., 1970. *Diamonds*.N.A G. Press, London, England.

CHAVES, M. L. S. C.; KARFUNKEL, J.; HOPPE, A ; HOOVER, D.B., 2000. *Diamonds from Espinhaço Range (Minas Gerais, Brazil) and their redistribution through the geologic record* – in Journal of South American Earth Sciences. Pergamon, USA.

DICKINSON, J. Y., 2001.*The Book of Diamonds*. Dover Publications, Inc., New York, USA.

DNPM / IBGM , 2001. *Manual Técnico de Gemas*. DNPM / IBGM – Brasília, Brasil.

FIELD, J. E. ,1979. *The properties of diamond*. Academic Press, London, England.

FIGUEROA, J. M., 1978. *Diamantes; gênesis, talla, clasificacion, sintesis*. Editorial Entasa, Madrid, España.

FRANCO, R.R. e DEL REY, M., 1982. *Curso de Gemología*. Casa da Ciência, São Paulo, Brasil.

GEMOLOGICAL I. of A., 1979. *Diamond Course*. Gemological Institute of America – Sta. Monica, .S.A.

GREEN, T. 1984. *El mundo del Diamante*. Editorial Planeta. Barcelona, España.

GÜBELIN, E., 1979. *Internal world of gemstones; documents from space and time*. Newnes Butterworths, London, England.

GÜBELIN, E. J. e KOIVULA, J. I. *Photoatlas of inclusions in Gemstones*. ABC Edition, Zurich, Suíça.

HARLOW, G. E. ed.,1998. *The Nature of Diamonds*. Cambridge University Press, Cambridge, England.

HOFER, S.,1998. *Collecting & Classifying Coloured Diamonds*. USA.

HURLBUT JR., C. e SWITZER, G.S., 1980. *Gemologia*. Ediciones Omega, Barcelona, España.

KARFUNKEL, J., CHAVES, M. L. S. C., 1994. *Diamonds from Minas Gerais, Brazil: An Update on Sources, Origin, and Production* – in International Geology Review, vo. 36, 1994. V. H. Winston & Son, Inc.

KESSELRING, E. F. e DEL REY, M., 1982. *Curso de Diamantes*. Casa da Ciência, São Paulo, Brasil.

KOIVULA, J. I.,1999. *The Micro World of Diamonds*. USA

LEITE, W. e ANDRADE, A , 1996. *Manual de Classificação e Avaliação do Diamante Lapidado* (em disquete). Instituto Brasileiro de Gemas e Metais Preciosos – IBGM – Brasília, Brasil.

LENZEN, G., 1976. *El Diamante*. Editorial Entasa, Madrid, España.

LIDDICOAT JR., R.T., 1969. *Handbook of gem identification*. Gemological Institute of America, Los Angeles, USA.

MAILLARD, R. ed., 1980. *Diamonds; myth, magic and reality*. Crown Publishers, New York, USA.

MATLINS, A. L. e BONANO, A.C., 1998. *Jewelry & Gems*. The buying Guide. Gemstone Press, Vermont, USA.

MONETA, S. C. – B.,1980. *Gemología*. Editore Ulrico Hoepli, Milano, Italia.

NASSAU, K., 1980. *Gems made by man*. Chilton Book Company, Pensylvania, USA.

NASSAU, K., 1994. *Gemstone Enhancement*. Butterworth – Heinemann, Manchester, England.

NEWMAN, R., 1998. *Gemstone Buying Guide*. International Jewelry Publications, Los Angeles, USA.

ORLOV,Y. L., 1979. *The mineralogy of the diamond*. John Wiley & Sons, New York, USA.

PAGEL-THEISEN, V., 1980. *Diamond Grading ABC*. Rubin and Son, New York, USA.

RAMSEY, J. L. e RAMSEY L. J.,1985. *The Collector/ Investor Handbook of Gems*. Boa Vista Press, San Diego, USA.

READ, P.G., 1983. *Gemmological Instruments*. Butterworths, London, England.

REIS, E., 1959. *Os Grandes Diamantes Brasileiros*. DNPM/ DGM, Rio de Janeiro, Brasil.

ROSKIN, G., 1994. *Photomasters for Diamond Grading*.

SCHUMANN, W., 1995. *Gemas do Mundo*. Editora Ao Livro Técnico, Rio de Janeiro, Brasil.

STEIN, N., 1981. *Evaluating diamonds: beauty, value, investment*. VNU Books International, N.Y.,USA.

SVISERO, D. P. , 1980. *Microestruturas de Diamantes Brasileiros* – in Brasil Relojoeiro e Joalheiro, agosto de 1980. São Paulo, Brasil.

SVISERO, D.P. e CHIEREGATI, L.A,1991. *Contexto Geológico de Kimberlitos, Lamproítos e ocorrências diamantíferas do Brasil* – in Boletim IG-USP – Publicação Especial nº 9 – Jornadas Científicas. Universidade de São Paulo – Instituto de Geociências, São Paulo, Brasil.

SVISERO, D.P., SIAL, V.T. H. e HARALYI, N.L.E., 1987. *As inclusões dos diamantes da região de Diamantina, Minas Gerais* – in Brasil Relojoeiro e Joalheiro, abril de 1987, São Paulo, Brasil.

SVISERO, D.P., 1982. *Inclusões minerais e defeitos cristalinos de diamantes brasileiros* – in Brasil. Relojoeiro e Joalheiro, março de 1982, São Paulo, Brasil.

WEBSTER, R., 1970. *The gemmologist's compendium*. N.A.G. Press, London, England.

ZUCKER, B., 1976. *How to Invest in Gems*. Quadrangle / The New York Times Book, N.York,USA.

ÍNDICE GERAL

Este livro foi impresso em junho de 2009
pela Gráfica Vida e Consciência, sobre papel couchê 90g/m².